装配式建筑结构技术 200 问

本书编委会 编

中国建筑工业出版社

图书在版编目(CIP)数据

装配式建筑结构技术 200 问/《装配式建筑结构技术 200 问》
编委会编. —北京：中国建筑工业出版社，2017.12
ISBN 978-7-112-21457-0

Ⅰ. ①装… Ⅱ. ①装… Ⅲ. ①建筑结构-工程施工-问题解
答 Ⅳ.①TU74-44

中国版本图书馆 CIP 数据核字(2017)第 267860 号

本书根据《装配式混凝土结构技术规程》JGJ 1—2014、《装配式钢结构建筑技术标
准》GB/T 51232—2016、《装配式木结构建筑技术标准》GB/T 51233—2016、《混凝土结
构工程施工质量验收规范》GB 50204—2015、《混凝土结构工程施工规范》GB 50666—
2011、《钢结构工程施工规范》GB 50755—2012、《木结构工程施工规范》GB/T 50772—
2012、《高层建筑混凝土结构技术规程》JGJ 3—2010、《高层民用建筑钢结构技术规程》
JGJ 99—2015、《胶合木结构技术规范》GB/T 50708—2012、《建筑抗震设计规范》GB
50011—2010 等标准编写，主要介绍了装配式结构的概述、装配式混凝土结构、装配式钢
结构和装配式木结构。

本书内容丰富，通俗易懂，具有很强的实用性与可操作性。可供从事装配式建筑结构
设计、施工的技术人员、结构工程师以及相关专业师生学习参考。

责任编辑：张　磊　郭　栋
责任校对：芦欣甜　李美娜

装配式建筑结构技术 200 问
本书编委会　编
*
中国建筑工业出版社出版、发行(北京海淀三里河路 9 号)
各地新华书店、建筑书店经销
北京红光制版公司制版
河北鹏润印刷有限公司印刷
*
开本：787×1092 毫米　1/16　印张：16　字数：395 千字
2018 年 1 月第一版　2018 年 1 月第一次印刷
定价：**40.00** 元
ISBN 978-7-112-21457-0
(31134)

本书编委会

主　编　李守巨

参　编　（按姓氏笔画排序）

于　涛　王红微　吕克顺　危　聪

刘秀民　刘艳君　孙石春　孙丽娜

李　瑞　李冬云　李德建　何　影

张　彤　张　敏　张文权　张静晓

张黎黎　高少霞　董　慧

前　言

装配式建筑是指用预制的构件在工地装配而成的建筑。这种建筑的优点是建造速度快，受气候条件制约小，节约劳动力并可提高建筑质量。随着现代工业的建筑发展，装配式建筑注重对环境、资源的保护，其施工过程中有效减少了建筑污水、有害气体、粉尘的排放和建筑噪声的污染，降低了建筑施工对周边环境的各种影响，有利于提高建筑的劳动生产率，促进设计、建筑的精细化，提升建筑的整体质量和节能减排，促进了我国建筑业健康可持续发展，符合国家经济发展的需求。基于此，我们组织编写了这本书。

本书根据《装配式混凝土结构技术规程》JGJ 1—2014、《装配式钢结构建筑技术标准》GB/T 51232—2016、《装配式木结构建筑技术标准》GB/T 51233—2016、《混凝土结构工程施工质量验收规范》GB 50204—2015、《混凝土结构工程施工规范》GB 50666—2011、《钢结构工程施工规范》GB 50755—2012、《木结构工程施工规范》GB/T 50772—2012、《高层建筑混凝土结构技术规程》JGJ 3—2010、《高层民用建筑钢结构技术规程》JGJ 99—2015、《胶合木结构技术规范》GB/T 50708—2012、《建筑抗震设计规范》GB 50011—2010 等标准编写，主要介绍了装配式结构的概述、装配式混凝土结构、装配式钢结构和装配式木结构。

本书内容丰富，通俗易懂，具有很强的实用性与可操作性。可供从事装配式建筑结构设计、施工的技术人员、结构工程师以及相关专业师生学习参考。

由于编写时间仓促，编写经验、理论水平有限，难免有疏漏、不足之处，敬请读者批评指正。

目　　录

1　概　　述

2 装配式混凝土结构

3 装配式钢结构

4 装配式木结构

1 概 述

1.1 装配式结构发展历史

问 1：什么是装配式混凝土结构？

装配式混凝土结构来自英文"Precast Concrete Structure"，简称"PC 结构"，是由预制混凝土构件通过可靠的连接方式装配而成的混凝土结构，包括装配整体式混凝土结构、全装配混凝土结构等。在建筑工程中简称装配式建筑，在结构工程中简称装配式结构。

装配式混凝土结构是建筑结构发展的重要方向之一，参照世界城市化进程的历史，城镇化往往需要牺牲生态环境和消耗大量资源来进行城市建设，随着我国城镇化快速提升期的到来，综合考虑可持续发展的新型城镇化、工业化、信息化是政府面临的紧迫问题，是研究者的关注核心，也是企业的社会责任。而当前我国建筑业仍存在着高能耗、高污染、低效率、粗放的传统建造模式，建筑业仍是一个劳动密集型企业，与新型城镇化、工业化、信息化发展要求相差甚远，同时面临着因我国劳动年龄人口负增长造成的劳动力成本上升或劳动力短缺的问题。因此，加快转变传统生产方式，以装配式混凝土结构为核心，大力发展新型建筑工业化，推进建筑产业现代化成为国家可持续发展的必然要求。

"建筑产业现代化"于 2013 年全国政协双周协商会提出，2013 年年底，全国住房城乡建设工作会议明确了促进"建筑产业现代化"的要求。

建筑产业现代化是以绿色发展为理念，以住宅建设为重点，以新型建筑工业化为核心，广泛运用现代科学技术和管理方法，以工业化、信息化的深度融合对建筑全产业链进行更新、改造和升级，实现传统生产方式向现代工业化生产方式转变，从而全面提高建筑工程的效率、效益和质量。

"新型建筑工业化"是建筑产业现代化的核心，早在 20 世纪 50 年代中期，原建工部借鉴苏联经验，第一次提出实行建筑工业化，70 年代中期，原国家建委提出以"三化一改"（设计标准化、构件工厂化、施工机械化和墙体改革）为重点，发展建筑工业化，同时在北京、上海、常州开展试点并进入大发展时期。80 年代末期，因工程质量问题、唐山地震、计划经济转型等原因停止下来。

新型建筑工业化是生产方式变革，是指传统生产方式向现代工业化生产方式转变的过程，是在房屋建造的全过程中采用标准化设计、工厂化生产、装配化施工和信息化管理为主要特征的工业化生产方式，并形成完整的一体化产业链，从而实现社会化的大生产。所谓"新型"的含义主要体现在信息化与建筑工业化的深度整合，其次是区别以前提倡的建筑工业化。

建筑产业现代化与新型建筑工业化是两个不同的概念，产业化是整个建筑产业链的产业化，工业化是生产方式的工业化。工业化是产业化的基础和前提，只有工业化达到一定的程度，才能实现产业现代化。产业化高于现代化，建筑工业化的目标是实现建筑产业化。因此，实现建筑产业现代化的有效途径是新型建筑工业化。推动建筑产业现代化必须以新型建筑工业化为核心。

作为新型建筑工业化的核心技术体系，装配式混凝土结构有利于提高生产效率，节约能源，发展绿色环保建筑，并且有利于提高和保证建筑工程质量。与现浇施工工法相比，装配式混凝土结构有利于绿色施工，因为装配式施工更符合绿色施工的节地、节能、节材、节水和环境保护等要求，降低对环境的负面影响，包括降低噪声、防止扬尘、减少环境污染、清洁运输、减少场地干扰、节约水、电、材料等资源和能源，遵循可持续发展的原则。而且，装配式混凝土结构可以连续地按顺序完成工程的多个或全部工序，从而减少进场的工程机械种类和数量，消除工序衔接的停闲时间，实现立体交叉作业，减少施工人员，从而提高工效、降低物料消耗、减少环境污染，为绿色施工提供保障。另外，装配式混凝土结构在较大程度上减少建筑垃圾（约占城市垃圾总量的 30%～40%），如废钢筋、废铁丝、废竹木材、废弃混凝土等。

国内外学者对装配式混凝土结构做了大量的研究工作，并开发了多种装配式混凝土结构体系，主要包括装配式混凝土框架结构、装配式混凝土剪力墙结构、装配式混凝土框剪结构、装配式混凝土预应力框架结构等。

问 2：装配式混凝土结构国外发展情况如何？

工业化预制技术出现于 19 世纪欧洲，到 20 世纪初被重视，但不管是欧洲、日本或者美国，其快速发展的原因不外乎两个。

第一个原因是工业革命。其带来大批农民向城市集中，导致城市化运动急速发展。在 1866 年的伦敦，曾经有人选择一条街道作过一次调研。在这条街上，住 10～12 个人的房子有 7 间，12～16 个人的房子有 3 间，17～18 个人的房子有 2 间。居住情况极为恶劣。1910 年，在伦敦还出现了一些夜店。所谓夜店，不是现在作为娱乐场所的夜店，而是专门给无家可归的人过夜的一些店铺。它们基本上是人满为患，空间小到躺不下，只能一排一排地坐着，在每一排人的胸前拉一根绳子，大家都趴在绳子上睡觉。

第二个原因是第二次世界大战后城市住宅需求量的剧增。同时战争的破坏，导致住宅存量减少，因为军人大批复员，住宅供需矛盾更加激化。在这种情况下，受工业化影响的一批现代派建筑大师开始考虑以工业化的方式生产住宅。如法国的现代建筑大师勒·柯布西耶便曾经构想房子也能够像汽车底盘一样工业化成批生产。他的著作《走向新建筑》奠定了工业化住宅、居住机器等最前沿建筑理论的基础。日本丰田公司在二战以后从汽车行业涉足房屋制造业的时候，其领导人明确提出"要像造汽车一样造房子"。

第二次世界大战以后，由于遭受了战争的残酷破坏，欧洲 20 世纪五六十年代对住宅需求非常大，为此，他们采用工业化的装配式手法大批量地建造生产住宅，并形成了一批完整的、标准化、系列化的建筑住宅体系延续至今。进入 20 世纪 80 年代以后，住宅产业化发展有所变化，开始转向注重住宅功能和多样化发展。有代表性的国家有美国、法国、丹麦和日本。

美国的结构学家巴克敏斯特·富勒为使住宅构件实现工业化生产，在 20 世纪 20 年代发明了轻质金属房屋；1927 年，他设计出第一代多边形最大限度利用能源住宅；1930 年，他设计出第二代最大限度利用能源住宅；第二次世界大战期间，他设计出第三代最大限度利用能源住宅；20世纪六七十年代，他又设计出用张力轻质构件制造的穹顶，并竭力推广这种住宅，希望在"城市中建满这种房子"。此后，美国住宅工业化得以发展，并渗透到国民经济的各个方面，住宅及其产品专业化、商品化、社会化的程度很高，主要表现在：高层钢结构住宅基本实现了干作业，达到了标准化、通用化；独立式木结构住宅、钢结构住宅在工厂里生产，在施工现场组装，基本实现了干作业，达到了标准化、通用化；用于室内外装修的材料和设备、设施种类丰富，用户可以从超市里买到各种建材，非专业的消费者可以按照说明书自己组装房屋。美国住宅工业化程度高，住宅质量很好，发展前景值得期待。

法国是世界上推行建筑工业化最早的国家之一，创立了"第一代建筑工业化"，以全装配大板及工具式模板现浇工艺为标志，建立了众多专用体系。随后又向发展通用构配件制品和设备为特征的"第二代建筑工业化"过渡。为了大力发展通用体系，1978年法国住房部提出以推广"构造体系"（System Construction），作为向通用建筑体系过渡的一种手段。

DM73样板住宅（图1-1）基本单元为L形，使用面积为69.08m²，设备管井位于中央，基本单元可以加上附加模块A或B，并采用石膏板隔墙灵活分隔室内空间，这样可以灵活组成1~7室户，不同楼层之间也可以根据业主需求灵活布置。规划总平面中，这些基本单元可以组合成5~15层的板式、锯齿式、转角式的建筑，或者5~21层的点式建筑，或者低层的联排式住宅。主体结构为工具式大型组合模板现浇。

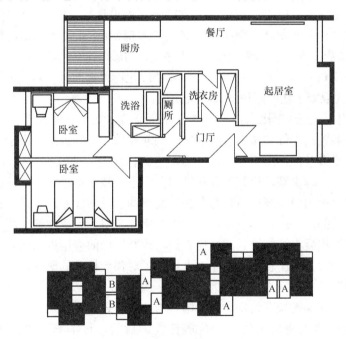

图1-1　法国的DM73样板住宅实例

丹麦也是世界上第一个将模数法制化的国家，现行的国际标准化组织150模数协调标准就是以丹麦标准为蓝本改进完成的，它们的模数标准比较健全并且是国家强制执行的。

该标准要求除自己居住的独立式住宅外，所有住宅都必须按模数进行设计。

丹麦通过模数和模数协调实现构配件的通用化，制定了 20 多个强制采用的模数标准。正是这些标准，包括尺寸、公差等，保证了不同厂家生产的部品构件相互间的通用性。除此之外，丹麦还通过编写制定"产品目录设计"来发展住宅通用体系化。每个厂家都将自己生产的产品列入该产品目录，再由各个厂家的产品目录汇集成"通用体系产品总目录"。以便设计人员从总目录中任意选用其产品进行住宅设计，使工业化的设计思想能够深入到每一位设计师的意识中。

日本人口密度是中国的 2.48 倍，人均资源和能源的占有量比中国还贫乏，可是通过战后 50 年的迅速发展，日本的住宅建设已跃居世界先进水平的行列，这与日本政府的政策引导和始终坚持住宅工业化的发展方向是密不可分的，他们的经验和教训为目前住宅产生的发展提供了很好的借鉴。

日式建筑以前多为木结构，受二战时期战火的毁坏现象十分严重，针对于此，日本提出了建设"不易燃城市"的城市复兴计划，并借鉴欧洲先进的 PC 技术的经验，积极采用钢筋混凝土结构，使日本的钢筋混凝土结构的建筑体系相继得到开发和普及。经历了"PC 的产业化与规范化的建立（1955～1972 年）"、"PC 体系过渡、完善时期（1973～1982 年）"、"PC 技术新型工业化的开发（1983～1992 年）"、"迎接新挑战，PC 深化发展（1993～今）"等几个阶段。

日本先后开发了以预制板式钢筋混凝土为主导的大板工业化住宅体系 Tilt-up 工法、W-PC 工法、PS 工法、H-PC 工法，以及后期进一步改良的 WR-PC 工法和 R-PC 工法等等，住宅标准化方面先后提出了 SPH（公共住宅标准设计）、NPS（公共住宅新标准设计系列）等，住宅可持续性发展方面扩展了荷兰学者提出的 SI 技术体系，提出了 KSI（机构型 SI 住宅）体系，应用了可变地板、同层排水等技术。20 世纪 80 年代又提出"百年住宅建设系统（CHS）"，住宅向着寿命持久和精细化设计方面进一步发展。

问 3：装配式混凝土结构国内发展情况如何？

20 世纪 50 年代至 70 年代末，我国学习苏联经验，在全国建筑业推行标准化、工业化、机械化、发展预制构件和预制装配建筑，兴起建筑工业化高潮。由于当时实行计划经济体制，我国还没有条件提出产业化的概念，一直称之为"建筑工业化"，而且受制于当时的体制、技术、管理水平，建筑工业化推广范围小，技术水平不高。片面追求主体结构的预制装配化，生产出的建筑产品普遍存在产品单调、灵活性差以及造价偏高等问题，从而造成建筑工业化的综合效益不明显，劳动生产率并未得到大幅度的提高。同时，由于唐山地震中大量预制混凝土结构遭到破坏使人们对预制结构的应用更加保守，另一方面，当时外墙的防水、防渗技术比较落后，业内也停止了对预制技术的研究，预制装配技术不得不被"束之高阁"。

但与此同时，在地震频发的日本和我国台湾地区，采用装配式混凝土结构的住宅建筑甚至表现出了较传统现浇结构更好的抗震性能。目前，日本 PC 建筑最高已达 58 层，193.5m（前田公司 2008 年建成）；我国台湾 PC 建筑已达 38 层，133.2m（台湾润泰蓝海住宅，2008 年建成）。在 PC 住宅的抗震问题得到解决的同时，防水、防渗等主要问题也得到了很好解决，而且工业化的生产方式使 PC 住宅在质量方面较现浇结构更具优势，PC 住宅已成为品质住宅的代名词。

进入 20 世纪 90 年代以后，我国进入房地产发展的高潮，这种发展以资金和土地的大量投入为基础，建筑技术仍然停留在原有水平，而此时建筑工业化的研究与发展几乎处于停滞甚至倒退阶段。直到 1995 年以后，为了 2000 年实现小康的需要，我国开始注重住宅的功能和质量，在总结和借鉴国内外经验教训的基础上，重新提出建筑工业化的口号。尤其是住宅建筑工业化仍将是今后发展的方向，并提出了发展住宅产业化和推进住宅产业化的思路，从而使住宅建设步入一个新的发展阶段。

问 4：装配式钢结构国外发展情况如何？

1. 欧洲发展情况

欧洲钢结构企业大多比较小，多和建筑公司相融合，并成为建筑工程公司的下属子公司。欧洲国家如英、法、德等国钢结构产业化体系相对成熟，钢结构加工精度较高，标准化部品齐全，配套技术和产品较为成熟。欧洲钢结构主要应用领域包括工业单体建筑、商业办公楼、多层公寓、户外停车场等。

2. 美国发展情况

美国大多数钢结构企业已经转型为专业的建筑施工企业，且已经摆脱恶性竞争，走上精品发展路线。多数钢结构工厂规模不大，员工数仅相当于我国中等规模企业。美国钢结构产品质量好，技术含量高，种类齐全。高附加值产品在整个钢结构产量比重大，产业注重节能环保。

钢结构建筑领域主要包括：工业（单体建筑、生产用厂房、仓库及辅助设施等）、商业（商场、旅馆、展览馆、医院、办公大楼等）、社区（私有及公有社区活动中心及建筑如学校、体育馆、图书馆、教堂等）、市政（桥梁、轨道交通）、住宅（多层公寓）等。钢结构施工安装环节机械化水平较高，施工质量管理到位，呈现技术密集型发展。

3. 日本发展情况

日本注重钢结构设计、制作技术的研发，尤其是在桥梁和住宅钢结构方面具有技术特长。钢结构总量比较稳定，1998 年后建筑钢结构用钢量占钢材产量的 30% 左右，总量约为 2000 万 t。选用高强度、高性能钢材，耐火钢结构、耐候钢结构是主要钢结构产品。

耐候钢结构桥梁用钢量保持了高速增长，2002 年后保持在桥梁用钢量的 20% 以上。钢结构主要应用领域包括工业厂房、住宅、大型场馆、桥梁等。阪神大地震之后，日本钢结构设计制作技术有了新的发展，开发应用了钢结构焊接机器人等新型技术。

问 5：装配式钢结构国内发展情况如何？

一是起步发展阶段。新中国成立后，在苏联经济和技术方面的支持下，我国探索建设了以工业厂房为主的多个钢结构项目。在民用建筑领域，1954 年建成的跨度 57m 的北京体育馆、1959 年建成的跨度 60.9m 的北京人民大会堂万人礼堂是这一时期的代表性钢结构建筑。

二是短暂停滞阶段。20 世纪 60 年代后期至 70 年代，各行业对钢材需求量快速增加，国家提出"建筑业节约钢材"政策要求，钢结构建筑发展进入短暂停滞期。

三是由"节约用钢"向"合理用钢"、"推广应用"转型阶段。20 世纪 80 年代初，国家经济发展进入快车道，钢结构建筑迎来兴旺发展时期。超高层建筑大量采用钢结构体系，也刺激了钢铁行业产能扩张。20 世纪 80 年代钢结构建筑最高为 208m，90 年代钢结构建筑最高达到 460m。1997 年建设部发布《中国建筑技术政策》（1996～2010 年）明确提出发展建筑钢材、钢结构建筑施工工艺的要求，政策趋向由"节约用钢"转型为"合理用钢"。深圳国贸大厦、上海森茂大厦、北京国贸大厦是这一时期的代表。钢结构建筑进入快速发展时期。

钢结构住宅建设全面启动。20 世纪 80 年代中后期我国开始从意大利、日本引入低层钢结构住宅。1999 年国家经贸委明确将"轻型钢结构住宅建筑通用体系的开发和应用"作为建筑业用钢的突破点。在国家、地方政府推动和政策扶持下，各地积极推进钢结构住宅发展。武汉世纪家园、天津丽苑小区、上海北蔡工程、山东莱钢樱花园小区、北京郭庄子住宅小区、厦门帝景苑住宅群等是这一时期的代表。

四是由"合理推广应用"向"鼓励用钢"转型阶段。进入 21 世纪，我国先后承办了一系列国际性重大体育赛事和经贸交流活动，一批超高层、大跨度场馆相继建成，"轻快好省"的钢结构建筑得到政府和社会各界关注，带动钢结构建筑快速发展。北京奥运体育主场馆、上海世博会等文化、体育场馆，以及深圳平安大厦、上海环球金融中心等一批新的城市地标性钢结构建筑成为新一轮钢结构建筑的代表。这些工程实践，缩小了我国钢结构建造技术与国外先进水平的差距。随着我国成为世界第一产钢大国，钢结构也成为机场航站楼、高铁车站和跨海、跨江大桥首选的结构体系，如首都机场 3 号航站楼、北京、上海等地的高铁车站、杭州湾跨海大桥等。

2013 年，国务院《关于化解产能过剩矛盾的指导性意见》明确提出，在建筑领域应优先采用、优先推广钢结构建筑。2016 年，《中共中央、国务院关于进一步加强城市规划建设管理工作的若干意见》和《国务院关于钢铁行业化解过剩产能实现脱困发展的意见》也都明确提出发展钢结构建筑，我国钢结构建筑将迎来在充足材料供给和较好技术基础上的新发展（表 1-1）。

近三年来国家及部分省市发布的推进钢结构建筑发展政策　　　　　　表 1-1

发布单位	政策名称和发布时间	主要内容
国家发展和改革委员会、住房和城乡建设部	2013 年 1 月 1 日，《绿色建筑行动方案》	提出"推广适合工业化生产的预制装配式混凝土、钢结构等建筑体系，加快发展建设工程的预制和装配技术，提高建筑工业化技术集成水平。"
国务院	2013 年 10 月 6 日，《国务院关于化解产能严重过剩矛盾的指导意见》	指出"推广钢结构在建设领域的应用，提高公共建筑和政府投资建设领域钢结构使用比例，在地震等自然灾害高发地区推广轻钢结构集成房屋等抗震型建筑。"
工业和信息化部、住房城乡建设部	2015 年 8 月 31 日，《促进绿色建材生产和应用行动方案》	提出"发展钢结构建筑和金属建材。在文化体育、教育医疗、交通枢纽、商业仓储等公共建筑中积极采用钢结构，发展钢结构住宅。工业建筑和基础设施大量采用钢结构。在大跨度工业厂房中全面采用钢结构。推进轻钢结构农房建设。""推广预拌砂浆，研发推广钢结构等装配式建筑应用的配套墙体材料。""研究制定建材下乡专项财政补贴和钢结构部品生产企业增值税优惠政策。"
国务院	2015 年 11 月 4 日，国务院常务会议	提出结合棚改和抗震安居工程等，开展钢结构建筑试点

发布单位	政策名称和发布时间	主要内容
杭州市委、市政府	2013年3月，《杭州市钢结构产业创新发展三年行动计划（2013～2015)》	指出"突破重大关键技术，着力推进大跨度钢结构、多高层（超高层）钢结构建筑（含住宅）、桥梁钢结构（含高架桥）、海洋钢结构等领域产业化进程。到2015年，全市钢结构产业规模以上企业实现销售产值达到210亿元，年平均增长10%左右，产值利税率达8%，形成3～4家创新能力强、具有自主品牌和总承包资质、年销售产值近百亿元的行业龙头企业。"
云南省住房和城乡建设厅	2015年7月，《关于加快发展钢结构建筑的指导意见》	提出在全省城乡建设中大力推广使用钢结构建筑，把云南省的钢结构建筑产业打造成为西南领先，具有辐射周边国家能力的新兴建筑产业。用3～5年的时间，建立健全钢结构建筑主体和配套设施从设计、生产到安装的完整产业体系。"十三五"期间，力争新建公共建筑选用钢结构建筑达15%以上，不断提高城乡住宅建设中钢结构使用比例

问6：木结构的发展历程如何？

木结构是人类文明史上最早的建筑形式之一，这种结构形式以优良的性能和美学价值被广泛推广应用。我国木结构建筑的发展经历了以下几个阶段：

我国木结构历史可以追溯到3500年前，其产生、发展、变化贯穿整个古代建筑的发展过程，也是我国古代建筑成就的主要代表。最早的木框架结构体系采用卯榫连接梁柱的形式，到唐代逐渐成熟，并在明清时期进一步发展出统一标准，如《清工部工程做法则例》。始建于辽代的山西省应县木塔是中国现存最高最古老的一座木构塔式建筑，该塔距今近千年，历经多次地震而安然无恙；故宫的主殿太和殿是我国现存体形最大的木结构建筑之一，它造型庄重，体型宏伟，代表了我国木结构建筑的辉煌成就。

1949年新中国成立后，因木结构具有突出的就地取材、易于加工优势，当时的砖木结构占有相当大的比重。特别是"大跃进"时期，我国的砖木结构建筑占比达到46%。

20世纪50、60年代，我国实行计划经济，提出节约木材的方针政策，国外经济封锁又导致木材无法进口，这对木结构建筑发展产生了很大束缚。20世纪70年代，基于国内生产建设需要，国家提出"以钢代木"、"以塑代木"的方针，木结构房屋被排除在主流建筑之外。

从20世纪80年代起，为了发展经济对森林大肆采伐，导致森林资源量急剧下降，到80年代末我国的结构用材采伐殆尽，当时国家也无足够的外汇储备从国际市场购进木材。党中央、国务院针对我国天然林资源长期过度消耗而引起生态恶化的状况，做出了实施天然林资源保护工程的重大决策，并相继出台了一系列木材节约代用鼓励性文件。此外，我国快速工业化带来的钢铁、水泥等产业的大发展，促进了钢混结构建筑的推广。这造成中国发展了几千年的传统木结构体系逐渐解体，新的砖砌体、砖混结构逐渐成为新建农村住宅的主要结构形式。大专院校停开木结构课程，并停止培养研究生，原来从事木结构的教学和科技人员不得不改弦易辙，木结构学科消亡，木结构人才流失严重，使得我国木结构建筑研究和应用处于停滞状态。

中国加入WTO后，与国外木结构建筑领域的技术交流和商贸活动迅速增加。1999

年，我国成立木结构规范专家组，开始全面修订《木结构设计规范》。从 2001 年起，我国木材进口实行零关税政策，越来越多的国外企业开始进入中国市场，并将现代木结构建筑技术引进中国，木结构建筑进入新一轮发展阶段。

1.2 装配式结构发展现状和存在问题

问 7：装配式建筑发展现状如何？

1. 装配式建筑稳步推进

以试点示范城市和项目为引导，部分地区呈现规模化发展态势。截至 2013 年底，全国装配式建筑累计开工 1200 万 m²，2014 年，当年开工约 1800 万 m²，2015 年，当年开工近 4000 万 m²。据不完全统计，截至 2015 年底，全国累计建设装配式建筑面积约 8000 万 m²，再加上钢结构、木结构建筑，大约占新开工建筑面积的 5%。

但总体上，我国建筑行业仍以传统现浇建造方式为主，沿袭着高消耗、高污染、低效率的"粗放"建造模式，存在着建造技术水平不高、劳动力供给不足、高素质建筑工人短缺等一系列问题。

2. 政策支撑体系逐步建立

党的十八大提出"走新型工业化道路"，《我国国民经济和社会发展"十二五"规划纲要》、《绿色建筑行动方案》都明确提出推进建筑业结构优化，转变发展方式，推动装配式建筑发展，国家领导人多次批示要研究以住宅为主的装配式建筑的政策和标准；2016 年 2 月，中共中央、国务院发布《关于进一步加强城市规划建设管理工作的若干意见》，提出"大力推广装配式建筑"，"加大政策支持力度，力争用 10 年左右时间，使装配式建筑占新建建筑的比例达到 30%"；这些政策从国家层面为装配式建筑发展奠定了良好基础。

同时，各级地方政府积极引导，因地制宜地探索装配式建筑发展政策。上海、重庆、北京、河北、浙江、沈阳等 30 多个省市出台了有关推进建筑（住宅）产业化或装配式建筑的指导意见，在全国产生了积极影响。一些城市在出台指导意见同时，还出台配套行政措施，有力促进了装配式建筑项目的落地实施。以试点示范城市为代表的地方政府打造市场环境，着力培育装配式建筑市场。一是提供充分的市场需求，通过政府投资工程，特别是保障房建设，同时对具备一定条件的开发项目制定强制执行措施，为装配式建筑市场提供较为充裕的项目来源。二是通过引导产业园区和相关企业发展，加强装配式建筑产品部品的生产供给能力，如沈阳建设了铁西等四个园区，吸引了多家大型企业进入园区；合肥通过引进龙头企业，2014 年预制装配式建筑面积已超过 300 万 m²。

各地的政策措施可主要概括为六个方面：

（1）在土地出让环节明确装配式建筑面积的比例要求，如在年度土地供应计划中必须确保一定比例采用预制装配式方式建设。

（2）多种财政补贴方式支持装配式建筑试点项目，包括科技创新专项资金扶持装配式建筑项目，优先返还墙改基金、散装水泥基金；对于引进大型装配式建筑专用设备的企业享受贷款贴息政策，利用节能专项资金支持装配式建筑示范项目；享受城市建设配套费减缓优惠等。

（3）对装配式建筑项目建设和销售予以优惠鼓励，如将装配式建筑成本同步列入建设项目成本；在商品房预销售环节给予支持；对于装配式建筑方式建造的商品房项目给予面积奖励等。

（4）通过税收金融政策予以扶持，如将构配件生产企业纳入高新技术产业，享受相关财税优惠政策；部分城市还提出对装配式建筑项目给予贷款扶持政策。

（5）大力鼓励发展成品住宅；各地积极推进新建住宅一次装修到位或菜单式装修，开发企业对全装修住宅负责保修，并逐步建立装修质量保险保证机制。

（6）以政府投资工程为主大力推进装配式建筑试点项目建设，如北京、上海、重庆、深圳等地都提出了鼓励保障性住房采用预制装配式技术和成品住宅的支持政策（其中北京市出台的是强制性政策）。

3. 技术支撑体系初步建立

经过多年研究和努力，随着科研投入的不断加大和试点项目的推广，各类技术体系逐步完善，相关标准规范陆续出台。国家标准《装配式混凝土结构技术规程》JGJ 1—2014已于2014年正式执行，《装配整体式混凝土结构技术导则》已于2015年发布，《工业化建筑评价标准》GB/T 51129—2015于2016年实行。各地方出台了多项地方标准和技术文件，如深圳编制了《预制装配式混凝土建筑模数协调》等11项标准和规范；北京出台了混凝土结构预制装配式混凝土建筑的设计、质量验收等11项标准和技术管理文件；上海已出台5项且正在编制4项地方标准和技术管理文件；沈阳先后编制完成了《预制混凝土构件制作与验收规程》等9部省级和市级地方技术标准，为装配式建筑项目发展提供了技术支撑。

初步建立了装配式建筑结构体系、部品体系和技术保障体系，部分单项技术和产品的研发已经达到国际先进水平。如在建筑结构方面，预制装配式混凝土结构体系、钢结构住宅体系等都得到一定程度的开发和应用，装配式剪力墙、框架外挂板等结构体系施工技术日益成熟，设计、施工与太阳能一体化以及设计、施工与装修一体化项目的比例逐年提高；在关键技术方面，分别形成了以万科为代表的装配式建筑项目套筒灌浆技术和以宇辉为代表的约束浆锚搭接技术。屋面、外墙、门窗等一体化保温节能技术产品越来越丰富，节水与雨水收集技术、建筑垃圾循环利用、生活垃圾处理技术等得到了较多应用。这些装配式技术提高了住宅的质量、性能和品质，提升了整体节能减排效果，带动了工程建设科技水平全面提升。

4. 试点示范带动成效明显

各地以保障性住房为主的试点示范项目起到了先导带动作用，这得益于试点城市的先行先试。2006年建设部出台《国家住宅产业化基地试行办法》，依此设立的国家住宅产业化基地的建设和实施引领了装配式建筑发展。截至2016年3月，全国先后批准了11个产业化试点（示范）城市和56个基地企业，这些工作的开展为全面推进装配式建筑打下了良好的基础。在示范、试点带动下，全国范围内还有十几个城市和多家企业正在积极申请试点城市和基地企业，新基地的不断加入为全面加速装配式建筑发展注入新的活力，装配式建筑呈现较好发展势头。

住宅产业化基地建设正呈现良好的发展态势。一是申报对象向基层延展，除北京、上海、青岛、厦门等副省级及以上城市积极申报外，潍坊、海门等一些地市级城市也踊跃申报。二是申报范围向中西部拓展，如乌海、广安等城市也获批。三是基地数量增长迅速，通过"以点带面"扎实有效地推进了装配式建筑工作全面开展。

5. 行业内生动力持续增强

建筑业生产成本不断上升，劳动力与技工日渐短缺，从客观上促使越来越多的开发、施工企业投身装配式建筑工作，把其作为企业提高劳动生产率、降低成本的重要途径，企业参与的积极性、主动性和创造性不断提高。通过投入大量人力、物力开展装配式建筑技术研发，万科、远大等一批龙头企业已在行业内形成了较好的品牌效应。装配式建筑设计、部品和构配件生产运输、施工以及配套等能力不断提升。截至 2014 年底，据不完全统计，全国 PC 构件生产线超过 200 条，产能超过 2000 万 m^3，如按预制率 50% 和 20% 分别测算，可供应装配式建筑面积 8000 万 m^2 到 20000 万 m^2。整个建设行业走装配式建筑发展道路的内生动力日益增强，标准化设计，专业化、社会化大生产模式正在成为发展的方向。

6. 试点示范城市带动作用明显

以保障性住房为主的装配式建筑试点示范项目已经从少数城市、少数企业、少数项目向区域和城市规模化方向发展。其中，国家住宅产业化综合试点城市带动作用明显，2014 年国家住宅产业现代化综合试点城市以及正在培育的住宅产业现代化试点城市，预制装配式混凝土结构建筑面积占全国总量的比例超过 85%。如沈阳 2011～2013 年每年同比增加 100 万 m^2，增速保持在 50% 以上；北京 2010 年装配式建筑只有不到 10 万 m^2，到 2012 年新开面积就超过 200 万 m^2。

从基地企业角度而言，万科集团 2010 年以前建造装配式建筑 173 万 m^2，2013 年面积是 2010 年的 4 倍。其他如黑龙江宇辉、杭萧钢构、上海城建、中南建设、宝业集团等基地企业，装配式建筑面积也都保持了较快的增速。

总体而言，与我国年新开工住宅 10 多亿平方米的建设规模相比，装配式建筑项目的面积总量还比较小，装配式建筑发展任重道远。

7. 产业集聚效应日益显现

各地形成了一批以国家产业化基地为主的众多龙头企业，并带动整个建筑行业积极探索和转型发展，产业集聚效应日益显现。国家产业化基地大体可以分为 4 种类型：以房地产开发企业为龙头的产业联盟；以施工总承包企业为龙头的施工总承包类型企业；以大型企业集团主导并集设计、开发、制造、施工、装修为一体的全产业链类型企业；以生产专业化产品为主的生产型企业。基地企业充分发挥龙头企业优势，积极开展住宅标准、工业化建筑体系的研究开发，带动众多科研院所、高校、设计单位、开发企业、部品生产、施工企业参与装配式建筑工作，形成了各具特色的发展模式。据不完全统计，由基地企业为主完成的装配式建筑建筑面积已占到全国总量的 80% 以上，产业集聚度远高于一般传统方式的建筑市场。由技术创新和产业升级带来的经济效益逐步体现，装配式建筑实施主体带动作用越发突出。

与试点城市伴生的装配式建筑产业园区成为推进装配式建筑工作的主阵地。沈阳 2011 年获批试点城市后，举全市之力培育产业园区，塑造全新支柱产业。2013 年、2014 年现代建筑业产值达到 1500 亿元以上，位居全市五大优势产业第三位，已成为新的经济增长点；合肥经开区引入中建国际、黑龙江宇辉等多家企业，已建成年生产总值 30 多亿元的住宅产业制造园区；济南长清、章丘、商河等产业园区已经实现了产业链企业的全园区进驻，为地区经济发展发挥了重要作用。

8. 工作推进机制初步形成

从 1998 年以来，在住房和城乡建设部的直接领导下，部科技与产业化发展中心（住宅产业化促进中心）积极推进装配式建筑相关工作。省市、地县级政府通过单设处室、事业单位或将职能委托相关协会等形式，增加人员编制，加强本地区装配式建筑专职管理机构建设。

全国 30 多个省或城市出台了相关政策，在加快区域整体推进方面取得了明显成效，部分城市已形成规模化发展的局面。全国已经批准的 11 个国家住宅产业现代化综合试点（示范）城市，以及高度重视装配式建筑的城市，专门成立建筑（住宅）产业现代化领导小组或联席会议制度，建立了发改、经信、建设、财政、国土、规划等部门协调推进机制。如沈阳市推进现代建筑产业化领导小组组长由市主要领导担任，副组长由 5 位副市级领导兼任。良好的决策机制与组织协调机制保障了装配式建筑工作顺利进行。

问 8：装配式建筑管理机制存在哪些问题？

1. 缺少适合装配式建筑特点的管理机制

装配式建筑最突出的特征是将产品策划、规划、设计、构件生产、施工、运维等全产业链融合，并将建筑、结构、设备、智能化、装修、家具等有机结合，是整体解决方案，突出体现了"系统性"。而现行的建设行政体制，植根于传统的建筑业施工方式和计划经济，以分部分项工程、资质管理、人员管理等行政方式，人为地将建筑工程分解成若干"碎片"，按照设计、招标、施工的程序进行，设计、施工、生产一体化的总承包模式还没有被广泛采用。特别是设计单位没有在建设过程中发挥技术的主导作用，不利于装配式建筑的新技术、新工艺在工程项目建设中广泛应用。

2. 全产业链协同发展不足

装配式建筑工程的系统性特点决定了装配式建筑的发展必然要求全产业链协同，目前产业链各环节认识不一致，实力差异较大，发展进度不同，需要抓紧弄清各个环节存在的问题，建立全产业链协同发展机制，确定先导、主导企业拉动机制。

比如设计、施工、生产三个环节，在传统模式中设计院做好设计，施工单位现场施工就是生产，设计施工虽然分离，但是经过几十年的发展，行业对这样的模式都很熟悉，各类人员的专业素养也能达到要求，即使这样，在实际操作过程中仍然存在问题。在装配式建筑模式中，现场生产变为工厂化生产，工厂化按照标准化生产的构件是独立单元，需要施工单位进行吊装拼装，设计单位如果还是按照传统模式进行设计，将导致工厂无法生产、施工单位无法操作，因此需要设计单位在设计时按照构件独立单元进行拆分设计，有些类似于钢结构设计，根据图纸即可以进行工厂构件生产和现场吊装，实现设计施工生产一体化。当前存在的问题是设计人员不熟悉这样的设计模式，需要进行研究和培训。同时，现行设计院普遍采用的经济利益分配机制和标准化设计取费偏低，使设计人员对这样的设计模式兴趣不高，缺少研发动力。施工单位和工厂的人员也需要一定的时间和项目实践熟悉和提升工作方法和技能。

3. 审批管理流程亟需调整

深圳在早期由深圳万科公司试行装配式建筑时，就出现了没有规范无法报建、检测机构无法抽检、质监部门无法监督和验收的窘境。后来由政府和企业多次协商，采用了很多变通的方式：如企业编制企标，按程序上升为市标和省标；开专家论证会作为报建前置条件；试行分段验收等措施，确保了试点项目的顺利实施。

当前各类规范和技术标准都在陆续出台，但随着装配式建筑的快速发展，这些规范和技术标准仍然需要调整和改进。一些开发企业反映，由于设计规范还在不断完善中，有些试点项目无法通过设计审图，需要主管单位组织召开专家评审会，经专家论证通过后方可施工，给装配式建筑大规模推进带来了一定障碍。

由于装配式建筑的建造过程与现浇建造方式不同，相应的项目建设管理流程需要进行相应调整和改进：在"前期筹划、前期准备、建设实施、预售和交付管理、使用和维护"五个主要阶段基础上，某些阶段需要前置，某些环节需要增加、细化。因此制定适合装配式建筑特点的审批、管理流程对于加快推动产业发展具有重要意义。

4. 质量管理机制有待完善

预制构件生产企业的准入门槛较低，预制构件在车间加工完成后，质量控制要求需进一步明确。如果大规模推广装配式建筑，如何确保部品部件的质量，如何确保关键节点的质量，是需要高度重视的问题。另外，灌浆连接技术的检验检测方法还不够成熟，质量管理机制还有待完善。

5. 组织保障机制有待完善

装配式建筑全产业链协同发展需要多个部门的合力作用，遇到问题和困难时，不能停留在单个问题解决的方式，需要运用系统的思想，从全局的高度去思考问题，制定相应的对策。装配式建筑业迫切需要其他产业的融合与保障，尤其是财税、金融的支持。

装配式建筑系统只有各个子系统共同协同运转，装配式建筑系统才可以流畅地运转起来。当前的财税、金融子系统基本没有启动，对装配式建筑的保障和支持作用没有发挥。

问 9：目前我国装配式结构主要问题有哪些？

1. 顶层制度设计相对滞后

目前从国家层面来说，指导装配式建筑发展工作的文件还只有 1999 年颁布的 72 号文件，现阶段缺乏明确的发展目标、重点任务、政策措施和清晰的整体推进方案，各地对完善顶层设计的呼声非常强烈。

2. 标准规范有待健全

虽然国家和地方出台了一系列装配式建筑相关的标准规范，但缺乏与装配式建筑相匹配的独立的标准规范体系。部品及构配件的工业化设计标准和产品标准需要完善。由于缺乏对模数化的强制要求，导致标准化、系列化、通用化程度不高，工业化建造的综合优势不能充分显现。

3. 技术体系有待完善

各地在探索装配式建筑的技术体系和实践应用时，出现了多种多样的技术体系，但大部分还是在试点探索阶段，成熟的、易规模推广的还相对较少。当前，迫切需要总结梳理成熟可靠的技术体系，作为全国各地试点项目选择的参考依据。

4. 监管机制不匹配

当前的建设行业管理机制已不适应或滞后于装配式建筑发展的需要。有些监管办法甚至阻碍了工程建设进度和效率提升；而有些工程项目的关键环节甚至又出现监管真空，容易出现新的质量安全隐患，必须加快探索新型的建设管理部门监管制度。

5. 生产过程脱节

装配式建筑适于采用设计生产施工装修一体化，但目前生产过程各环节条块分割，没有形成上下贯穿的产业链，造成设计与生产施工脱节、部品构件生产与建造脱节、工程建造与运维管理使用脱节，导致工程质量性能难以保障、责任难以追究。

6. 成本高于现浇影响推广

装配式建筑发展初期，在社会化分工尚未形成、未能实施大规模广泛应用的市场环境下，装配式建造成本普遍高于现浇混凝土建造方式，每平方米大体增加 200～500 元。而装配式建筑带来的环境效益和社会效益，未被充分认识，特别是由于缺乏政策引导和扶持，市场不易接受，直接影响了装配式建筑的推进速度。随着规模化的推进和效率的提升，性价比的综合优势将逐渐显现出来。

7. 装配式建筑人才不足

目前，不论是设计、施工还是生产、安装等各环节都存在人才不足的问题，严重制约着装配式建筑的发展。

8. 与装配式建造相匹配的配套能力不足

尚未形成与装配式建造相匹配的产业链，配套能力不足，包括预制构件生产设备、运输设备、关键构配件产品、适宜的机械工具等，这些能力不配套，已严重影响了装配式建设整体水平的提升。

9. 对国外研究不透彻

大多数专家在演讲中、在文章中，主要介绍装配式建筑的具体技术和一些项目实例、一些主观感受，缺乏国外推进装配式建筑的制度、机制、标准规范推广模式等方面的详细资料，也缺乏各种装配式建筑的统计数据，整体上缺乏系统性的研究和借鉴。

问 10：钢结构墙体存在哪些问题？

钢结构住宅墙体采用高度工厂化的生产制造与安装体系。钢结构住宅建筑外墙体除了应具备轻质、耐久、坚固、方便二次或者多次装修需要等必备性能外，还应具有工艺简单、价格合理等特点。目前已完成的钢结构住宅墙体，按照其安装方式可分为两大类：外挂式与内嵌式。

从目前看，我国发展钢结构住宅，不可能采用传统的砌体材质（如黏土砖等实心材料），而必须转向蒸压加气混凝土板、砌块及其他类型的新型墙体材料。

从国内外研究和实践看，围护结构的研发是推广应用钢结构住宅需要解决的关键问题。而墙体在围护结构中占重要部分，对钢结构住宅墙体的研究，主要在于墙体材料的材性革新和墙体构造节点两个方面。

复合墙板作为围护墙体，越来越多地应用于钢结构住宅，但也暴露出了一些问题，如裂缝、渗漏、隔声、墙体钉挂等。部分是由于构造技术出了问题，如墙板的连接、墙板与钢构件的连接等，这些都是阻碍国内钢结构住宅发展的重要因素。钢结构住宅从结构上较容易解决，而与之相配套的墙体材料及构造技术还不能很好地解决，这对于设计人员和施工人员，解决起来都有一定的难度。

由于钢结构自身的特性，研究钢结构住宅墙体的节点构造，比传统砌筑式墙体要复杂得多。如何选择和开发围护墙板，如何解决墙体存在的构造技术问题、改善墙体的使用功能、提高墙体的节能效果，是钢结构住宅推广应用中的关键问题之一。

　　根据对已建成使用的山东地区钢结构住宅进行墙体质量问题抽样调查，发现了如下问题：

　　1. 墙体裂缝问题

　　在调研中发现，墙体裂缝是钢结构住宅中最常见的问题，有些裂缝很严重，甚至影响结构安全。墙体裂缝主要包括室内墙面抹灰裂缝、室外墙面抹灰裂缝及外墙贴瓷砖裂缝。不少钢结构住宅工程在竣工验收后 3～4 个月，室内墙面会陆续出现裂缝，呈现一种有规则竖向裂缝、水平裂缝和窗台下口八字裂缝、不规则裂缝等。除了涂料粉刷墙面裂缝外，贴面砖的墙也会出现墙面面砖开裂现象。

　　2. 墙体渗漏问题

　　墙体渗漏一直是建筑工程的焦点问题之一。钢结构住宅也存在着的外墙渗漏问题，主要表现为：外墙镶贴饰面渗漏、外墙抹灰层渗漏、外墙窗框渗漏及地下室外墙渗漏等。外墙窗框渗漏主要集中在窗框顶部、窗台和窗框两侧边与外墙接壤部位，尤其以窗台的渗漏最为严重。喷淋式试验检查渗水部位显示，外墙雨水是因窗框与外墙抹灰层之间的裂缝而渗入室内的。

　　3. 隔墙隔声效果不佳

　　由于某些墙板厚度太薄，构造不合理，又没有采取隔声效果好的材质，墙体达不到隔声要求，尤其是分户墙的墙体。

　　4. 墙体不能局部受荷、不利于电气水管线布置等

　　很多情况下，钢结构墙体被设计成纯围护结构，而业主在装修过程中有比较多的东西要挂在墙上，如壁柜、厨房的抽油烟机、洗手间的热水器等。仅起围护作用的墙体基本不能受荷，而且不便在装修过程中敲敲打打，否则容易开裂，存在安全隐患。另外，也不便于水电装修过程中的割槽、埋线等。

　　问 11：钢结构防火存在哪些问题？

　　钢材是一种很好的热导材料。普通建筑用钢材（如 Q235 或 Q345），在全负荷状态下失去静态平衡稳定性的临界温度为 500℃ 左右，一般在 300～400℃ 时钢材强度就开始迅速下降。一般无任何保护及覆盖物的钢结构耐火极限只有 15min 左右，远远低于建筑设计防火规范的要求的柱 3.0h、梁 2.5h 的防火要求。因此，钢结构防火问题已成为钢结构住宅产业化发展的瓶颈问题。

　　目前主要采用的钢结构防火做法主要有三种：

　　1. 外包法

　　主要有两种方式：一是实体外包和板材外包。常用的实体外包法是将现浇混凝土浇灌于临时模板中以封闭钢柱、钢梁。二是采用钢板网抹灰外包等方式。板材外包有防火石膏板外包、金属套柱外包等。

　　2. 涂抹膨胀性防火涂料法

　　膨胀型防火涂料在受热时会发泡膨胀，在钢材外形成一定厚度的保护层，从而延长承重构件的耐火极限；防火涂料又分厚型和薄型，厚型涂料一般涂敷厚度为 2～3cm，耐火极限可达 2～3h；厚型涂料组分颗粒较大，涂层外观不平整，大多用于结构隐蔽工程；薄型涂料涂敷厚度为 2～5mm，耐火极限一般不超过 2h。薄型涂料外观效果好，但多数为有机涂料，长期暴露在空气中容易老化而导致防火性能降低。但在住宅梁柱遮挡部位和阴

角太多涂抹时，质量不容易控制，加之耐久性问题，一般 15 年要进行一次维护，这会大大增加住宅使用成本。

3. 屏蔽法

屏蔽法是将未经防火处理的钢结构构件包藏在耐火材料构成的墙体或顶棚内。如将钢柱包在两片墙之间的空隙，或将钢梁、钢柱隔离在防火顶棚内。这种方法相对比较经济，因为结构防火造价已包含在墙体造价内，但会造成建筑墙体加厚，导致有效使用面积减少。而对那些裸露在外的钢构件，还需采用合理的防火保护构造做法。

问 12：钢结构设计存在哪些问题？

（1）设计周期短，存在设计不细致，审核不认真的情况，致使制作和安装无法按图实施，属于设计不到位问题。

（2）设计粗糙，错漏较多，存在返工和增补工作量问题，影响施工顺利进行。

（3）由于工期紧，结构图、加工图、围护图常常是不同人员在不同时期完成，相互校核不到位，相互匹配方面存在问题，致使工程技术人员不能及时发现问题，造成材料浪费、制作错误、修改增加，影响现场安装，存在边设计、边施工、边安装、边修改的现象。

（4）材质、板型、颜色、节点构造等不确定，或需由现场确定的情况较多。这属于设计深度不够的问题。造成的原因主要有自身设计原因、业主原因、与相关专业沟通不够、资料不全等几个方面。

（5）缺乏由相关部门组织，设计、制造、安装等人员参加的图纸会审环节，未能形成常态制度。这与图纸不能同时发出，会审不能一次进行；业主工期要求紧、催促早生产、早进场而没有时间仔细阅图紧密相关。常常是在制造或安装中出现问题后才来审图，造成很多被动局面。另外，各部门也不能对出现的问题进行沟通。

（6）业主工程要求更改随意、频繁且滞后，使工作量增加，造成设计考虑不周全，出现新遗漏或施工难度加大。由于正常施工前发生变更并不一定产生过大的费用，但一定的工作量完成后再更改就很困难，施工费用、材料费用将大增，而前期不能及时签认，产生相关费用，最终会导致结算困难。

（7）当设计与制作、安装单位同属一家企业时，总体上看这对制作安装过程中出现的问题进行处理以及设计修改的实施是有利的，但实际情况并不尽然，有时因此反而使施工中出现的问题较难处理。

问 13：钢结构构件生产存在哪些问题？

（1）制作清单、样图有错漏情况，影响制作和安装。

（2）未按制作程序生产操作，造成各种质量问题。如：不做屋架预拼装，外形尺寸检查不严，导致构件侧向弯曲、腹板变形不平整、长度误差超标、孔眼位置不准。又如：平面扭曲、水平度垂直度不符合标准以及油漆喷刷不到位，焊渣、毛刺、焊瘤未清理等，导致构件现场无法安装，增加现场处理的工作量。

（3）构件制作速度慢，不能按时到场，不能保证现场安装。影响制作速度的主要原因有：合同工期紧，材料供应不及时，加工制作人员紧张，岗位缺员；工程多、任务重，企业规模偏小，加工制作能力不足，计划安排不合理等。另外，工程复杂，相关专业对构件制作要求高，细部处理工序多也是影响构件出厂速度的原因。

（4）构件出厂不配套，进场无顺序，未能按施工方案或施工组织设计编制出的进度要求执行，导致构件进场也无法安装。

（5）构件制作的钢印号、标签以及进场数量与货运清单之间不相符，有的错误明显。既影响现场的清点，造成卸车不能一次到位，增加了现场二次倒运工作，又会使构件数量、规格等无法统计，引起安装错误，并增加内外部结算、构件交接的难度。

（6）构件制作检验资料完成不及时，影响现场构件的报验，导致中间付款、安装工作的延误。

（7）缺乏熟练技工，同时员工队伍不稳定，流动频繁，导致质量问题频出而不能消除。

问 14：钢结构施工过程存在哪些问题？

钢结构安装过程中主要存在以下几个问题：

（1）与土建交接不顺，安装过程受土建等相关专业影响大。钢结构吊装前，应对建筑物的定位轴线、平面封闭角、底层柱的位置线、混凝土基础的标高和混凝土强度及等级进行复查。并把复测结果和整改要求交付基座施工单位。而实际工程中往往不能很好地执行。施工道路不畅通、水电源不到位、场地标高不达标、基坑不回填、场地不夯实、不平整是现场施工条件的通病。

（2）与其他专业施工单位存在交叉作业的矛盾，缺乏协调力强的业主方。

（3）钢结构安装分包获利不均，合同条款不公，企业风险偏大。从目前钢结构安装工程承包管理模式看，尤其是民营企业承揽的工程，现场安装多为私人承包，虽然企业与安装队伍有安装协议，但协议条款对安装队伍不甚公平。由各地工头组织的成建制地输出的劳务农民工队伍因为靠工头管理而不属于企业，存在的问题比较多。

（4）项目部控制无力，安装队伍难以管理。由于一定程度上存在违法分包，施工安排不能落实，安装人员质量意识淡薄，不按程序要求施工，只想蒙混过关。由于思想认识的偏差，有些钢结构施工项目经理部，设置简单，人员少，管理不到位，现场管理多由承包的安装队伍说了算。项目经理不参与安装队伍的选择，只是管理协调而无决定权，这些都是现场控制不力的原因。

问 15：木结构发展存在哪些问题？

（1）社会对木结构建筑的认可度不够。目前社会对木结构的印象仍停留在易燃、易腐、易蛀、破坏森林资源、成本高等传统认识上，而现代木结构技术产业化程度高、应用领域广、节能减排效果好的优势未得到广泛宣传和认同。

（2）部分关键技术有待研究完善。当前，我国对于木材材性、结构安全、防火安全、热工性能、耐久性能等木结构关键问题与施工防水、防漏、隔声等木结构重要技术的研究有待完善。

（3）多高层木结构标准规范相对滞后。目前我国木结构建筑标准规范在建筑高度、防火措施等方面相对保守，在消防验收标准上不够完善，部件标准化程度较低，导致现代木结构建筑发展缓慢。

（4）工程建设管理部门对于木结构建筑的开工许可、工程监理、工程验收等相对不熟悉，造成业主方办理相关手续比较困难。木结构工程建设管理程序有待进一步规范，同时还应进一步规范、落实木结构建筑设计和施工图审查制度。木结构建筑工程预算定额有待进一步健全和完善。

（5）木结构产业能力和基础薄弱。目前我国木结构建筑企业规模普遍偏小，技术与管理水平较低，产业链各环节相对脱节，行业资源有待整合。

（6）人才储备和培育机制不完善。国内高校大多已停办木结构课程，导致国内木结构人才储备与培育机制存在较大空白，设计研发能力十分薄弱，专业人员严重缺乏，严重制约了木结构在我国的本土化发展。

1.3　装配式混凝土建筑技术体系

问 16：装配式混凝土建筑主要技术体系有哪些？

从结构形式角度，装配式混凝土建筑主要有剪力墙结构、框架结构、框架-剪力墙结构、框架-核心筒结构等结构体系。

按照结构中预制混凝土的应用部位可分为：

（1）竖向承重构件采用现浇结构，外围护墙、内隔墙、楼板、楼梯等采用预制构件；

（2）部分竖向承重结构构件以及外围护墙、内隔墙、楼板、楼梯等采用预制构件；

（3）全部竖向承重结构、水平构件和非结构构件均采用预制构件。

以上三种装配式混凝土建筑结构的预制率由低到高，施工安装的难度也逐渐增加，是循序渐进的发展过程。目前三种方式均有应用。其中，第 1 种从结构设计、受力和施工的角度。与现浇结构更接近。

按照结构中主要预制承重构件连接方式的整体性能，可区分为装配整体式混凝土结构和全装配式混凝土结构。前者以钢筋和后浇混凝土为主要连接方式，性能等同或者接近于现浇结构，参照现浇结构进行设计；后者预制构件间可采用千式连接方法，安装简单方便，但设计方法与通常的现浇混凝土结构有较大区别，研究工作尚不充分。

问 17：什么是装配式剪力墙结构技术体系？有哪些特点？

按照主要受力构件的预制及连接方式，国内的装配式剪力墙结构可以分为：装配整体式剪力墙结构；叠合板剪力墙结构；多层剪力墙结构。装配整体式剪力墙结构应用较多，适用的建筑高度大；叠合板剪力墙目前主要应用于多层建筑或者低烈度区高层建筑中；多层剪力墙结构目前应用较少，但基于其高效、简便的特点，在新型城镇化的推进过程中前景广阔。

此外，还有一种应用较多的剪力墙结构工业化建筑形式，即结构主体采用现浇剪力墙结构，外墙、楼梯、楼板、隔墙等采用预制构件。这种方式在我国南方部分省市应用较多，结构设计方法与现浇结构基本相同，装配率、工业化程度较低。

1. 装配整体式剪力墙结构体系

装配整体式剪力墙结构中，全部或者部分剪力墙（一般多为外墙）采用预制构件，构件之间拼缝采用湿式连接，结构性能和现浇结构基本一致，主要按照现浇结构的设计方法进行设计。结构一般采用预制叠合板，预制楼梯，各层楼面和屋面设置水平现浇带或者圈梁。预制墙中竖向接缝对剪力墙刚度有一定影响，为了安全起见，结构整体适用高度有所降低。在 8 度（0.3g）及以下抗震设防烈度地区，对比同级别抗震设防烈度的现浇剪力墙结构最大适用高度通常降低 10m，当预制剪力墙底部承担总剪力超过 80% 时，建筑适用高度降低 20m。

目前，国内的装配整体式剪力墙结构体系中，关键技术在剪力墙构件之间的接缝连接形式。预制墙体竖向接缝基本采用后浇混凝土区段连接，墙板水平钢筋在后浇段内锚固或者搭接。预制剪力墙水平接缝处及竖向钢筋的连接划分为以下几种：

（1）竖向钢筋采用套筒灌浆连接、拼缝采用灌浆料填实。

（2）竖向钢筋采用螺旋箍筋约束浆锚搭接连接、拼缝采用灌浆料填实。

（3）竖向钢筋采用金属波纹管浆锚搭接连接、拼缝采用灌浆料填实。

（4）竖向钢筋采用套筒灌浆连接结合预留后浇区搭接连接。

（5）其他方式，包括竖向钢筋在水平后浇带内采用环套钢筋搭接连接；竖向钢筋采用挤压套筒、锥套锁紧等机械连接方式并预留混凝土后浇段；竖向钢筋采用型钢辅助连接或者预埋件螺栓连接等。

其中，（1）～（4）为相对成熟，应用较广泛。钢筋套筒灌浆连接技术成熟，已有相关行业和地方标准，但由于成本相对较高且对施工要求也较高，因此通常采用竖向分布钢筋其他等效连接形式；钢筋浆锚搭接连接技术成本较低，目前的工程应用通常为剪力墙全截面竖向分布钢筋逐根连接；螺旋箍筋约束钢筋浆锚搭接和金属波纹管钢筋浆锚搭接连接技术是目前应用较多的钢筋间接搭接连接两种主要形式，各有优缺点，已有相关地方标准。底部预留后浇区钢筋搭接连接剪力墙技术体系尚处于深入研发阶段，该技术由于其剪力墙竖向钢筋采用搭接、套筒灌浆连接技术进行逐根连接，技术简便，成本较低，但增加了模板和后浇混凝土工作量，还要采取措施保证后浇混凝土的质量，暂未纳入现行标准《装配式混凝土结构技术规程》JGJ 1—2014 中。

2. 叠合板混凝土剪力墙结构体系

叠合板混凝土剪力墙结构是典型的引进技术，为了适用于我国的要求，尚在进行进一步的改良、技术研发中。安徽省已有相关地方标准，适用于抗震设防烈度为 7 度及以下地区和非抗震区，房屋高度不超过 60m、层数在 18 层以内的混凝土建筑结构。抗震区结构设计应注重边缘构件的设计和构造。目前，叠合板式剪力墙结构应用于多层建筑结构，其边缘构件的设计可以适当简化，使传统的叠合板式剪力墙结构在多层建筑中广泛应用，并且能够充分体现其工业化程度高、施工便捷、质量好的特点。

3. 多层剪力墙结构体系

多层装配式剪力墙结构技术适用于 6 层及以下的丙类建筑，3 层及以下的建筑结构甚至可采用多样化的全装配式剪力墙结构技术体系。随着我国城镇化的稳步推进，多样化的低层、多层装配式剪力墙结构技术体系今后将在我国乡镇及小城市得到大量应用，具有良好的研发和应用前景。

4. 现浇剪力墙结构工业化技术体系

现浇剪力墙结构配外挂墙板技术体系的主体结构为现浇结构，其适用高度、结构计算和设计构造完全可以遵循与现浇剪力墙相同的原则。现浇剪力墙配外挂墙板结构技术体系的整体工业化程度较低，是预制混凝土建筑的初级应用形式，对于推进建筑工业化和建筑产业现代化有一定的促进作用。今后要逐步实现现浇剪力墙结构向预制装配式剪力墙结构的转变。

问 18：什么是装配式混凝土框架结构体系？有哪些特点？

相对于其他结构体系，装配式混凝土框架结构的主要特点是：连接节点单一、简单，结构构件的连接可靠并容易得到保证，方便采用等同现浇的设计概念；框架结构布置灵活，容易满足不同的建筑功能需求；结合外墙板、内墙板及预制楼板或预制叠合楼板应用，预制率可以达到很高水平，适合建筑工业化发展。

目前国内研究和应用的装配式混凝土框架结构，根据构件形式及连接形式，可大致分为以下几种：

（1）框架柱现浇，梁、楼板、楼梯等采用预制叠合构件或预制构件，是装配式混凝土框架结构的初级技术体系。

（2）在上述体系中采用预制框架柱，节点刚性连接，性能接近于现浇框架结构。根据连接形式，可细分为：

1）框架梁、柱预制，通过梁柱后浇节点区进行整体连接，是《装配式混凝土结构技术规程》JGJ 1—2014 中纳入的结构体系。

2）梁柱节点与构件一同预制，在梁、柱构件上设置后浇段连接。

3）采用现浇或多段预制混凝土柱，预制预应力混凝土叠合梁、板，通过钢筋混凝土后浇部分将梁、板、柱及节点连成整体的框架结构体系。

4）采用预埋型钢等进行辅助连接的框架体系。通常采用预制框架柱、叠合梁、叠合板或预制楼板，通过梁、柱内预埋型钢螺栓连接或焊接，并结合节点区后浇混凝土，形成整体结构。

5）框架梁、柱均为预制，采用后张预应力筋自复位连接，或者采用预埋件和螺栓连接等形式，节点性能介于刚性连接与铰接之间。

6）装配式混凝土框架结构结合应用钢支撑或者消能减震装置。这种体系可提高结构抗震性能，扩大其适用范围。南京万科江宁上坊保障房项目是这种体系的工程实例之一。目前，这些技术还有待于进一步研究。

7）各种装配式框架结构的外围护结构通常采用预制混凝土外挂墙板，楼面主要采用预制叠合楼板，楼梯为预制楼梯。

由于技术和使用习惯等原因，我国装配式框架结构的适用高度较低，适用于低层、多层建筑，其最大适用高度低于剪力墙结构或框架-剪力墙结构。因此，装配式混凝土框架结构在我国大陆地区主要应用于厂房、仓库、商场、停车场、办公楼、教学楼、医务楼、商务楼以及居住等建筑，这些结构要求具有开敞的大空间和相对灵活的室内布局，同时建筑总高度不高；目前装配式框架结构较少应用于居住建筑。相反，在日本以及我国台湾等地区，框架结构则大量应用于包括居住建筑在内的高层、超高层民用建筑。

问 19：什么是装配式框架-剪力墙结构体系？有哪些特点？

装配式框架-剪力墙结构根据预制构件部位的不同，可分为预制框架-现浇剪力墙结构、预制框架-现浇核心筒结构、预制框架-预制剪力墙结构三种形式。

预制框架-现浇剪力墙结构中，预制框架结构部分的技术体系同上文；剪力墙部分为现浇结构，与普通现浇剪力墙结构要求相同。这种体系的优点是适用高度大，抗震性能好，框架部分的装配化程度较高。主要缺点是现场同时存在预制和现浇两种作业方式，施工组织和管理复杂，效率不高。

预制框架-现浇核心筒结构具有很好的抗震性能。预制框架与现浇核心筒同步施工时，两种工艺施工造成交叉影响，难度较大；简体结构先施工、框架结构跟进的施工顺序可大大提高施工速度，但这种施工顺序需要研究采用预制框架构件与混凝土筒体结构的连接技术和后浇连接区段的支模、养护等，增加了施工难度，降低了效率。这种结构体系可重点研究将湿连接转为干连接的技术，加快施工的速度。

目前，预制框架-预制剪力墙结构仍处于基础研究阶段，国内应用数量较少。

1.4 常 用 术 语

问20：通用术语有哪些？

通用术语 表1-2

术语	英文	解释
工业化建筑	industrialized building	采用以标准化设计、工厂化生产、装配化施工、一体化装修和信息化管理等为主要特征的工业化生产方式建造的建筑
建筑通用体系	housing open system	以工业化生产方式为特征的开放性住宅建筑体系，其体系具有适应性和多样性，构件部品具有通用性和互换性
装配式住宅	assembled housing	以工业化生产方式为基础，建筑结构体和建筑内装体中全部或部分构件、部品采用装配方式建造的住宅建筑
模数协调	modular coordination	应用模数实现尺寸协调及安装位置的方法和过程
设计协同	design coordination	满足建筑结构体与建筑内装体相协调的要求，装配式住宅建筑设计与构件生产、装配施工、运营维护等各阶段协同工作的方法和过程
预制率	precast ratio	工业化建筑室外地坪以上主体结构和围护结构中预制构件部分的材料用量占对应构件材料总用量的体积比
建筑结构体	skeleton system	通常为建筑的承重结构体系，或称建筑支撑体，由主体构件构成
建筑内装体	infill system	通常为建筑的内装部品体系，或称建筑填充体，主要由内装部品等构成
预制混凝土构件	precast concrete component	在工厂或现场预先制作的混凝土构件。简称预制构件
装配式混凝土结构	precast concrete structure	由预制混凝土构件通过可靠的连接方式装配而成的混凝土结构，包括装配整体混凝土结构、全装配混凝土结构等。在建筑工程中，简称装配式建筑；在结构工程中，简称装配式结构
装配整体式混凝土结构	monolithic precast concrete structure	由预制混凝土构件通过可靠的方式进行连接并于现场后浇混凝土、水泥基灌浆料形成整体的装配式混凝土结构。简称装配整体式结构
装配整体式混凝土框架结构	monolithic precast concrete frame structure	全部或部分框架梁、柱采用预制构件构建成的装配整体式混凝土结构。简称装配整体式框架结构
装配整体式混凝土剪力墙结构	monolithic precast concrete shear wall structure	全部或部分剪力墙采用预制墙板构建成的装配整体式混凝土结构。简称装配整体式剪力墙结构
干式工法	non-wet construction	现场采用干作业施工工艺的建造方法

问 21：建筑术语有哪些?

建筑术语　　　　　　　　　　　　　　　　　　　　　　　表 1-3

术语	英文	解释
内装部品	infill components	由工厂生产、现场装配，满足住宅功能要求的内装单元模块化部品或集成化部品
装配式内装	assembed infill	装配式住宅装修以工业化生产方式为基础，采用干式工法，将工厂生产的标准化内装部品在现场进行组合安装的建造方式
整体厨房	system kitchen	由工厂生产、现场装配的满足炊事活动功能要求的基本单元模块化部品，配置整体橱柜、灶具、排油烟机等设备及管线
集成式厨房	integrated kitchen	采用建筑部品并通过技术集成在现场装配的厨房
整体卫浴	unit bathroom	由工厂生产、现场装配的满足洗浴、盥洗和便溺等功能要求的基本单元模块化部品，配置卫生洁具、设备及管线，以及墙板、防水底盘、顶板等
集成式卫生间	integrated toilet	采用建筑部品并通过技术集成，在现场装配的卫生间
整体收纳	system cabinets	由工厂生产、现场组装的满足不同套内功能空间分类储藏要求的基本单元模块化部品，配置门扇、五金板和隔板等
装配式隔墙、吊顶和楼地面	assembled partition wall, ceiling and floor	由工厂生产的具有隔声、防火或防潮等性能且满足空间和功能要求的隔墙、吊顶和楼地面等集成化部品
建筑部品	construction component	工业化生产、现场安装的具有建筑使用功能的建筑产品，通常由多个建筑构件或产品组合而成

问 22：机电设备术语有哪些?

机电设备术语　　　　　　　　　　　　　　　　　　　　　表 1-4

术语	英文	解释
管线分离	pipe & wire detached from skeleton	将设备及管线与建筑结构体相分离，不在建筑结构体中预埋设备及管线
家居配电箱	house electrical distributor	住宅套（户）内供电电源进线及终端配电的设备箱
家居配线箱（HD）	house tele-distributor	住宅套（户）内数据、语音、图像等信息传输线缆的接入及匹配的设备箱
家居控制器（HC）	house controller	住宅套（户）内各种数据采集、控制、管理及通信的控制器
明设	exposed installation	室内管道明露布置的方法
暗设	concealed installation, embedded installation	室内管道布置在墙体管槽、管道井或管沟内，或者由建筑装饰隐蔽的敷设方法
排出管	building drain, outlet pipe	从建筑物内至室外检查井的排水横管段
立管	vertical pipe, riser, stack	成垂直或与垂线夹角小于 45°的管道

续表

术语	英文	解释
横管	horizontal pipe	呈水平或与水平线夹角小于 45°的管道。其中连接器具排水管至排水立管的横管段称横支管；连接若干根排水立管至排出管的横管段称横干管
通气管	vent pipe，vent	为使排水系统内空气流通，压力稳定，防止水封破坏而设置的与大气相通的管道
给水系统	water supply system	通过管道及辅助设备，按照建筑物和用户的生产、生活和消防的需要，有组织的输送到用水地点的网络
排水系统	drainage system	通过管道及辅助设备，把屋面雨水及生活和生产过程所产生的污水、废水及时排放出去的网络
防火套管	fire-resisting sleeves	由耐火材料和阻燃剂制成的，套在硬塑料排水管外壁可阻止火势沿管道贯穿部位蔓延的短管

问 23：混凝土结构术语有哪些？

混凝土结构术语 表 1-5

术语	英文	解释
预制混凝土夹心保温外墙板	precast concrete sandwich faqade panel	中间有保温层的预制混凝土外墙板。简称夹心外墙板
预制外墙挂板	precast concrete faqade panel	安装在主体结构上，起围护、装饰作用的非承重预制混凝土外墙板。简称外挂墙板
叠合构件	composite member	由预制混凝土构件（或既有混凝土结构构件）和后浇混凝土组成，以两阶段成型的整体受力结构构件
叠合层	case-in-situ concrete topping	在预制底板上部配筋并浇筑混凝土的楼板现浇层
非结构构件	non-structural element	连接于建筑结构的建筑构件、机电部件及其系统
混凝土粗糙面	concrete rough surface	预制构件结合面上凹凸不平或骨料显露的表面。简称粗糙面
键槽	shear key	预制构件混凝土表面规则切连续的凹凸构造，可实现预制构件和后浇混凝土的共同受力作用
钢筋套筒灌浆连接	grout sleeve splicing of rebars	在金属套筒中插入单根带肋钢筋并注入灌浆料拌合物，通过拌合物硬化形成整体并实现传力的钢筋对接连接，简称套筒灌浆连接
钢筋浆锚搭接连接	rebar lapping in grout-filled hole	在预制混凝土构件中预留孔道，在孔道中插入需搭接的钢筋，并灌注水泥基灌浆料而实现的钢筋搭接连接方式
钢筋连接用灌浆套筒	grout sleeve for rebar splicing	采用铸造工艺或机械加工工艺制造，用于钢筋套筒灌浆连接的金属套筒，简称灌浆套筒。灌浆套筒分为：全灌浆套筒和半灌浆套筒
全灌浆套筒	whole grout sleeve	两端均采用套筒灌浆连接的灌浆套筒
半灌浆套筒	grout sleeve with mechanical splicing end	一端采用套筒灌浆连接，另一端采用机械连接方式连接钢筋的灌浆套筒

续表

术语	英文	解释
钢筋连接用套筒灌浆料	cementitious grout for rebar sleeve splicing	以水泥为基本材料，并配以细骨料、外加剂及其他材料混合而成的用于钢筋套筒灌浆连接的干混料，简称灌浆料
灌浆料拌合物	mixed cementitious grout	灌浆料按规定比例加水搅拌后，具有规定流动性、早强、高强及硬化后微膨胀等性能的浆体
水泥基灌浆材料	cementitious grout	由水泥、骨料、外加剂和矿物掺和料等原材料在专业化工厂按比例计量混合而成，在使用地点按规定比例加水或配套组分拌合，用于螺栓锚固、结构加固、预应力孔道等灌浆的材料
灌浆孔	entrance for grouting	用于加注水泥基灌浆料的入料口，通常为光孔或螺纹孔
排浆孔	vent for grouting	用于加注水泥基灌浆料时通气并将注满后的多余灌浆料溢出的排料口，通常为光孔或螺纹孔
进场验收	site acceptance	对进入施工现场的材料、构配件、器具及半成品等，按有关标准的要求进行检验，并对其质量达到合格与否做出确认的过程。主要包括外观检查、质量证明文件检查、抽样检验等
结构性能检验	inspection of structural performance	针对结构构件的承载力、挠度、裂缝控制性能等各项指标所进行的检验
结构实体检验	entitative inspection of structure	在结构实体上抽取试样，在现场进行检验或送至有相应检测资质的检测机构进行的检验

问 24：钢结构建筑术语有哪些？

钢结构建筑术语　　　　　　　　　　　　　　　　　表 1-6

术语	英文	解释
装配式建筑	prefabricated building	装配式建筑是指用预制的构件在工地装配而成的建筑
预制构件	prefabricated component	在工厂或现场预先制作的结构构件
中心支撑框架	concentrically braced frame	支撑杆件的工作线交汇于一点或多点，但相交构件的偏心距应小于最小连接构件的宽度，杆件主要承受轴心力
偏心支撑框架	eccentrically braced frame	支撑框架构件的杆件工作线不交汇于一点，支撑连接点的偏心距大于连接点处最小构件的宽度，可通过消能梁段耗能
支撑斜杆	diagonal bracing	承受轴力的斜杆，与框架结构协同作用以桁架形式抵抗侧向力
屈曲约束支撑	buckling restrained brace	支撑的屈曲受到套管的约束，能够确保支撑受压屈服前不屈曲的支撑，可作为耗能阻尼器或抗震支撑
钢板剪力墙	steel-plate shear wall	设置在框架梁柱间的钢板，用以承受框架中的水平剪力
延性墙板	shear wail with refined ductility	具有良好延性和抗震性能的墙板
加强型连接	strengthened beam-to-column connection	采用梁端翼缘扩大或设置盖板等形式的梁与柱刚性连接

续表

术语	英文	解释
空间网格结构	space frame，space latticed structure	按一定规律布置的杆件、构件通过节点连接而构成的空间结构，包括网架、曲面形网壳以及立体桁架等
网架	space truss，space grid	按一定规律布置的杆件通过节点连接而形成的平板型或微曲面形空间杆系结构，主要承受整体弯曲内力
网壳	latticed shell，reticulated shell	按一定规律布置的杆件通过节点连接而形成的曲面状空间杆系或梁系结构，主要承受整体薄膜内力
立体桁架	spatial truss	由上弦、腹杆与下弦杆构成的横截面为三角形或四边形的格构式桁架
焊接空心球节点	welded hollow spherical joint	由两个热冲压钢半球加肋或不加肋焊接成空心球的连接节点
螺栓球节点	bolted spherical joint	由螺栓球、高强螺栓、销子（或螺钉）、套筒、锥头或封板等零部件组成的机械装配式节点
门式刚架轻型房屋	light weight building with gabled frames	承重结构采用变截面或等截面实腹刚架，围护系统采用轻型钢屋面和轻型外墙的单层房屋
摇摆柱	leaning column	设计为只承受重力荷载而不考虑侧向刚度的柱子
蒸压加气混凝土板材	autoclaved aerated concrete plates	蒸压加气混凝土制成的板材，可分为屋面板、外墙板、隔墙板和楼板。根据结构构造要求，在加气混凝土内配置经防腐处理的不同数量钢筋网片
轻型钢丝网架聚苯板	light steelmesh framed expanded polystyrene panel	以模塑聚苯乙烯泡沫塑料（EPS）板为芯材，两侧外覆高强钢丝网片，网片用镀锌钢丝斜插穿过聚苯板，点焊连接而成的三维空间组合板材。简称 3D 板
金属屋面	metal roof	由金属屋面与支撑体系组成，不分担主体结构所受作用且与水平方向夹角小于 75°的建筑围护结构
预拼装	test assembling	为检验构件形状和尺寸是否满足质量要求而预先进行的试拼装
预变形	preset deformation	为使施工完成后的结构或构件达到设计几何定位的控制目标，预先进行的初始变形设置
腐蚀速率	corrosion rate	单位时间内钢结构构件腐蚀效应的数值
涂装	coating	将涂料涂覆于基体表面，形成具有防护、装饰或特定功能涂层的过程
装配式住宅	assembled housing system	以工业化建筑通用体系为特征，建筑结构体和建筑内装体中全部或部分构件、部品采用装配方式建造的住宅
建筑通用体系	open system	以工业化生产方式为基础，其构件、部品可互换通用、可进行多样化住宅组合的开放性建筑体系
建筑承重结构	skeleton	建筑的承重结构体系，或称建筑的支撑体
建筑内装体	infill	建筑的内装部品体系，或称建筑的填充体

术语	英文	解释
主体构件	skeleton components	在工厂或现场预先制作完成的、装配式混凝土结构预制构件或钢结构构件
内装部品	infill components	由工厂生产、现场组装,满足住宅功能要求的系统技术集成的部品或基本单元
装配式内装	assembly infill	将工厂生产的标准化集成内装部品,采用干式工法进行现场组合安装的建造方式
模数协调	modular coordination	应用基本模数或扩大模数实现尺寸及安装位置协调的方法和过程
整体厨房	system kitchen	由工厂生产的具有炊事活动功能空间构成的、配置整体橱柜、炊事灶具、吸油烟机等设备和管线组装成独立功能单元的内装部品
整体卫浴	unit bathroom	由工厂生产的具有洗浴、洗漱、便溺等功能空间构成的、配置卫生洁具和设备管线,由墙板、防水底盘、顶板组装成一个独立功能单元的内装部品
装配式隔墙	assembled partition wall	由工厂生产的满足分隔空间要求,具有隔声、轻质、防火、防潮等性能、并采用干式工法组装的内装部品
干式工法	non-wet construction	在现场采用干作业施工工艺、对构件、部品或材料进行建造的方式
管线分离	pipe & wire detached from skeleton	建筑结构体中不预埋建筑内装体的设备管线,将建筑内装体的设备管线与建筑结构体相分离的方式
装配率	assembled ratio	装配式住宅建筑中主体构件、内装部品的数量或面积占同类构件、部品总数量或总面积的比率
协同设计	collaborative design	建筑结构体与建筑内装体进行的一体化设计,各专业之间的配合设计,并符合建筑设计、构件生产、装配施工、运营维护等要求的系列化设计
建筑部品	construction component	工业化生产、现场安装的具有建筑使用功能的建筑产品,通常由多个建筑构件或产品组合而成
集成式厨房	integrated kitchen	采用建筑部品并通过技术集成在现场装配的厨房
集成式卫生间	integrated toilet	采用建筑部品并通过技术集成,在现场装配的卫生间

问 25:木结构术语有哪些?

木结构术语　　　　　表 1-7

术语	英文	解释
木结构	timber structure	以木材为主制作的结构
现代木结构	modern timber structure	是指主要结构构件采用工业化、标准化生产的结构用木材或工程木产品制作,构件之间的连接节点采用金属连接件进行连接和固定的木结构建筑

术语	英文	解释
方木原木结构	rough sawn and round timber structure	承重构件采用方木或原木制作的单层或多层木结构
轻型木结构	light wood frame construction	用规格材及木基结构板材或石膏板制作的木构架墙体、楼板和屋盖系统构成的单层或多层建筑结构
胶合木结构	glued laminated timberstructures	承重构件由层板胶合木制作的结构
木组合结构	Wood combination structure	木结构与其他材料的结构类型进行组合建造，并以木结构建筑体系为主要结构形式的混合建筑
锯材	sawn lumber	由原木锯制而成的任何尺寸的成品材或半成品材
板材	sawn lumber	宽度为厚度三倍或三倍以上矩形锯材
方木	rough sawn timber	直角锯切且宽厚比小于 3 的、截面为矩形（包括方形）的锯材
原木	log	伐倒并除去树皮、树枝和树梢的树干
规格材	dimension lumber	由原木锯解成截面宽度和高度在一定范围内，尺寸系列化的锯材，并经干燥、刨光、定级和标识后的一种木产品
结构复合木材	structure of composite lumber	将原木旋切成单板或切削成木片，施胶加压而成的一类木基结构用材，包括旋切板胶合木、平行木片胶合木、层叠木片胶合木及定向木片胶合木等
胶合木层板	glued lamina	用于制作层板胶合木的板材，接长时采用胶合指形接头
木材含水率	moisture content of wood	通常指木材内所含水分的质量占其烘干质量的百分比
目测分级木材	visually stress-graded lumber	采用肉眼观测方式对木材材质划分等级的木材
机械分级木材	machine stress-rated lumber	采用机械应力测定设备对木材进行非破坏性试验，按测定的木材弯曲强度和弹性模量确定强度等级的木材
层板胶合木	glued laminated timber（Glulam）	以厚度不大于 45mm 的胶合木层板沿顺纹方向叠层胶合而成的木制品
顺纹	paralled to grain	木构件木纹方向与构件长度方向一致
横纹	perpendicular to grain	木构件木纹方向与构件长度方向相垂直
斜纹	at an angle to grain	木构件木纹方向与构件长度方向形成某一角度
木基结构板材	wood-based structural panel	以木质单板或木片为原料，采用结构用胶粘剂热压制成的承重板材，包括结构胶合板和定向木片板
墙骨柱	stud	轻型木结构房屋墙体中按一定间隔布置的竖向承重骨架构件
木基结构板剪力墙	shear wall of wood-based structural panels	面层采用木基结构板材或石膏板，墙骨柱或间柱采用规格材、方木或胶合木而构成的，用于承受竖向和水平作用的墙体
木骨架组合墙体	partitions with timber framework	在由规格材制作的木骨架外部覆盖墙面板、并可在木骨架构件之间的空隙内填充保温隔热及隔声材料而构成的非承重墙体

术语	英文	解释
搁栅	joist	一种截面尺寸较小的受弯木构件（包括工字形木搁栅），用于楼盖或屋盖，分别称为楼盖搁栅或屋盖搁栅
工字形木搁栅	wood I-joist	采用锯材或结构用复合材作为翼缘、定向木片板或结构胶合板作为腹板而制作的工字形截面受弯构件
木骨架	timber studs	木骨架组合墙体中按一定间距布置的非承重的规格材骨架构件
齿板	truss plate	经表面处理的钢板冲压成带齿板，用于轻型桁架节点连接或受拉杆件的接长
轻型木桁架	light wood truss	采用规格材作为桁架杆件，用齿板在桁架节点处将各杆件连接而形成的木桁架
组合桁架	girder truss	主要用于支承轻型木桁架的桁架。一般由多榀相同的轻型木桁架组成
悬臂桁架	cantilever truss	桁架端部上弦杆与下弦杆相交面的外端位于支座边沿外侧的桁架
金属连接件	metal connector	用于固定、连接、支承木桁架或木构件的专用金属构件。如梁托、螺栓、柱帽、直角连接件、金属板条等
抗拔锚固件	wood-based structural-use panels	将墙体边界构件的上拔力传递到支承剪力墙的基础、梁或柱，或者传到剪力墙体上面或下面相应的弦杆构件上的连接件
组合梁	built-up beam	由规格材或工程木产品组合制成的梁
组合柱	built-up column	由规格材或工程木产品组合制成的柱
地梁板	ground beam board	将防腐处理的规格材制成的水平结构构件沿基础墙顶水平放置，锚固于基础梁的顶部，并支撑其上面的楼盖隔栅
钉板	nail-on plate	用于桁架节点连接的经表面镀锌处理的带圆孔金属板。连接时采用圆钉固定在杆件上
结合板	field splice plate	用于桁架部分节点在施工现场进行连接的经表面镀锌处理的钢板经冲压成一半带齿，另一半带圆孔的金属板
钉连接	nailed connection	利用圆钉抗弯、抗剪和钉孔孔壁承压传递构件间作用力的一种销连接形式
螺栓连接	bolted connection	利用螺栓的抗弯、抗剪能力和螺栓孔孔壁承压传递构件间作用力的一种销连接形式
齿连接	step joint	在木构件上开凿齿槽并与另一木构件抵承，利用其承压和抗剪能力传递构件间作用力的连接形式
直钉连接	vertical nailing	钉子钉入方向垂直于两构件间连接面的钉连接
斜钉连接	diagonal nailing	钉子钉入方向与两构件间连接面成一定斜角的钉连接

术语	英文	解释
防水透气膜	rainscreen exterior wall	由高分子材料复合而成，设置在木结构墙体外侧，可以使水气自由通过，但凝结成水后无法再穿透，从而保证室内干燥舒适，同时避免凝结的水露破坏墙体
排水通风外墙	rainscreen exterior wall	在外墙饰面和木骨架组合墙体之间设置排水通风空气层，有效防止雨水渗入墙体内部的墙体结构
组坯	lamina lay-ups	在胶合木制作时，根据层板的材质等级，按规定的叠加方式和配置要求将层板组合在一起的过程
同等组合	members of same lamina grade（MSLG）	胶合木构件只采用材质等级相同的层板进行组合
异等组合	members of different lamina grade（MDLG）	胶合木构件采用两个或两个以上的材质等级的层板进行组合
对称异等组合	balanced lay-up	胶合木构件采用异等组合时，不同等级的层板以构件截面中心线为对称轴，成对称布置的组合
非对称异等组合	unbalanced lay-up	胶合木构件采用异等组合时，不同等级的层板在构件截面中心线两侧成非对称布置的组合
指接	finger joint	木材接长的一种连接形式，将两块木板端头用铣刀切削成相互啮合的指形序列，涂胶加压成为长板
防腐剂	wood preservative	能毒杀木腐菌、昆虫、凿船虫以及其他侵害木材生物的化学药剂
载药量	retention	木构件经防腐剂加压处理后，能长期保持在木材内部的防腐剂量，按每立方米的千克数计算
透入度	penetration	木构件经防护剂加压处理后，防腐剂透入木结构按毫米计的深度或占边材的百分率
白蚁综合治理	integrated termite management	在白蚁防治工作中，根据白蚁的生物生态学特性，充分发挥自然因素的控制作用，因地制宜地协调应用多种措施，最大限度地减少化学药物的使用，有效控制白蚁危害，以获得最佳经济、社会、生态效益
涂刷法	painting method	将白蚁防治药物直接涂刷于木构件或其他需处理的物体表面的一种白蚁防治药物处理方法
浸渍法	dipping method	将木构件或其他需处理物件放入白蚁防治药液中浸泡，使其吸附药物达到防治白蚁效果的一种药物处理方法
隔火构造	built-up column	轻型木结构建筑中，在骨架构件和面板之间形成许多的空腔之间增设的构造

2 装配式混凝土结构

2.1 装配式混凝土结构设计

问 1：装配式结构设计依据是什么？

装配式混凝土结构建筑设计除了执行混凝土结构建筑有关标准外，还应当执行关于装配式混凝土建筑的现行行业标准《装配式混凝土结构技术规程》JGJ 1—2014。

北京、上海、辽宁、黑龙江、深圳、江苏、四川、安徽、湖南、重庆、山东、湖北等地都制定了关于装配式混凝土结构的地方标准。

中国建筑设计标准研究院，北京、上海、辽宁等地还编制了装配式混凝土结构标准图集。

问 2：装配式结构设计包括哪些内容？

（1）根据建筑功能需要、项目环境条件、装配式行业标准或地方标准的规定和装配式结构的特点，选定适宜的结构体系，即确定该建筑是框架结构、框架-剪力墙结构、筒体结构还是剪力墙结构。

（2）根据装配式行业标准或地方标准的规定和已经选定的结构体系，确定建筑最大适用高度和最大高宽比。

（3）根据建筑功能需要、项目约束条件（如政府对装配率、预制率的刚性要求）、装配式行业标准或地方标准的规定和所选定的结构体系的特点，确定装配式范围，哪一层哪一部位哪些构件预制。

（4）在进行结构分析、荷载与作用组合和结构计算时，根据装配式行业标准或地方标准的要求，将不同于现浇混凝土结构的有关规定，如抗震的有关规定、附加的承载力计算、有关系数的调整等，输入计算过程或程序，体现到结构设计的结果上。

（5）进行结构拆分设计，选定可靠的结构连接方式，进行连接节点和后浇混凝土区的结构构造设计，设计结构构件装配图。

（6）对需要进行局部加强的部位进行结构构造设计。

（7）与建筑专业确定哪些部件实行一体化，对一体化构件进行结构设计。

（8）进行独立预制构件设计，如楼梯板、阳台板、遮阳板等构件。

（9）进行拆分后的预制构件结构设计，将建筑、装饰、水暖电等专业需要在预制构件中埋设的管线、预埋件、预埋物、预留沟槽，连接需要的粗糙面和键槽要求，制作、施工环节需要的预埋件等，都无一遗漏地汇集到构件制作图中。

（10）当建筑、结构、保温、装饰一体化时，应在结构图样上表达其他专业的内容。例如，夹芯保温板的结构图样不仅有结构内容，还要有保温层、窗框、装饰面层、避雷引下线等内容。

（11）对预制构件制作、脱模、翻转、存放、运输、吊装、临时支撑等各个环节进行结构复核，设计相关的构造等。

问3：设计协同包括哪些内容？

（1）竖向管线穿过楼板。

（2）横向管线穿过结构梁、墙。

（3）有吊顶时固定管线和设备的楼板预埋件。

（4）无吊顶时叠合楼板后浇混凝土层管线埋设。

（5）梁、柱结构体系墙体管线敷设与设备固定。

（6）剪力墙结构墙体管线敷设与设备固定。

（7）有架空层时地面管线敷设。

（8）无架空层时地面管线敷设。

（9）整体浴室。

（10）整体厨房。

（11）防雷设置。

（12）其他。

问4：建筑物最大适用高度如何确定？

建筑物最大适用高度由结构规范规定，与结构形式、地震设防烈度、建筑是 A 级高度还是 B 级高度等因素有关。

1. 框架、框架-剪力墙、剪力墙结构适用高度

现行行业标准《高层建筑混凝土结构技术规程》JGJ 3—2010 和《装配式混凝土结构技术规程》JGJ 1—2014 分别规定了现浇混凝土结构和装配式混凝土结构的最大适用高度，两者比较如下：

（1）框架结构，装配式与现浇一样。

（2）框架-现浇剪力墙结构，装配式与现浇一样。

（3）结构中竖向构件全部现浇，仅楼盖采用叠合梁、板时，装配式与现浇一样。

（4）剪力墙结构，装配式比现浇降低 10～20m。

（5）《装配式混凝土结构技术规程》JGJ 1—2014 对装配式筒体结构没有给出规定。

《装配式混凝土结构技术规程》JGJ 1—2014 和《高层建筑混凝土结构技术规程》JGJ 3—2010 关于装配式混凝土结构建筑与现浇混凝土结构建筑最大适用高度的比较见表2-1。

装配式混凝土结构与现浇混凝土结构最大适用高度比较（m）　表2-1

| 结构体系 | 非抗震设计 | | 抗震设防烈度 | | | | | | | |
| | | | 6度 | | 7度 | | 8度（0.2g） | | 8度（0.3g） | |
	《高层建筑混凝土结构技术规程》JGJ 3—2010 混凝土结构	《装配式混凝土结构技术规程》JGJ 1—2014 装配式混凝土结构	《高层建筑混凝土结构技术规程》JGJ 3—2010 混凝土结构	《装配式混凝土结构技术规程》JGJ 1—2014 装配式混凝土结构	《高层建筑混凝土结构技术规程》JGJ 3—2010 混凝土结构	《装配式混凝土结构技术规程》JGJ 1—2014 装配式混凝土结构	《高层建筑混凝土结构技术规程》JGJ 3—2010 混凝土结构	《装配式混凝土结构技术规程》JGJ 1—2014 装配式混凝土结构	《高层建筑混凝土结构技术规程》JGJ 3—2010 混凝土结构	《装配式混凝土结构技术规程》JGJ 1—2014 装配式混凝土结构
框架结构	70	70	60	60	50	50	40	40	35	30

续表

结构体系	非抗震设计		抗震设防烈度							
			6 度		7 度		8 度（0.2g）		8 度（0.3g）	
	《高层建筑混凝土结构技术规程》JGJ 3—2010 混凝土结构	《装配式混凝土结构技术规程》JGJ 1—2014 装配式混凝土结构	《高层建筑混凝土结构技术规程》JGJ 3—2010 混凝土结构	《装配式混凝土结构技术规程》JGJ 1—2014 装配式混凝土结构	《高层建筑混凝土结构技术规程》JGJ 3—2010 混凝土结构	《装配式混凝土结构技术规程》JGJ 1—2014 装配式混凝土结构	《高层建筑混凝土结构技术规程》JGJ 3—2010 混凝土结构	《装配式混凝土结构技术规程》JGJ 1—2014 装配式混凝土结构	《高层建筑混凝土结构技术规程》JGJ 3—2010 混凝土结构	《装配式混凝土结构技术规程》JGJ 1—2014 装配式混凝土结构
框架-剪力墙结构	150	150	130	130	120	120	100	100	80	80
剪力墙结构	150	140(130)	140	130(120)	120	110(100)	100	90(80)	80	70(60)
框支剪力墙结构	130	120(110)	120	110(100)	100	90(80)	80	70(60)	50	40(30)
框架-核心筒	160	—	150	—	130	—	100	—	90	—
筒中筒	200	—	180	—	150	—	120	—	100	—
板柱-剪力墙	110	—	80	—	70	—	55	—	40	—

注：1. 表中，框架-剪力墙结构剪力墙部分全部现浇。

2. 装配整体式剪力墙结构和装配整体式框支剪力墙结构，在规定的水平力作用下，当预制剪力墙结构底部承担的总剪力大于该层总剪力的 50％时，其最大适用高度应适当降低；当预制剪力墙构件底部承担的总剪力大于该层总剪力 80％时，最大适用高度应取表中括号内的数值。

2. 预应力框架结构适用高度

现行行业标准《预制预应力混凝土装配整体式框架结构技术规程》JGJ 224—2010 第 3.1.1 条对预应力混凝土装配整体式框架结构的适用高度的规定见表 2-2。在抗震设防时，比非预应力结构适用高度要低些。

预制预应力混凝土装配整体式结构选用的最大高度（m）　　　　表 2-2

结构类型		非抗震设计	抗震设防烈度	
			6 度	7 度
装配式框架结构	采用预制柱	70	50	45
	采用现浇柱	70	55	50
装配式框架-剪力墙结构	采用现浇柱、墙	140	120	110

3. 辽宁省地方标准关于筒体结构的适用高度

行业标准《装配式混凝土结构技术规程》JGJ 1—2014 对筒体结构的适用高度没有规定，辽宁省地方标准《装配式混凝土结构设计规程》DB21/T 2572—2016 第 6.1.1 条表 6.1.1《装配整体式结构房屋的最大适用高度》中，有关于 PC 建筑适用高度的规定，见表 2-3。

辽宁省地方标准关于装配式混凝土结构建筑适用高度的规定（m）　　表 2-3

结构类型	抗震设防烈度		
	6 度	7 度	8 度（0.2g）
装配整体式框架结构	60	50	40
装配整体式框架-现浇剪力墙结构	130	120	100
装配整体式框架-现浇核心筒结构	150	130	100
装配整体式密柱框架结构			
装配整体式框架-钢支撑结构	80	70	55
剪力墙结构 　装配整体式剪力墙结构	120	100	80
剪力墙结构 　叠合板式剪力墙结构	60	60	40
剪力墙结构 　装配整体式框撑剪力墙结构	60	60	50

问 5：装配式混凝土结构高宽比如何确定？

1. 框架结构、框架-剪力墙结构、剪力墙结构高宽比

现行行业标准《装配式混凝土结构技术规程》JGJ 1—2014 与《高层建筑混凝土结构技术规程》JGJ 3—2010 分别规定了装配式混凝土结构建筑与现浇混凝土结构建筑的高宽比，两者比较如下：

（1）框架结构装配式与现浇一样。

（2）框架-剪力墙结构和剪力墙结构，在非抗震设计情况下，装配式比现浇要小；在抗震设计情况下，装配式与现浇一样。

（3）《装配式混凝土结构技术规程》JGJ 1—2014 对其他结构没有规定。

2. 辽宁省地方标准关于简体结构高宽比的规定

辽宁省地方标准《装配式混凝土结构设计规程》DB21/T 2572—2016 对简体结构抗震设计的高宽比有规定，与《高层建筑混凝土结构技术规程》JGJ 3—2010 规定的混凝土结构一样。

3. 高宽比比较

《高层建筑混凝土结构技术规程》JGJ 3—2010、《装配式混凝土结构技术规程》JGJ 1—2014 和辽宁省地方标准关于高宽比的规定见表 2-4。

装配整体式混凝土结构与混凝土结构高宽比比较　　表 2-4

结构体系	非抗震设计		抗震设防烈度					
			6 度、7 度			8 度		
	《高层建筑混凝土结构技术规程》JGJ 3—2010 混凝土结构	《装配式混凝土结构技术规程》JGJ 1—2014 装配式混凝土结构	《高层建筑混凝土结构技术规程》JGJ 3—2010 混凝土结构	《装配式混凝土结构技术规程》JGJ 1—2014 装配式混凝土结构	辽宁省地方标准装配式混凝土结构	《高层建筑混凝土结构技术规程》JGJ 3—2010 混凝土结构	《装配式混凝土结构技术规程》JGJ 1—2014 装配式混凝土结构	辽宁省地方标准装配式混凝土结构
框架结构	5	5	4	4	4	3	3	3

续表

| 结构体系 | 非抗震设计 | | 抗震设防烈度 | | | | | |
| | | | 6度、7度 | | | 8度 | | |
	《高层建筑混凝土结构技术规程》JGJ 3—2010 混凝土结构	《装配式混凝土结构技术规程》JGJ 1—2014 装配式混凝土结构	《高层建筑混凝土结构技术规程》JGJ 3—2010 混凝土结构	《装配式混凝土结构技术规程》JGJ 1—2014 装配式混凝土结构	辽宁省地方标准装配式混凝土结构	《高层建筑混凝土结构技术规程》JGJ 3—2010 混凝土结构	《装配式混凝土结构技术规程》JGJ 1—2014 装配式混凝土结构	辽宁省地方标准装配式混凝土结构
框架-剪力墙结构	7	6	6	6	6	5	5	5
剪力墙结构	7	6	6	6	6	5	5	5
框架-核心筒	8	—	7	—	7	6	—	6
筒中筒	8	8	7	7	—	—	—	6
板柱-剪力墙	6	—	5	—	—	4	—	—
框架-钢支撑结构	—	—	—	—	4	—	—	3
叠合板式剪力墙结构	—	—	—	—	5	—	—	4
框撑剪力墙结构	—	—	—	—	6	—	—	5

注：框架-剪力墙结构装配式是指框架部分，剪力墙全部现浇。

问 6：装配式建筑平面设计有哪些规定？

（1）建筑宜选用大开间、大进深的平面布置。

（2）承重墙、柱等竖向构件上、下连续。

（3）门窗洞宜上下对齐、成列布置，其平面位置和尺寸应满足结构受力及预制构件的设计要求；剪力墙结构不宜采用转角窗。

（4）厨房和卫生间的平面布置应合理，其平面尺寸宜满足标准化整体橱柜及整体卫浴的要求。

问 7：如何进行建筑体系的立面设计？

建筑立面设计是形成建筑艺术风格最重要的环节，预制混凝土建筑的立面有其自身的规律与特点。

1. 柱、梁体系外立面设计

（1）预制混凝土柱、梁构成立面

预制混凝土柱、梁构成的外立面，可以凸出柱，将梁凹入，以强调竖向线条；也可以凸出梁，将柱凹入，以强调横向线条。

（2）带翼缘预制混凝土柱、梁

预制混凝土柱、梁立面还可以将柱、梁做成带翼缘的断面，由此可使窗洞面积缩小。

梁向上伸出的翼缘称为腰墙；向下伸出的翼缘称为垂墙；柱子向两侧伸出的翼缘称为

袖墙，如图 2-1 所示。

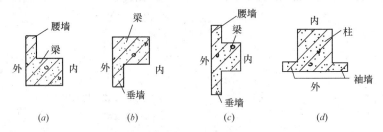

图 2-1　带翼缘的预制混凝土柱、梁断面

（3）楼板和楼板加腰板构成立面

在探出楼板上安装预制混凝土腰板或预制混凝土外墙挂板（图 2-2），可以形成横向线条立面。

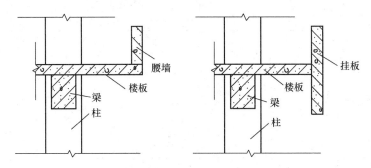

图 2-2　安装在楼板上的腰墙或挂板

（4）预制钢筋混凝土幕墙

预制钢筋混凝土幕墙，也就是预制钢筋混凝土外挂墙板组成的幕墙，是相对于主体结构有一定的位移能力和自身变形能力，不承担主体结构所承受的作用的外围护墙体。

预制钢筋混凝土幕墙在柱、梁结构体系中应用较多。预制混凝土墙板通过安装节点安装在柱、梁或楼板上。幕墙板可以做成有窗的、实体的；平面的、曲面的；还可以做成镂空的。墙体表面可以做成各种造型和质感。国外钢结构建筑也比较多地应用预制钢筋混凝土幕墙。

2. 剪力墙结构外立面

剪力墙结构建筑外墙多是结构墙体，建筑师可灵活发挥的空间远不如柱、梁体系那么大。

剪力墙结构预制混凝土外墙板宜做成建筑、结构、围护、保温、装饰一体化墙板，即夹芯保温剪力墙板，或者叫"三明治剪力墙板"。建筑师可在"三明治墙板"外叶板表面做文章，设计凸凹不大的造型、质感、颜色和分格缝等。

有些地区对凸出墙体的"飘窗"格外钟爱，预制飘窗会使建筑立面显得生动和富有变化。

根据《装配式混凝土结构技术规程》JGJ 1—2014 规定，剪力墙转角和翼缘等边缘构件要现浇，如此，建筑师还需要解决预制剪力墙板与现浇边缘构件"外貌"一致或协调的问题。

问8：架空问题如何解决？

把管线和箱槽埋设在混凝土结构中存在以下问题：

（1）削弱构件断面，对结构不利。

（2）容易与钢筋"撞车"，互相干扰。

（3）维修、更换非常不便。

以上几点其实对现浇混凝土结构也是问题，对装配式混凝土结构更不适宜。

若不把管线埋置在混凝土中，就需要"架空"。地板架空或顶棚吊顶（吊顶也是一种"架空"）；非结构墙体采用空心墙；结构墙体附设架空层。如此，对结构有利，对维修更换有利，也带来其他好处，如同层排水、楼板和墙体隔声好，保温好等。但架空会增加造价，增加层高，在建筑高度受到限制的情况下，会降低容积率。所以，是否架空，决策者不是设计师，而是"甲方"，因为这涉及建筑的市场定位和造价。

问9：轻体内墙设计有哪些特点？

框架结构、框架-剪力墙结构和筒体结构等柱、梁结构体系的内墙应采用轻体墙，包括轻钢龙骨石膏板墙、ALC 板、空心板、轻质混凝土板等。

轻钢龙骨石膏板墙有很多优点，重量轻、隔声好，布设管线方便，维修方便等。但我国的用户对其不信任或者不习惯，觉得没有安全感，所以，用于住宅可能还需要用户接受的过程。

国内内隔墙常用的空心隔墙板、轻体隔墙板价格便宜，但隔声效果不如轻钢龙骨石膏板墙，布置管线也不是很方便，户间墙也无法做保温。

问10：何谓"三明治板"，其特点有哪些？

1. 夹芯保温构件

夹芯保温板国外称为"三明治板"，由钢筋混凝土外叶板、保温层和钢筋混凝土内叶板组成，是建筑、结构、保温、装饰一体化墙板，如图 2-3 所示。

外围柱、梁也可以做夹芯保温。这里用"夹芯保温构件"的概念，包括夹芯保温剪力墙外墙板、夹芯保温外墙挂板、夹芯保温柱、夹芯保温梁等。

夹芯保温构件的外叶板最小厚度为 50mm，一般是60mm，外叶板用可靠的拉结件与内叶板连接，不会像薄层灰浆那样裂缝脱落，保温层也不会脱落，防火性能大大提高。

外叶板可以直接做成装饰层或作为装饰面层的基层。

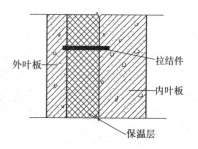

图 2-3　夹芯保温板构造

夹芯保温构件的保温材料可用 XPS，即挤塑板，不能用 EPS 板，因为 EPS 板强度低、颗粒松散，拉结件穿过时容易破损，会形成热桥；浇筑混凝土时也容易压缩变形，特别是柱、梁构件。

夹芯板保温构件比粘贴保温层抹薄灰浆的方式增加了外叶板重量和成本，也增加了无使用效能的建筑面积。但这不能看作是装配式导致的成本增加，而是提高建筑保温安全性（防止脱落，提高防火性能）所增加的成本。

装配式混凝土结构建筑外墙外保温也可以沿用传统的粘贴保温层抹薄灰浆的做法，目前国内一些装配式混凝土结构建筑也这样做。但这样做没有借装配式之机提高保温层的安全性和可靠性，也削弱了装配式的优势，属于为了装配式而装配式的应付做法。

2. 有空气层的夹芯保温构件

外墙外保温构造中没有空气层，结露区在保温层内，时间长了会导致保温效能下降。

夹芯保温板内叶板和外叶板是用拉结件连接的，不需要与保温层粘接，如此，外叶板内壁可以做成槽形，在保温层与外叶板之间形成空气层，以结露排水，如图 2-4 所示，这是夹芯保温板的升级做法，对长期保证保温效果非常有利。

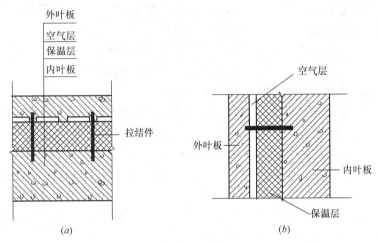

图 2-4　有空气层的夹芯保温板构造
(a) 水平剖面；(b) 竖向剖面

问 11：幕墙板如何拆分？

1. 拆分原则

预制混凝土墙板具有整体性，板的尺寸根据层高与开间大小确定。预制混凝土墙板一般用 4 个节点与主体结构连接，宽度小于 1.2m 的板也可以用 3 个节点连接。比较多的方式是一块墙板覆盖一个开间和层高范围，称作整间板。如果层高较高，或开间较大，或重量限制，或建筑风格的要求，墙板也可灵活拆分，但都必须与主体结构连接。有上下连接到梁或楼板上的竖向板；左右连接到柱子上的横向板；也有悬挂在楼板或梁上的横向板。

关于外挂墙板，有"小规格多组合"的主张，这对 ALC 等规格化墙板是正确的，但对预制混凝土墙板不合适。预制混凝土墙板的拆分原则是在满足以下条件的情况下，大一些为好。

(1) 满足建筑风格的要求。

(2) 安装节点的位置在主体结构上。

(3) 保证安装作业空间。

(4) 板的重量和规格符合制作、运输和安装限制条件。

2. 墙板类型

(1) 整间板

整间板是覆盖一跨和一层楼高的板，安装节点一般设置在梁或楼板上如图 2-5 所示。

(2) 横向板

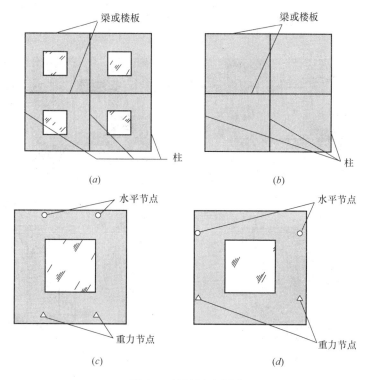

图 2-5　整间板示意图

（a）有窗墙板；（b）无窗墙板；（c）安装在梁或楼板上；（d）安装在柱上

横向板是水平方向的板，安装节点设置在柱子或楼板上，如图 2-6 所示。

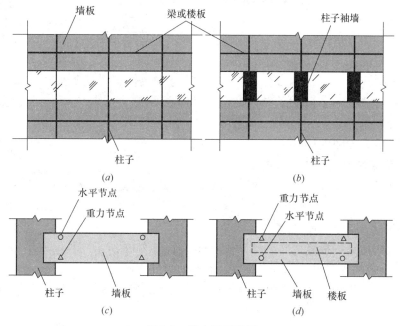

图 2-6　横向板示意图

（a）通长玻璃窗；（b）不通长玻璃窗；（c）墙板安装在柱上；（d）墙板安装在楼板上

（3）竖向板

竖向板是竖直方向的板，安装节点设置在柱旁或上下楼板、梁上，如图 2-7 所示。

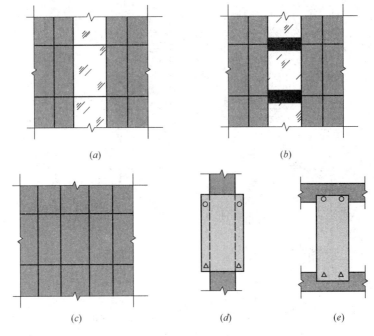

图 2-7　竖向板示意图

（a）竖向通窗；（b）竖向有窗间墙；（c）满铺墙板；（d）安装在柱上；（e）安装在楼板上

3. 转角拆分

建筑平面的转角有阳角直角、斜角和阴角，拆分时要考虑墙板与柱子的关系，考虑安装作业的空间。

（1）平面阳角直角拆分

平面直角板的连接有直板平接、折板、直板对角三种方式，如图 2-8 所示。

（2）平面斜角拆分

平面斜角拆分如图 2-9 所示。

（3）平面阴角拆分

平面阴角拆分如图 2-10 所示。

问 12：幕墙如何进行防火构造？

预制钢筋混凝土幕墙防火构造的三个部位是：有防火要求的板缝、层间缝隙和板柱之间缝隙。

1. 板缝防火构造

板缝防火构造是指板缝之间塞填防火材料，如图 2-11 所示。板缝塞填防火材料的长度 L_{fh} 与耐火极限的要求和缝的宽度有关，需要通过计算确定。

有防火要求的板缝，墙板保温材料的边缘应当用 A 级防火等级保温材料。

2. 层间防火构造

层间防火构造是指预制钢筋混凝土幕墙与楼板或梁之间缝隙的防火封堵，如图 2-12 所示。

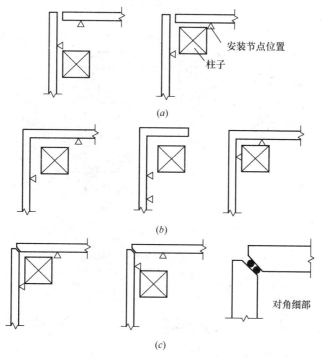

图 2-8　平面阳角直角拆分示意图

（a）直板平接；（b）折板；（c）直板对角

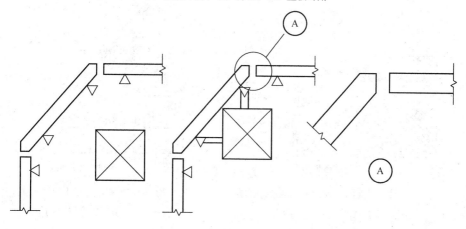

图 2-9　平面斜角拆分示意图

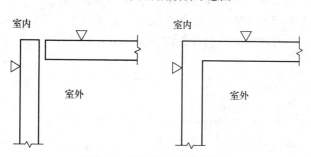

图 2-10　平面阴角拆分示意图

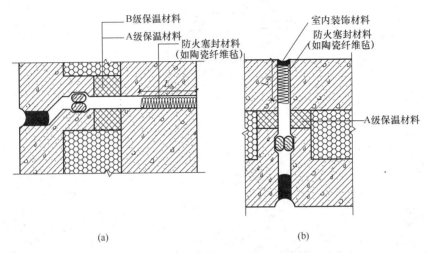

(a)   (b)

图 2-11　预制钢筋混凝土幕墙板缝防火构造

（a）水平缝；（b）竖直缝

3. 板柱缝隙防火构造

板柱缝隙防火构造是指预制钢筋混凝土幕墙与柱或内墙之间缝隙的防火构造，如图 2-13 所示。

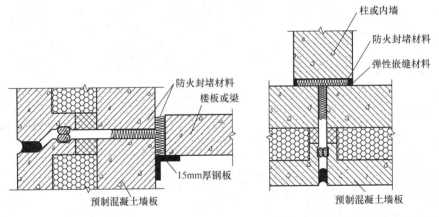

图 2-12　预制钢筋混凝土幕墙与楼板
或梁之间缝隙防火构造

图 2-13　预制钢筋混凝土幕墙与柱
或内墙之间缝隙的防火构造

问 13：如何进行窗户和预制混凝土墙板一体化节点构造？

窗户与预制混凝土墙板一体化，窗框在混凝土浇筑时锚固其中，两者之间没有后填塞的缝隙，密闭性好，防渗和保温性能好，窗户甚至包括玻璃都可以在工厂安装好，现场作业简单。

窗户与无保温层预制混凝土墙板一体化节点如图 2-14 所示，窗户与夹芯保温预制混凝土墙板一体化节点如图 2-15 所示。

问 14：什么是极限状态设计方法？

装配式混凝土结构与现浇混凝土结构一样，都是采用极限状态设计方法。

《装配式混凝土结构技术规程》JGJ 1—2014 第 6.1.10 条规定：装配式结构构件及节

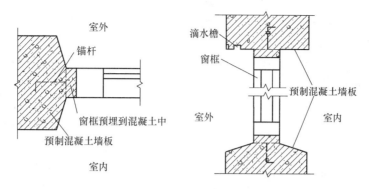

图 2-14　窗户与无保温层预制混凝土墙板一体化节点

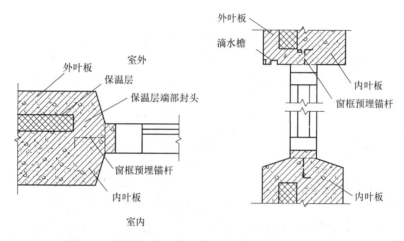

图 2-15　窗户与夹芯保温预制混凝土墙板一体化节点

点应进行承载能力极限状态及正常使用极限状态设计。

《装配式混凝土结构技术规程》JGJ 1—2014 第 6.3.2 条规定：装配整体式结构承载能力极限状态及正常使用极限状态的作用效应分析可采用弹性方法。此条与《混凝土结构设计规范》GB 50010—2010 的规定一样。

1. 极限状态设计方法

整个结构或结构的一部分超过某一特定状态就不能满足设计规定的某一功能要求，此特定状态为该功能的极限状态。

极限状态设计方法以概率理论为基础。

极限状态分为两类：承载能力极限状态和正常使用极限状态。

在进行强度、失稳等承载能力设计时，采用承载能力极限设计方法；在进行挠度等设计时，采用正常使用极限状态。

进行设计时，要根据所设计功能要求属于哪个状态进行荷载选取、计算和组合。

2. 承载能力极限状态

承载能力极限状态对应于结构和构件的安全性、可靠性和耐久性，超过此状态，结构和构件就不能继续承受荷载了。装配式结构和构件，包括连接件、预埋件、拉结件等，出现下列状态之一时，就认为超过了承载能力极限状态：

(1) 因超过材料强度而破坏；如构件断裂、出现严重的穿透性裂缝等。

(2) 因疲劳导致的强度破坏。

(3) 变形过度而不能继续使用。

(4) 丧失稳定。

(5) 变为机动体系。

3. 正常使用极限状态

正常使用极限状态对应于构件的装饰性。超过此状态，构件尽管没有破坏，但超过了可以容忍的正常使用状态。出现下列状态之一时，被认为超过了正常使用极限状态：

(1) 出现影响正常使用的变形，如挠度超过了规定的限值。

(2) 局部破坏，如表面裂缝或局部裂缝等。

4. 弹性方法

弹性方法是在结构分析时考虑结构处于弹性阶段而不是塑性、弹塑性阶段，采用结构力学和弹性力学的分析方法。

问 15：装配式结构抗震有哪些规定？

1. 设防范围

《装配式混凝土结构技术规程》JGJ 1—2014 适用于民用建筑非抗震设计和 6～8 度设防烈度抗震设计的装配式混凝土结构。9 度设防烈度抗震设计需要专门论证。

2. 丙类建筑抗震等级

《装配式混凝土结构技术规程》JGJ 1—2014 规定：装配整体式结构构件的抗震设计，应根据设防类别、烈度、结构类型和房屋高度采用不同的抗震等级，并应符合相应的计算和构造设计要求。丙类装配整体式结构的抗震等级应按表 2-5 确定。

丙类装配整体式结构的抗震等级 表 2-5

结构类型		抗震设防烈度					
		6 度		7 度		6 度	
装配整体式框架结构	高度（m）	≤24	>24	≤24	>24	≤24	>24
	框架	四	三	三	二	二	一
	大跨度框架	三		二		一	
装配整体式框架-现浇剪力墙结构	高度（m）	≤60	>60	≤24	>24 且 ≤60	>60	≤24	>24 且 ≤60	>60
	框架	四	三	四	三	二	三	二	一
	剪力墙	三	三	三	二	二	二	二	一
装配整体式剪力墙结构	高度（m）	≤70	>70	≤24	>24 且 ≤70	>70	≤24	>24 且 ≤70	>70
	剪力墙	四	三	四	三	三	三	二	一
装配整体式部分框支剪力墙结构	高度（m）	≤70	>70	≤24	>24 且 ≤70	>70	≤24	>24 且 ≤70	>70
	现浇框支框架	二	二	二	二	一	二	二	一
	底部加强部位剪力墙	三	二	三	二	一	二	二	一
	其他区域剪力墙	四	三	四	三	二	三	二	一

注：大跨度框架指跨度不小于 18m 的框架。

此表与《建筑抗震设计规范》GB 50011—2010 比较，框架结构、框架、现浇剪力墙结构，装配式与现浇有以下几点不同：

（1）对剪力墙结构装配式要求更严，装配式的划分高度比现浇低 10m，从 80m 降到 70m。

（2）同样，部分框支剪力墙结构的划分高度，装配式比现浇低 10m，由 80m 降到 70m。

（3）没有给出筒体结构和板柱·剪力墙结构的抗震等级。

辽宁省地方标准《装配式混凝土结构设计规程》DB21/T 2572—2016 关于抗震等级的规定，给出了筒体结构和板柱—剪力墙结构的抗震等级，与《建筑抗震设计规范》GB 50011—2010 关于现浇混凝土结构的规定一样。

丙类建筑是指一般的工业与民用建筑。

3. 乙类建筑

乙类建筑是指地震时使用功能不能中断或需尽快恢复的建筑。

《装配式混凝土结构技术规程》JGJ 1—2014 第 6.1.4 条款规定：乙类装配式整体式结构应按本地区抗震设防烈度提高一度的要求加强其抗震措施；当本地区抗震设防烈度为 8 度且抗震等级为一级时，应采取比一级更高的抗震措施；当建筑场地为 I 类时，仍可按本地区抗震设防烈度的要求采取抗震构造措施。此条与《建筑抗震设计规范》GB 50011—2010 和《高层建筑混凝土结构技术规程》JGJ 3—2010 关于现浇混凝土结构的规定一样。

4. 甲类建筑

甲类建筑是指特大建筑工程和地震时不能发生严重次生灾害的建筑。《装规》不适用甲类建筑。

5.《装配式混凝土结构技术规程》JGJ 1—2014 未覆盖的情况

《装配式混凝土结构技术规程》JGJ 1—2014 第 6.1.7 条款规定：抗震设计的高层装配式结构，当其房屋高度、规则性、结构类型等超过本规程的规定或抗震设防标准有特殊要求时，可按现行行业标准《高层建筑混凝土结构技术规程》JGJ 3—2010 的有关规定进行结构抗震性能设计。

6. 抗震调整系数 γ_{RE}

《装配式混凝土结构技术规程》JGJ 1—2014 规定：抗震设计时，构件及节点的承载力抗震调整系数 γ_{RE} 应按表 2-6 采用；当仅考虑竖向地震作用组合时，承载力抗震调整系数 γ_{RE} 应取 1.0。预埋件锚筋截面计算的承载力抗震调整系数 γ_{RE} 应取 1.0，见表 2-6。

构件及节点承载力抗震调整系数 γ_{RE}　　　　　表 2-6

结构构件类别	正截面承载力计算				斜截面承载力计算	受冲切承载力计算、接缝受剪承载力计算
	受弯构件	偏心受压柱		偏心受拉构件	剪力墙	各类构件及框架节点
		轴压比小于 0.15	轴压比不小于 0.15			
γ_{RE}	0.75	0.75	0.8	0.85	0.85	0.85	0.85

7. 地震作用下的弯矩与剪力的放大

《装配式混凝土结构技术规程》JGJ 1—2014 第 6.3.1 条中有如下规定:"当同一层内既有预制又有现浇抗侧力构件时,地震状况下宜对现浇抗侧力构件在地震作用下的弯矩和剪力进行适当放大。"

问 16:实际条件对结构拆分有哪些限制?

从安装效率和便利性考虑,构件越大越好,但必须考虑工厂起重机能力、模台或生产线尺寸、运输限高限宽限重约束、道路路况限制、施工现场塔式起重机能力限制等。

1. 重量限制

(1) 工厂起重机起重能力(工厂桁式起重机一般为 12~25t)。

(2) 施工塔式起重机起重能力(施工塔式起重机一般为 10t 以内)。

(3) 运输车辆限重一般为 20~30t。

此外,还需要了解工厂到现场的道路、桥梁的限重要求等。

数量不多的大吨位预制混凝土构件可以考虑大型汽车起重机,但汽车起重机的起吊高度受到限制。

2. 尺寸限制

(1) 运输超宽限制为 2.2~2.45m。

(2) 运输超高限制为 4m,车体高度为 1.2m,构件高度在 2.8m 以内。如果斜放,可以再高些。有专业运输预制混凝土板的低车体车辆,构件高度可以达到 3.5m 高。

(3) 运输长度依据车辆不同,最长不超过 15m。

还需要调查道路转弯半径、途中隧道或过道电线通信线路的限高等。

3. 形状限制

一维线性构件和两维平面构件比较容易制作和运输,三维立体构件制作和运输都会麻烦一些。

问 17:装配式构件如何分类?

为了对装配式混凝土结构的预制构件有一个总体的了解,各种预制构件,包括拆分后构件和独立构件,见表 2-7。

装配式混凝土结构预制构件分类 表 2-7

类别	序号	名 称	应用范围						说 明
			混凝土装配整体式				混凝土全装配式	钢结构	
			框架	剪力墙	框剪	筒体	框架		
楼板	1	叠合板	—	—	—	—		—	半预制半现浇
	2	预应力叠合板	—	—	—	—		—	半预制半现浇
	3	空心楼板					—		
	4	预应力空心楼板					—		
	5	双 T 形叠合板	—	—	—	—			
剪力墙板	6	剪力墙板		—					
	7	剪力墙装饰一体化板		—					板外表面有装饰层

续表

类别	序号	名　称	应用范围						说　明
			混凝土装配整体式				混凝土全装配式	钢结构	
			框架	剪力墙	框剪	筒体	框架		
剪力墙板	8	剪力墙保温一体化板		—					剪力墙板＋保温层＋外叶板
	9	剪力墙保温装饰一体化板		—					三明治板外叶板有装饰层
	10	剪力墙切糕装饰一体化板		—					剪力墙板＋保温层＋装饰层
	11	叠合剪力墙板		—					双层板中间空心，有钢筋连接
	12	剪力墙一字形板		—					
	13	剪力墙转角板		—					平面为L形
外挂墙板	14	外挂墙板	—	—	—	—	—	—	
	15	非线性外挂墙板	—	—	—	—	—	—	曲面板
	16	镂空外挂墙板	—	—	—	—	—	—	
	17	装饰一体化外挂墙板	—	—	—	—	—	—	有装饰面层
	18	装饰保温一体化外挂墙板	—	—	—	—	—	—	三明治外墙挂板，有装饰层
	19	外挂转角墙板	—	—	—	—	—	—	
梁	20	梁	—		—	—	—		
	21	叠合梁							半预制半现浇
	22	连梁		—					
	23	过梁							
	24	预应力梁							
	25	预应力叠合梁	—		—	—	—		半预制半现浇
	26	带翼缘梁	—		—	—	—		
	27	各种夹芯保温梁	—		—	—	—		
柱	28	柱	—		—	—	—		
	29	带翼缘柱							
	30	各种夹芯保温柱	—						
复合构件	31	暗柱墙板							梁与墙板一体，梁处配筋大
	32	暗梁墙板							柱子与墙板一体，柱子处配筋大
	33	柱梁一体线形构件（莲藕梁）	—		—	—	—		
	34	柱梁一体二维构件	—		—	—	—		
	35	柱梁一体三维构件	—		—	—	—		

续表

类别	序号	名称	应用范围						说明
			混凝土装配整体式				混凝土全装配式	钢结构	
			框架	剪力墙	框剪	筒体	框架		
其他构件	36	楼梯板	—	—	—	—	—	—	
	37	阳台板	—	—	—	—	—	—	
	38	空调板	—	—	—	—	—	—	
	39	挑檐板	—	—	—	—	—	—	
	40	遮阳板	—	—	—	—	—	—	
	41	内隔墙板	—	—	—	—	—	—	

问 18：装配式混凝土结构建筑预埋件如何分类？

装配式混凝土结构建筑预埋件包括使用阶段用的预埋件和制作、安装阶段用的预埋件。

使用阶段用的预埋件包括构件安装预埋件（如外挂墙板和楼梯板安装预埋件）、装饰装修和机电安装需要的预埋件等，使用阶段用的预埋件有耐久性要求，应与建筑物同寿命。

制作、安装阶段用的预埋件包括脱模、翻转、吊装、支撑等预埋件，没有耐久性要求。装配式混凝土结构建筑预埋件一览见表 2-8。

装配式混凝土结构建筑预埋件一览表　　　　表 2-8

阶段	预埋件用途	可能需埋置的构件	可选用预埋件类型								备注
			预埋钢板	内埋式金属螺母	内埋式塑料螺母	钢筋吊环	埋入式钢丝绳吊环	吊钉	木砖	专用	
使用阶段（与建筑物同寿命）	构件连接固定	外挂墙板、楼梯板	—								
	门窗安装	外墙板、内墙板		—					—	—	
	金属阳台护栏	外墙板、柱、梁			—						
	窗帘杆或窗帘盒	外墙板、梁									
	外墙水落管固定	外墙板、柱									
	装修用预埋件	楼板、梁、柱、墙板									
	较重的设备固定	楼板、梁、柱、墙板	—								
	较轻的设备、灯具固定	楼板、梁、柱、墙板									
	通风管线固定	楼板、梁、柱、墙板									
	管线固定	楼板、梁、柱、墙板									
	电源、电信线固定	楼板、梁、柱、墙板									

续表

阶段	预埋件用途	可能需埋置的构件	可选用预埋件类型								备注
			预埋钢板	内埋式金属螺母	内埋式塑料螺母	钢筋吊环	埋入式钢丝绳吊环	吊钉	木砖	专用	
制作、运输、施工（过程用，没有耐久性要求）	脱模	预应力楼板、梁、柱、墙板			—		—	—			
	翻转	墙板									
	吊运	预应力楼板、梁、柱、墙板									
	安装微调	柱			—	—				—	
	临时侧支撑	柱、墙板			—						
	后浇筑混凝土模板固定	墙板、柱、梁			—						无装饰的构件
	脚手架或塔式起重机固定	墙板、柱、梁	—		—						无装饰的构件
	施工安全护栏固定	墙板、柱、梁			—						无装饰的构件

装配式混凝土结构建筑预埋件有预埋钢板、附带螺栓的预埋钢板、预埋螺栓、内埋式金属螺母、内埋式塑料螺母等。

问 19：装配式楼盖如何进行设计与拆分？

1. 楼盖设计内容

装配式楼盖设计不仅需要考虑楼盖本身，还要考虑楼盖在结构体系中的作用及其与其他构件的关系。装配式混凝土结构建筑的楼盖设计内容包括：

（1）根据规范要求和工程实际情况，确定现浇楼盖和预制楼盖的范围。

（2）选用楼盖类型。

（3）进行楼盖拆分设计。

（4）根据所选楼板类型及其与支座的关系，确定计算简图，进行结构分析和计算。

（5）进行楼板连接节点、板缝构造设计。

（6）进行支座节点设计。

（7）进行预制楼板构件制作图设计。

（8）给出施工安装阶段预制板临时支撑的布置和要求。

（9）将预埋件、预埋物、预留孔洞汇集到楼板制作图中，避免与钢筋干扰。

2. 楼盖拆分原则

（1）在板的次要受力方向拆分，也就是板缝应当垂直于板的长边，如图 2-16 所示。

（2）在板受力小的部位分缝，如图 2-17 所示。

（3）板的宽度不超过运输超宽的限制和工厂生产线模台宽度的限制。

（4）尽可能统一或减少板的规格，宜取相同宽度。

（5）有管线穿过的楼板，拆分时须考虑避免与钢筋或桁架筋的冲突。

（6）顶棚无吊顶时，板缝应避开灯具、接线盒或吊扇位置。

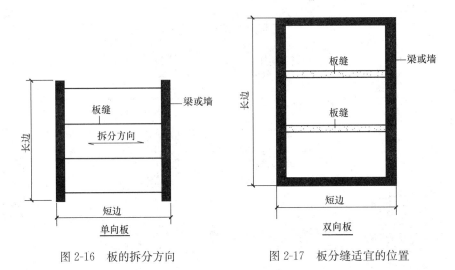

图 2-16　板的拆分方向　　　　图 2-17　板分缝适宜的位置

问 20：如何进行叠合楼板的设计与计算？

1. 一般规定

《装配式混凝土结构技术规程》JGJ 1—2014 规定：叠合楼板应按现行国家标准《混凝土结构设计规程》GB 50010—2010 进行设计，并应符合下列规定：

（1）叠合板的预制板厚度不宜小于 60mm，后浇混凝土叠合层厚度不应小于 60mm。

（2）当叠合板的预制板采用空心板时，板端空腔应封堵。

（3）跨度大于 3m 的叠合板，宜采用钢筋混凝土桁架筋叠合板。

（4）跨度大于 6m 的叠合板，宜采用预应力混凝土叠合板。

（5）厚度大于 180mm 的叠合板，宜采用混凝土空心板。

辽宁省地方标准《装配式混凝土结构设计规程》DB21/T 2572—2016 规定：后浇混凝土叠合层厚度不宜小于 70mm，屋面如采用叠合板，后浇混凝土叠合层厚度不宜小于 80mm。

当叠合板的预制板采用空心板时，板端空腔应封堵；堵头深度不宜小于 60mm，并应采用强度等级不低于 C25 的混凝土灌实。

2. 单向板与双向板

叠合板设计分为单向板和双向板两种情况，根据接缝构造、支座构造和长宽比确定。《装配式混凝土结构技术规程》JGJ 1—2014 规定：当预制板之间采用分离式接缝时，宜按单向板设计。对长宽比不大于 3 的四边支承叠合板，当其预制板之间采用整体式接缝或无接缝时，可按双向板计算。

叠合板的预制板布置形式如图 2-18 所示。

3. 板缝对内力分布的影响

板缝分为分离式和整体式两种情况。

这里需要指出，现浇混凝土楼盖没有接缝，只要长宽比不大于 2 都按双向板计算。叠合楼盖当因为有接缝而按单向板计算时，应考虑板对梁的约束影响。由于存在接缝而按单向板计算，但实际上叠合层的钢筋伸入了侧向支座，会有内力分布给侧边的梁，对其刚性会产生影响，对此应进行结构分析。

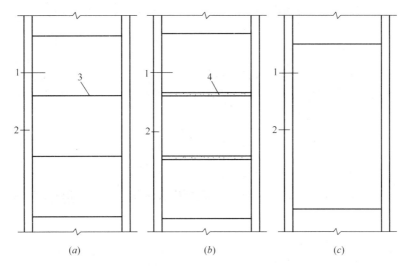

图 2-18 叠合楼板预制板布置形式示意图

(*a*) 单向叠合板；(*b*) 带接缝的双向叠合板；(*c*) 无接缝的双向叠合板

1—预制板；2—梁或墙；3—板侧分离式接缝；4—板侧整体式接缝

4. 叠合楼板计算

(1)《装配式混凝土结构技术规程》JGJ 1—2014 未给出叠合楼板计算的具体要求，其平面内抗剪、抗拉和抗弯设计验算可按常规现浇楼板进行。

叠合楼板底板大都设立桁架筋，以增加板的刚度和抗剪能力。当桁架钢筋布置方向为主受力方向时，预制底板受力钢筋计算方式等同现浇楼板，桁架下弦杆钢筋等同板底受力钢筋，按照计算结果确定钢筋直径、间距。

安装时需要支撑及支撑布置计算，设计人员应当根据支撑布置图进行二次验算，预制底板受力钢筋、桁架下弦钢筋直径、间距，应当考虑预制底板上面的施工荷载及堆载。

(2) 叠合面及板端连接处

辽宁省地方标准《装配式混凝土结构设计规程》DB21/T 2572—2016 给出了叠合板的叠合面及板端连接处的抗剪强度验算的规定，按下列规定进行抗剪强度验算。

1) 对叠合面未配置抗剪钢筋的叠合板，当叠合面粗糙度符合辽宁省地方标准《装配式混凝土结构设计规程》DB21/T 2572—2016 构造要求时，叠合面受剪强度应符合下式要求：

$$\frac{V}{bh_0} \leqslant 0.4 \tag{2-1}$$

式中 V——竖向荷载作用下支座剪力设计值（N）；

b——叠合面的宽度（mm）；

h_0——叠合面的有效高度（mm）。

2) 预制板的板端与梁、剪力墙连接处，叠合板端竖向接缝的受剪承载力应符合下式要求

$$V \leqslant 1.65 A_{sd} \sqrt{f_c f_y (1-\alpha^2)} \tag{2-2}$$

式中 V——竖向荷载作用下单位长度内板端边缘剪力设计值；

A_{sd}——垂直穿过结合面的所有钢筋的面积，当钢筋与结合面法向夹角为 θ 时，乘以 $\cos\theta$ 折减；

f_{c}——预制构件混凝土轴心抗压强度设计值；

f_{y}——垂直穿过结合面钢筋抗拉强度设计值；

α——板端负弯矩钢筋拉应力标准值与钢筋强度标准值之比，钢筋的拉应力可按下式计算

$$\sigma_{\mathrm{s}} = \frac{M_{\mathrm{s}}}{0.87 h_0 A_{\mathrm{s}}} \tag{2-3}$$

式中　M_{s}——按标准组合计算的弯矩值；

　　　h_0——计算截面的有效高度，当预制底板内的纵向受力钢筋伸入支座时，计算截面取叠合板厚度；当预制底板内的纵向受力钢筋不伸入支座时，计算截面取后浇叠合层厚度；

　　　A_{s}——板端负弯矩钢筋的面积。

5. 支座节点设计

关于叠合楼板的支座，《装配式混凝土结构技术规程》JGJ 1—2014 规定：

（1）叠合板支座处，预制板内的纵向受力钢筋宜从板端伸出并锚入支承梁或墙的后浇混凝土中，锚固长度不应小于 5d（d 为纵向受力钢筋直径），且宜过支座中心线，如图 2-19（a）所示。

（2）单向叠合板的板侧支座处，当预制板内的板底分布钢筋伸入支承梁或墙的后浇混凝土中时应符合（1）的要求；当板底分布钢筋不伸入支座时，宜在紧邻预制板顶面的后浇混凝土叠合层中设置附加钢筋，附加钢筋截面面积不宜小于预制板内的同向分布钢筋面积，间距不宜大于 600mm，在板的后浇混凝土叠合层内锚固长度不应小于 15d，在支座内锚固长度不应小于 15d（d 为附加钢筋直径），且宜过支座中心线，如图 2-19（b）所示。

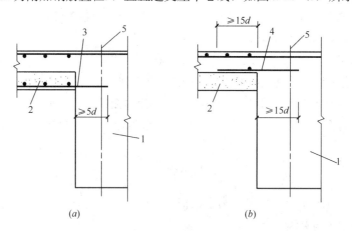

图 2-19　叠合板端及板侧支座构造示意

（a）板端支座；（b）板侧支座

1—支撑梁或墙；2—预制板；3—纵向受力钢筋；4—附加钢筋；5—支座中心线

6. 接缝构造设计

（1）分离式接缝

《装配式混凝土结构技术规程》JGJ 1—2014 规定：单项叠合板板侧的分离式接缝宜配置附加钢筋，并应符合下列规定：

1）接缝处紧邻预制板顶面宜设置垂直于板缝的附加钢筋，附加钢筋伸入两侧后浇混凝土叠合层的锚固长度不应小于 15d（d 为附加钢筋直径）。

2）附加钢筋截面面积不宜小于预制板中该方向钢筋面积，钢筋直径不宜小于 6mm，间距不宜大于 250mm，如图 2-20 所示。

（2）整体式接缝

《装配式混凝土结构技术规程》JGJ 1—2014 规定：双向叠合板板侧的整体式接缝宜设置在叠合板的次要受力方向上且宜避开最大弯矩截面，可设置在距支座 0.2～0.3L 尺寸的位置（L 为双向板次要受力方向净跨度）。接缝可采用后浇带形式，并应符合下列规定：

1）后浇带宽度不宜小于 200mm。

2）后浇带两侧板底纵向受力钢筋可在后浇带中焊接、搭接连接、弯折锚固。

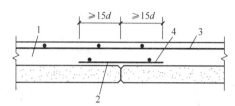

图 2-20　单向叠合板板侧分离式拼缝构造示意图

1—后浇混凝土叠合层；2—预制板；
3—后浇层内钢筋；4—附加钢筋

3）当后浇带两侧板底纵向受力钢筋在后浇带中弯折锚固时，应符合下列规定：

① 叠合板厚度不应小于 10d，且不应小于 120mm（d 为弯折钢筋直径的较大值）。

② 接缝处预制板侧伸出的纵向受力钢筋应在后浇混凝土叠合层内锚固，且锚固长度不应小于 l_a；两侧钢筋在接缝处重叠的长度不应小于 10d，钢筋弯折角度不应大于 30°，弯折处沿接缝方向应配置不少于 2 根通长构造钢筋，且直径不应小于该方向预制板内钢筋直径，如图 2-21 所示。

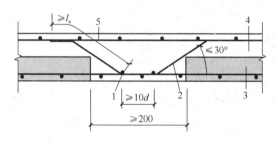

图 2-21　双向叠合板整体式接缝构造示意图

1—通长构造筋；2—纵向受力钢筋；3—预制板；
4—后浇混凝土叠合层；5—后浇层内钢筋

（3）板拼缝构造大样

板拼缝构造大样如图 2-22 所示。

7. 有桁架钢筋的普通叠合板

非预应力叠合板用桁架筋主要起抗剪作用，如图 2-23 所示。《装配式混凝土结构技术规程》JGJ 1—2014 规定：桁架钢筋混凝土叠合板应满足下列要求：

（1）桁架钢筋沿主要受力方向布置。

（2）桁架钢筋距离板边不应大于 300mm，间距不宜大于 600mm。

（3）桁架钢筋弦杆钢筋直径不宜小于 8mm，腹杆钢筋直径不应小于 4mm。

（4）桁架钢筋弦杆混凝土保护层厚度不应小于 15mm。

8. 没有桁架钢筋的普通叠合板

《装配式混凝土结构技术规程》JGJ 1—2014 规定：

（1）当未设置桁架钢筋时，在下列情况下，叠合板的预制板与后浇混凝土叠合层之间应设置抗剪构造钢筋：

1）单向叠合板跨度大于 4.0m 时，距支座 1/4 跨范围内。

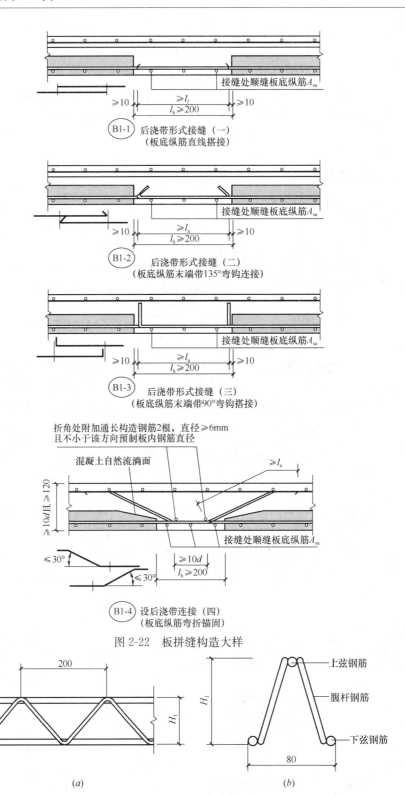

图 2-22 板拼缝构造大样

图 2-23 桁架钢筋示意图

（a）立面图；（b）剖面图

2）双向叠合板短向跨度大于 4.0m 时，距四边支座 1/4 短跨范围内。

3）悬挑叠合板。

4）悬挑叠合板的上部纵向受力钢筋在相邻叠合板的后浇混凝土锚固范围内。

（2）叠合板的预制板与后浇混凝土叠合层之间设置的抗剪构造钢筋应符合下列规定：

1）抗剪构造钢筋宜采用马镫形状，间距不大于 400mm，钢筋直径 d 不应小于 6mm。

2）马镫钢筋宜伸到叠合板上、下部纵向钢筋处，预埋在预制板内的总长度不应小于 15d，水平段长度不应小于 50mm。

辽宁省地方标准《装配式混凝土结构设计规程》DB21/T 2572—2016 给出了叠合板设置构造钢筋示意图，如图 2-24 所示。

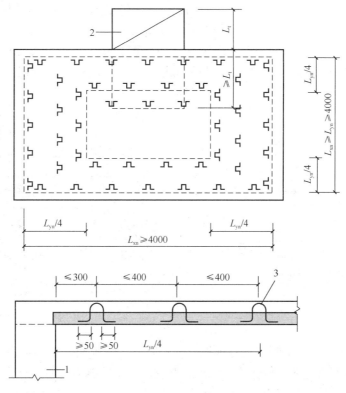

图 2-24　叠合板设置构造钢筋示意图
1—梁或墙；2—悬挑板；3—抗剪构造钢筋

9. 板的构造

（1）板边角构造

叠合板边角做成 45°倒角。单向板和双向板的上部都做成倒角，一是为了保证连接节点钢筋保护层厚度；二是为了避免后浇段混凝土转角部位应力集中。单向板下部边角做成倒角是为了便于接缝处理，如图 2-25 所示。

（2）叠合板支座构造

1）双向板和单向板的端支座。单向板和双向板的板端支座的节点是一样的，负弯矩钢筋伸入支座转直角锚固，下部钢筋伸入支座中心线处，如图 2-26 所示。

2）双向板侧支座。双向板每一边都是端支座，不存在所谓的侧支座，如果习惯把长

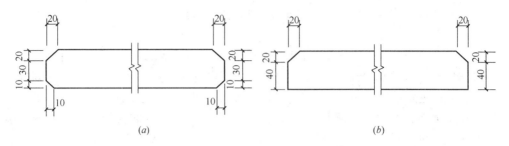

图 2-25　叠合板边角构造

(*a*) 单向板断面图；(*b*) 双向板断面图

边支座称为侧支座，其构造也与端支座完全一样，即按照图 2-26 所示的构造做。

3）单向板侧支座。单向板的侧支座有两种情况，一种情况是板边"侵入"墙或梁 10mm，如端支座一样，如图 2-26 所示；另一种情况是板边距离墙或梁有一个缝隙 δ，如图 2-27 所示。单向板侧支座与端支座的不同就是在底板上表面伸入支座一根连接钢筋。

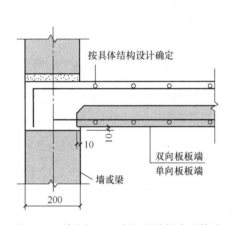

图 2-26　单向板和双向板的端部支座构造

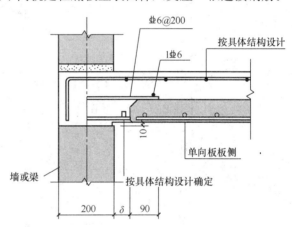

图 2-27　单向板侧支座构造

4）中间支座构造。中间支座有多种情况：墙或梁的两侧是单向板还是双向板，支座对于两侧的板是端支座还是侧支座，如果是侧支座，是无缝支座还是有缝支座。

中间支座的构造设计有以下几个原则：

① 上部负弯矩钢筋伸入支座不用转弯，而是与另一侧板的负弯矩钢筋共用一根钢筋。

② 底部伸入支座的钢筋与端部支座或侧支座一样伸入即可。

③ 如果支座两边的板都是单向板侧边，连接钢筋合为一根；如果有一个板不是单向板侧边，则与板侧支座图 2-27 一样，伸到中心线位置。

中间支座两侧都是单向板侧边的

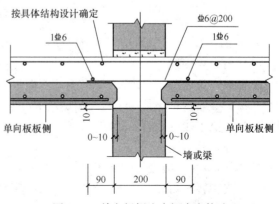

图 2-28　单向板侧边中间支座构造

情况如图 2-28 所示。

（3）其他构造规定

1）对于没有吊顶的楼板，楼板需预埋灯具吊点与接线盒等，避开板缝与钢筋。

2）对于有吊顶楼板，须预埋内埋式金属螺母和塑料螺母。

3）不准许穿过楼板的管线孔洞在施工现场打孔，必须在设计时确定位置，制作时预留孔洞。孔洞不得切断钢筋，如叠合楼板钢筋网片和桁架筋数与孔洞相互干扰，或移动孔洞位置，或调整板的拆分，实在无法调整再调整钢筋布置。国家标准图集《桁架钢筋混凝土叠合板》15G366-1 给出了局部放大钢筋网的大样图，如图 2-29 所示。

问 21：框架结构设计有哪些规定？

现行行业标准《装配式混凝土结构技术规程》JGJ 1—2014 关于装配整体式框架结构的一般规定包括以下内容：

（1）装配整体式框架结构可按现浇混凝土框架结构进行设计。装配整体式框架结构是指预制混凝土梁、柱构件通过可靠的方式进行连接并与现场后浇混凝土、水泥基灌浆料形成整体，也就是用所谓的"湿连接"形成整体，设计等同于现浇。至于用预埋螺栓连接或者预埋钢板焊接，即所谓的"干连接"，不是装配整体式，不能视为等同于现浇。

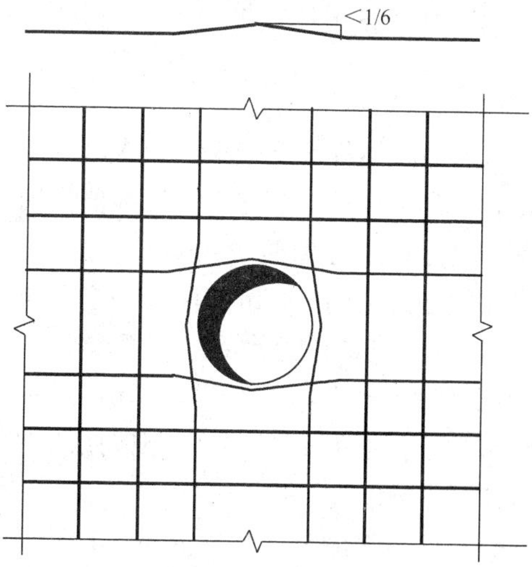

（2）装配整体式框架结构中，预制柱的纵向钢筋连接应符合以下规定：

图 2-29 叠合板局部放大孔眼钢筋网构造

1）当房屋高度不大于 12m 或层数不超过 3 层时，可采用套筒连接、浆锚搭接、焊接等连接方式。

2）当房屋高度大于 12m 或层数超过 3 层时，宜采用套筒灌浆连接。

套筒灌浆连接方式是一种质量可靠、操作简单的技术，在日本、欧美等国家已经有长期、大量的实践经验，国内也已有充分的试验研究、一定的应用经验和相关的产品、技术规程。当结构层数较多时，柱的纵向钢筋采用套筒灌浆连接可保证结构的安全。对于低层框架结构，柱的纵向钢筋连接也可以采用一些相对简单及造价较低的方法。钢筋焊接连接方式应符合行业标准《钢筋焊接及验收规程》JGJ 18—2012 的规定。

（3）装配整体式框架结构中，预制柱水平接缝处不宜出现拉力。

试验研究表明，预制柱的水平接缝处，受剪承载力受柱轴力影响较大。当柱受拉时，水平接缝的抗剪能力较差，易发生接缝的滑移错动。因此，应通过合理的结构布置，避免柱的水平接缝处出现拉力。

问 22：如何进行装配式剪力墙结构的设计与拆分？

1. 设计

（1）建模

装配整体式剪力墙结构的结构计算分析方法和现浇剪力墙结构相同。

在计算分析软件中，墙可采用专用的墙元或者壳元模拟。预制墙板之间如果为整体式拼缝（拼缝后浇混凝土，拼缝两侧钢筋直接连接或者锚固在拼缝混凝土中），可将拼缝两侧预制墙板和拼缝作为同一墙肢建模计算；预制墙板之间如果没有现浇拼缝，则应作为两个独立的墙肢建模计算。

（2）连梁增大系数

根据《高层建筑混凝土结构技术规程》JGJ 3—2010 的规定：当采用叠合楼板时，结构内力与位移计算应考虑叠合板对梁刚度的增大作用，中梁可根据翼缘情况取 1.3～2.0 的增大系数，边梁可根据翼缘情况取 1.0～1.5 的增大系数。

与叠合楼板相连接的梁，一般中梁刚度增大系数可取 1.8，边梁刚度增大系数可取 1.2。

（3）位移

辽宁省地方标准《装配式混凝土结构设计规程》DB21/T 2572—2016 规定：按弹性方法计算的风荷载或多遇地震标准值作用下装配整体式剪力墙结构的楼层层间最大水平位移与层高之比不宜大于 1/1000。

预制墙片之间的接缝对刚度的削弱作用，实际结构水平位移略大于计算值，但是根据哈尔滨工业大学的试验结果，装配整体式剪力墙结构的延性要好于现浇结构，如果层间位移角限制过于严格，会造成剪力墙面积和配筋的增加，因此装配整体式剪力墙结构弹性层间位移角限值取为 1/1100，比现浇结构略严格，对于 7 度地区剪力墙结构，一般均可满足要求。

（4）叠合板的竖向荷载传递

叠合楼板的竖向荷载传递方式宜与现浇板相同。

如果叠合楼板设计为双向板，楼板荷载按照双向传递，与现浇板相同。如果叠合楼板按照单向板进行设计，但是由于整体现浇层的存在，楼板的竖向荷载传递仍然为四边传递为主，因此楼盖结构竖向荷载传递方式按照与现浇板相同的方式进行。

（5）剪力墙水平缝计算

《装配式混凝土结构技术规程》JGJ 1—2014 规定：在地震设计状况下，剪力墙的水平接缝的受剪承载力设计值应按下式计算

$$V_{uE} = 0.6 f_y A_{sd} + 0.8N \qquad (2-4)$$

式中　f_y——垂直穿过结合面的钢筋抗拉强度设计值；

　　　　N——与剪力设计值 V 相应的垂直于结合面的轴向力设计值，压力时取正，拉力时取负；

　　　　A_{sd}——垂直穿过结合面的抗剪钢筋面积。

（6）叠合连梁端部竖向接缝受剪承载力计算

《装配式混凝土结构技术规程》JGJ 1—2014 规定：叠合连梁端部竖向接缝的受剪承载力计算应按框架结构叠合梁端竖向承载力计算。

（7）其他规定

预制装配整体式剪力墙结构内力和变形计算时，应考虑预制填充墙对结构固有周期的影响。

2. 拆分设计原则

(1)《装配式混凝土结构技术规程》JGJ 1—2014 规定：

1) 高层装配整体式剪力墙结构底部加强部位的剪力墙宜采用现浇混凝土。

2) 带转换层的装配整体式结构：

① 当采用部分框支剪力墙结构时，底部框支层不宜超过 2 层，且框支层及相邻上一层应采用现浇结构。

② 部分框支剪力墙以外的结构中，转换梁、转换柱宜现浇。

(2) 预制剪力墙宜按建筑开间和进深尺寸划分，高度不宜大于层高；预制墙板的划分还应考虑预制构件制作、运输、吊运、安装的尺寸限制。

(3) 预制剪力墙的拆分应符合模数协调原则，优化预制构件的尺寸和形状，减少预制构件的种类。

(4) 预制剪力墙的竖向拆分宜在各层层高处进行。

(5) 预制剪力墙的水平拆分应保证门窗洞口的完整性，便于部品标准化生产。

(6) 预制剪力墙结构最外部转角应采取加强措施，当不满足设计的构造要求时可采用现浇构件。

问 23：装配式墙板设计包括哪些内容？

1. 连接节点布置

装配式墙板的结构设计首先要进行连接节点的布置，因为墙板以连接节点为支座，结构设计计算在连接节点确定之后才能进行。

2. 墙板结构设计

墙板自身的结构设计包括墙板结构尺寸的确定、作用及作用组合计算、配置钢筋、结构承载能力和正常使用状态的验算、墙板构造设计等。

3. 连接节点结构设计

设计连接节点的类型、连接方式；作用及作用组合计算；进行连接节点结构计算；设计应对主体结构变形的构造；连接节点的其他构造设计。

4. 制作、堆放、运输、施工环节的结构验算与构造设置

装配式墙板在制作、堆放、运输、施工环节的结构验算与构造设置包括脱模、翻转、吊运、安装预埋件的设置；制作、施工环节荷载作用下墙板承载能力和裂缝验算等。

问 24：外挂墙板如何进行设计计算？

外挂墙板按围护结构进行设计。在进行结构设计计算时，不考虑分担主体结构所承受的荷载和作用，只考虑直接施加于外墙上的荷载与作用。

竖直外挂墙板承受的作用包括自重、风荷载、地震作用和温度作用。

建筑表面是非线性曲面时，可能会有仰斜的墙板，其荷载应当参照屋面板考虑，还有雪荷载、施工维修时的集中荷载等。

1. 行业标准《装配式混凝土结构技术规程》JGJ 1—2014 的规定

《装配式混凝土结构技术规程》JGJ 1—2014 关于外挂墙板作用与组合的规定如下：

(1) 计算外挂墙板及连接节点的承载力时，荷载组合的效应设计值应符合下列规定：

1) 持久设计状况：

当风荷载效应起控制作用时：

$$S = \gamma_G S_{Gk} + \gamma_w S_{wk} \tag{2-5}$$

当永久荷载效应起控制作用时：

$$S = \gamma_G S_{Gk} + \psi_w \gamma_w S_{wk} \tag{2-6}$$

2）地震设计状况：

在水平地震作用下：

$$S_{Eh} = \gamma_G S_{Gk} + \gamma_{Eh} S_{Ehk} + \psi_w \gamma_w S_{wk} \tag{2-7}$$

在竖向地震作用下：

$$S_{Ev} = \gamma_G S_{Gk} + \gamma_{Ev} S_{Evk} \tag{2-8}$$

式中　S——基本组合的效应设计值；

　　　S_{Eh}——水平地震作用组合的效应设计值；

　　　S_{Ev}——竖向地震作用组合的效应设计值；

　　　S_{Gk}——永久荷载的效应标准值；

　　　S_{wk}——风荷载的效应标准值；

　　　S_{Ehk}——水平地震作用的效应标准值；

　　　S_{Evk}——竖向地震作用的效应标准值；

　　　γ_G——永久荷载分项系数，按本小节第（2）条规定取值；

　　　γ_w——风荷载分项系数，取 1.4；

　　　γ_{Eh}——水平地震作用分项系数，取 1.3；

　　　γ_{Ev}——竖向地震作用分项系数，取 1.3；

　　　ψ_w——风荷载组合系数。在持久设计状况下取 0.6，地震设计状况下取 0.2。

（2）在持久设计状况、地震设计状况下，进行外挂墙板和连接节点的承载力设计时，永久荷载分项系数 γ_G 应按下列规定取值：

1）进行外挂墙板平面外承载力设计时，γ_G 应取为 0；进行外挂墙板平面内承载力设计时，γ_G 应取为 1.2。

2）进行连接节点承载力设计时，在持久设计状况下，当风荷载效应起控制作用时，γ_G 应取为 1.2，当永久荷载效应起控制作用时，γ_G 应取为 1.35；在地震设计状况下，γ_G 应取为 1.2。当永久荷载效应对连接节点承载力有利时，γ_G 应取为 1.0。

（3）风荷载标准值应按现行国家标准《建筑结构荷载规范》GB 50009—2012 有关围护结构的规定确定。

（4）计算水平地震作用标准值时，可采用等效侧力法，并应按下式计算：

$$F_{Ehk} = \beta_E \alpha_{max} G_k \tag{2-9}$$

式中　F_{Ehk}——施加于外挂墙板重心处的水平地震作用标准值；

　　　β_E——动力放大系数，可取 5.0；

　　　α_{max}——水平地震影响系数最大值，应按表 2-9 采用；

　　　G_k——外挂墙板的重力荷载标准值。

水平地震影响系数最大值 α_{max}　　　　　　　　　　　表 2-9

抗震设防烈度	6 度	7 度	7 度（0.15g）	8 度	8 度（0.2g）
α_{max}	0.04	0.08	0.12	0.16	0.24

2. 行业标准《非结构构件抗震设计规范》关于地震作用的规定

《装配式混凝土结构技术规程》JGJ 1—2014 是 2014 年颁布的，2015 年颁布的行业标准《非结构构件抗震设计规范》JGJ 339—2015 中对非结构构件给出了以等效侧力法计算水平地震作用标准值的公式，与《装配式混凝土结构技术规程》JGJ 1—2014 规定的式 (2-9) 不一样，是用 5 个系数乘以构件自重得出地震力，见下式。

$$F = \gamma \eta \zeta_1 \zeta_2 \alpha_{max} G \tag{2-10}$$

式中　F——沿最不利方向施加于非结构构件重心处的水平地震作用标准值（kN）；

　　　γ——非结构构件功能系数，一、二级分别取 1.4、1.0；

　　　η——非结构构件类别系数，幕墙构件取 1.0，墙体连接件取 1.2；

　　　ζ_1——状态系数，对预制建筑构件取 2.0；

　　　ζ_2——位置系数，建筑的顶点宜取 2.0，底部宜取 1.0，沿高度线性分布；这个系数表明建筑物顶点构件的地震作用比底部构件的地震作用大一倍；

　　　α_{max}——水平地震影响系数最大值，见表 2-9；

　　　G——非结构构件的重力（kN）。

《非结构构件抗震设计规范》JGJ 339—2015 的公式与《装配式混凝土结构技术规程》JGJ 1—2014 的公式比较，用 4 个系数替代 1 个动力放大系数，考虑得更细一些。

3. 辽宁地方标准的规定

辽宁省地方标准《装配式混凝土结构设计规程》DB21/T 2572—2016 关于外挂墙板的作用及作用组合，除了与行业标准一样的条文外，还包括以下内容：

（1）风荷载作用下计算外挂墙板及其连接时，应符合下列规定：

1）风荷载标准值应按现行国家标准《建筑结构荷载规范》GB 50009—2012 有关围护结构的规定确定。

2）应按风吸力和风压力分别计算在连接节点中引起的平面外反力。

3）计算连接节点时，可将风荷载施加于外挂墙板的形心，并应计算风荷载对连接节点的偏心影响。

（2）计算预制外挂墙板和连接节点的重力荷载时，应符合下列规定：

1）应计入依附于外挂墙板的其他部件和材料的重量。

2）应计入重力荷载、风荷载、地震作用对连接节点偏心的影响。

（3）短暂设计状况：应对墙板在脱模、吊装、运输及安装等过程的最不利荷载工况进行验算，计算简图应符合实际受力状态。

（4）对结构整体进行抗震计算分析时，应按下列规定计入外挂墙板的影响：

1）地震作用计算时，应计入外挂墙板的重力。

2）对点支承式外挂墙板，可不计入刚度；对线支承式外挂墙板，当其刚度对整体结构受力有利时，可不计入刚度，当其刚度对整体结构受力不利时，应计入其刚度影响。

3）一般情况下，不应计入外挂墙板的抗震承载力，当有专门的构造措施时，方可按有关规定计入其抗震承载力。

4）支承外挂墙板的结构构件，除考虑整体效应外，尚应将外挂墙板地震作用效应作为附加作用对待。

（5）外挂墙板的地震作用计算方法，应符合下列规定：

1）外挂墙板的地震作用应施加于其重心，水平地震作用应沿任一水平方向。

2）一般情况下，外挂墙板自身重力产生的地震作用可采用等效侧力法计算；除自身重力产生的地震作用外，尚应同时计及地震时支承点之间相对位移产生的作用效应。

4. 关于温度作用

预制混凝土墙板与主体结构如果热膨胀系数不一样，或温度环境不一样，就会产生变形差异，变形差异如果受到约束，就会在墙板中产生温度应力。

在装配式混凝土结构建筑中，墙板与主体结构热膨胀系数一样，相对变形是由于两者间存在的温差引起的，外墙板直接暴露于室外，环境温度与主体结构有差异。

当采用外墙外保温时（非夹芯保温板），预制混凝土墙板与主体结构的温度差很小，温度相对变形可以忽略不计。

当采用外墙内保温时，墙板与主体结构温度相差较大，接近于室内外温差，相对变形不能忽略不计。

当预制混凝土墙板是夹芯保温板夹芯板时，内叶板与主体结构的温度环境基本一样，外叶板与内叶板之间温度相差较大。

钢结构建筑，除温度差外，主体结构的热膨胀系数与预制混凝土墙板也有差异。

问25：外挂墙板连接节点设计有哪些要求？

外挂墙板连接节点不仅要有足够的强度和刚度保证墙板与主体结构可靠连接，还要避免主体结构位移作用于墙板形成内力。

主体结构在侧向力作用下会发生层间位移，或由于温度作用产生变形，如果墙板的每个连接节点都牢牢地固定在主体结构上，主体结构出现层间位移时，墙板就会随之沿板平面方向扭曲，产生较大内力。为了避免这种情况，连接节点应当具有相对于主体结构的可"移动"性，或可滑动，或可转动。当主体结构位移时，连接节点允许墙板不随之扭曲，有相对的"自由度"，由此避免了主体结构施加给墙板的作用力，也避免了墙板对主体结构的反作用。人们普遍把连接节点的这种功能称为"对主体结构变形的随从性"，这是一个容易引起误解的表述，使墙板相对于主体结构"移动"的连接节点恰恰不是"随从"主体结构，而是以"自由"的状态应对主体结构的变形。

图2-30是墙板连接节点应对层间位移的示意图，即在主体结构发生层间位移时墙板与主体结构相对位置的关系图。在正常情况下，墙板的预埋螺栓位于连接到

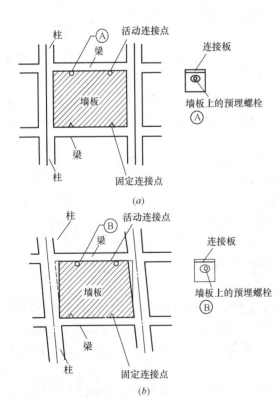

图2-30 墙板与主体结构位移的关系
(a) 正常状态；(b) 层间位移发生时

主体结构上的连接板的长孔的中间，如图 2-30（a）和大样图 A 所示；当发生层间位移时，主体结构柱子倾斜，上梁水平位移，但墙板没有随之移动，而是连接板随着梁移动了，这时墙板的预埋螺栓位移连接件长孔的边缘，如图 2-30（b）和大样图 B 所示。

把对连接节点的设计要求归纳为以下几条：

（1）将墙板与主体结构可靠连接。

（2）保证墙板在自重、风荷载、地震作用下的承载能力和正常使用。

（3）在主体结构发生位移时，墙板相对于主体结构可以"移动"。

（4）连接节点部件的强度与变形满足使用要求和规范规定。

（5）连接节点位置有足够的空间可以放置和锚固连接预埋件。

（6）连接节点位置有足够的安装作业的空间，安装便利。

问 26：装配式结构楼梯与支撑件有哪些连接方式？

装配式结构楼梯与支撑构件连接有三种方式：一端固定铰节点一端滑动铰节点的简支方式；一端固定支座一端滑动支座的方式和两端都是固定支座的方式。

现浇混凝土结构，楼梯多采用两端固定支座的方式，计算中楼梯也参与到抗震体系中。

装配式结构建筑，楼梯与主体结构的连接宜采用简支或一端固定一端滑动的连接方式，不参与主体结构的抗震体系。

1. 简支支座

《装配式混凝土结构技术规程》JGJ 1—2014 关于楼梯连接方式的规定：

预制楼梯与支承构件之间宜采用简支连接。采用简支连接时，应符合下列规定：

预制楼梯宜一端设置固定铰，另一端设置滑动铰，其转动及滑动变形能力应满足结构层间位移的要求且预制楼梯端部在支承构件上的最小搁置长度应符合表 2-10 的规定。

预制楼梯在支承构件上的最小搁置长度 表 2-10

抗震设防烈度	6 度	7 度	8 度
最小搁置长度（mm）	75	75	100

预制楼梯设置滑动铰的端部应采取防止滑落的构造措施。

2. 固定与滑动支座

预制楼梯上端设置固定端，与支承结构现浇混凝土连接。下端设置滑动支座，放置在支承体系上。

3. 两端固定支座

预制楼梯上下两端都设置固定支座，与支承结构现浇混凝土连接。

问 27：装配式构件制图设计包括哪些内容？

装配式构件制作图设计内容包括：

1. 各专业设计汇集

装配式构件设计须汇集建筑、结构、装饰、水电暖、设备等各个专业和制作、堆放、运输、安装各个环节对预制构件的全部要求，在构件制作图上无遗漏地表示出来。

2. 制作、堆放、运输、安装环节的结构与构造设计

与现浇混凝土结构不同，装配式结构预制构件需要对构件制作环节的脱模、翻转、堆放，运输环节的装卸、支承，安装环节的吊装、定位、临时支承等，进行荷载分析和承载力与变形的验算。还需要设计吊点、支承点位置，进行吊点结构与构造设计。这部分工作需要对原有结构设计计算过程了解，必须由结构设计师设计或在结构设计师的指导下进行。

现行行业标准《装配式混凝土结构技术规程》JGJ 1—2014 要求：对制作、运输和堆放、安装等短暂设计状况下的预制构件验算，应符合现行国家标准《混凝土结构工程施工规范》GB 50666—2011 的有关规定。

制作施工环节结构与构造设计内容包括：

（1）脱模吊点位置设计、结构计算与设计。

（2）翻转吊点位置设计、结构计算与设计。

（3）吊运验算及吊点设计。

（4）堆放支承点位置设计及验算。

（5）易开裂敞口构件运输拉杆设计。

（6）运输支撑点位置设计。

（7）安装定位装置设计。

（8）安装临时支撑设计等。

3. 设计调整

在构件制作图设计过程中，可能会发现一些问题，需要对原设计进行调整，例如：

（1）预埋件、埋设物设计位置与钢筋"打架"，距离过近，影响混凝土浇筑和振捣时，需要对设计进行调整。或移动预埋件位置，或调整钢筋间距。

（2）造型设计有无法脱模或不易脱模的地方。

（3）构件拆分导致无法安装或安装困难的设计。

（4）后浇区空间过小导致施工不便。

（5）当钢筋保护层厚度大于 50mm 时，需要采取加钢筋网片等防裂措施。

（6）当预埋螺母或螺栓附近没有钢筋时，须在预埋件附近增加钢丝网或玻纤网防止裂缝。

（7）对于跨度较大的楼板或梁，确定制作时是否需要做成反拱。

问 28：如何进行装配式构件堆放与运输设计？

装配式构件脱模后，要经过质量检查、表面修补、装饰处理、场地堆放、运输等环节，设计须给出支承要求，包括支承点数量、位置、构件是否可以多层堆放、可以堆放几层等。

结构设计师对堆放支承必须重视。曾经有工厂就因堆放不当而导致大型构件断裂（图2-31）。

设计师给出构件支承点位置需进行结构受力分析，最简单的办法是吊点对应的位置做支承点。

1. 水平放置构件的支承

（1）构件检查支架

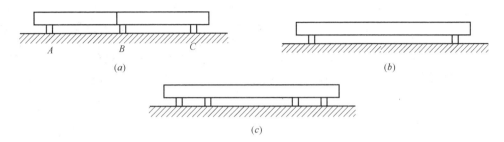

图 2-31　因增加支撑点而导致大型梁断裂示意图
(a) B 点出现裂缝，B 点垫方高了所致；(b) 两点方式；(c) 4 点方式

　　叠合楼板、墙板、梁、柱等构件脱模后一般要放置在支架上进行模具面的质量检查和修补。支架一般是两点支撑，对于大跨度构件两点支承是否可以设计师应做出判断，如果不可以，应当在设计说明中明确给出几点支承和支承间距的要求。

　　装饰一体化墙板较多采用翻转后装饰面朝上的修补方式，支承垫可用混凝土立方体加软垫。设计师应给出支承点位置。对于转角构件，应要求工厂制作专用支架。

　　(2) 构件堆放

　　水平堆放的构件有楼板、墙板、梁、柱、楼梯板、阳台板等。楼板、墙板可用点式支承，也可用垫方木支承，梁、柱和预应力板用垫方木支承。

　　大多数构件可以多层堆放，多层堆放的原则是：

　　1) 支承点位置经过验算。

　　2) 上下支承点对应一致。

　　3) 一般不超过 6 层。

　　2. 竖直放置构件支承

　　墙板可采用竖向堆放方式，少占场地。也可在靠放架上斜立放置。竖直堆放和斜靠堆放，垂直于板平面的荷载为零或很小，但也以水平堆放的支承点作为隔垫点为宜。

　　3. 运输方式及其支承

　　装配式构件运输方式包括水平放置运输和竖直放置运输。

　　(1) 水平放置运输

　　各种构件都可以水平放置运输，墙板和楼板可以多层放置。

　　柱、梁、预应力板采用垫方支承；楼板、墙板可以采用垫块支承。支承点的位置应与堆放时一样。

　　(2) 竖直放置运输

　　竖直放置运输用于墙板，或直接使用堆放时的靠放架；或用运输墙板的专车辆。

　　4. 运输时的临时拉结杆

　　一些开口构件、转角构件为避免运输过程中被拉裂，须采取临时拉结杆。对此设计应给出要求。

　　需要设置临时拉结杆的构件包括断面面积较小且翼缘长度较长的 L 形折板、开洞较大的墙板、V 形构件、半圆形构件、槽形构件等（图 2-32）。

　　临时拉结杆可以用角钢、槽钢，也可以用钢筋。

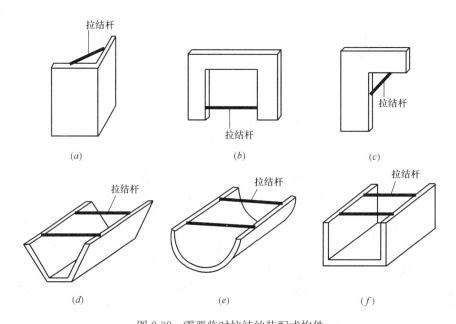

图 2-32 需要临时拉结的装配式构件

（*a*）L 形折板；（*b*）开口大的墙板；（*c*）平面 L 形板；（*d*）V 形板；（*e*）半圆柱；（*f*）横形板

2.2 装配式混凝土结构构件制作

问 29：什么是预制工艺？

使原料逐步发生形状及性能变化的工序称为基本工序或工艺工序，各工艺工序总称为工艺过程或工艺。根据预制构件类型的不同，需采取不同的预制工艺。预制工艺决定了生产场地布置及设备安装等，因此在场地选择和布置之前首先需明确预制工艺的各项细节问题。

一般而言，预制构件的生产工艺包括：钢筋加工（冷加工、绑扎、焊接）、模具拼装、混凝土拌合、混凝土浇筑、密实成型（振动密实、离心脱水、真空脱水、压制密实等）、饰面材料铺设、养护工艺（常温养护、加热养护）等。

问 30：预制场地如何选择？

预制场地可分为施工现场预制场地及工厂化预制场地，应根据预制构件的类型、成型工艺、数量、现场条件等因素进行选择（表 2-11）。

施工现场预制场地与工厂预制场地的适用性及选择依据　　　　　　　　　表 2-11

场地分类 影响因素	施工现场预制	工厂化预制
构件类型	特殊类型的构件、工厂无法规模化生产、运距较远	相对标准构件、能批量生产、适合流水线作业的构件
成型工艺	一般成型工艺较为简单	工艺复杂、设备投入大，如高速离心成型、挤压成型、高压高温养护等
产品数量	产品数量不多，品种较多	产品需求量大，品种单一
生产条件	有在一定期限内可利用的土地，水、电配置到位，预制相关设备、设施合理，还需综合考虑经济、环境等因素	有相对固定的建厂条件、市场条件、完善的配套设备及水电配置

1. 施工现场预制

施工现场预制构件加工区域的选择一般在工地最后开发区域或在工地附近区域，根据需要加工产品的数量、品种、成型工艺、场地条件等来确定加工规模，由加工规模可以计算出设备能力（搅拌机、行车起吊能力数量、混凝土搬运能力等），原材料堆场、加工场地及堆放场地面积，在综合考虑配套设备、道路、办公等因素后可基本得出所需的场地面积。

2. 工厂化预制

工厂化预制采用了较先进的生产工艺，工厂机械化程度较高，从而使生产效率大大提高，产品成本大幅降低。当然，在工厂建设中要考虑工厂的生产规模、产品纲领和厂址选择等因素。

生产规模即工厂的生产能力，是指工厂每年可生产出的符合国家规定质量标准的制品数量（如立方米、延米、块等）。

产品纲领是指产品的品种、规格及数量。产品纲领主要取决于地区基本建设对各种制品的实际需要。在确定产品的纲领时，必须充分考虑对建厂地区原材料资源的合理利用，特别是工业废料的综合利用。

在确定厂址时，必须妥善处理下述关系：

（1）为了降低产品的运输费用，厂址宜靠近主要用户，缩小供应半径；

（2）为了降低原料的运费，厂址又宜靠近原材料产地；

（3）从降低产品加工费的目的出发，又以组织集中大型生产企业为宜，以便采用先进生产技术及降低附加费用，但这又必然使供应半径扩大，产品运输费用增加。

正确处理以上关系，即可有效降低产品成本和工程造价。

问 31：预制场地应遵循哪些原则？

场地布置一般遵循总平面设计和车间工艺布置两大原则。

1. 总平面设计原则

总平面设计的任务是根据工厂的生产规模、组成和厂址的具体条件，对厂区平面的总体布置，同时确定运输线路、地面及地下管道的相对位置，使整个厂区形成一个有机的整体，从而为工厂创造良好的生产和管理条件。总平面设计的原始资料包括以下几点：

（1）工厂的组成。

（2）各车间的性质及大小。

（3）各车间之间的生产联系。

（4）建厂地区的地形、地质、水文及气象条件。

（5）建厂区域内可能与本厂有联系的现有的及设计中的住宅区、工业企业，运输、动力、卫生、环境及其他线路网以及构筑物的资料。

（6）厂区货流和人流的大小和方向。

2. 车间工艺布置

车间工艺布置是根据已确定的工艺流程和工艺设备选型的资料，结合建筑、给水排水、采暖通风、电气和自动控制并考虑到运输等的要求，通过设计图将生产设备在厂房内进行合理布置。通过车间工艺布置对辅助设备和运输设备的某些参数（如容积、角度、长度等）、工业管道、生产场地的面积最终予以确定。

工艺布置时，应注意以下原则：

（1）保证车间工艺顺畅。力求避免原料和半成品的流水线交叉现象。缩短原料和半成品的运距，使车间布置紧凑。

（2）保证各设备有足够的操作和检修场地以及车间的通道面积。

（3）应考虑有足够容量的原料、半成品、成品的料仓或堆场，与相邻工序的设备之间有良好的运输联系。

（4）根据相应的安全技术和劳动保护要求（如防噪声、防尘、防潮、防蚀、防振等），对车间内的某些设备或机组，机房进行间隔。

（5）车间柱网、层高符合建筑模数制的要求。在进行车间工艺布置时，必须注意到两个方面的关系：一是主要工序与其他工序间的关系；二是主导设备与辅助设备和运输设备间的关系。设计时可根据已确认的工艺流程，按主导设备布置方法对各部分进行布置，然后以主要工序为中心将其他部分进行合理的搭接。在车间工艺布置图中，各设备一般均按示意图形式绘出，并标明工序间、设备间以及设备与车间建筑结构之间的关系尺寸。

问 32：预制构件有哪些生产方式？

生产方式一般分为手工作业和流水线作业。手工作业方式随意性较大，无固定生产模式，无法适应预制构件标准化和高质量要求的生产需要。因此预制构件一般采用流水线生产方式，流水线方式又可分为固定台座法、长线台座法和机组流水线法。

1. 固定台座法

固定台座法的特征是加工对象位置相对固定而操作人员按不同工种依次在各工位上操作。特点是产品适应性强，加工工艺灵活，但效率较低。

2. 长线台座法

长线台座法的特征是台座较长，一般超过 100m，操作人员和设备沿台座一起移动成型产品。特点是产品简单、规格一致、效率较高。

3. 机组流水线法

机组流水线法的特征和优势在于：模具在生产线上循环流动，而不是机器和工人在生产线中循环，能够在快速有效地生产简单产品的同时，制造耗时而更复杂的产品，而不同产品的生产工序之间互不影响。

机组流水线法生产不同预制构件产品所需要的时间（即节拍）是不同的，按节拍时间可分为固定节拍（例如轨枕、管桩生产流水线等）和柔性节拍（例如预制构件等）。固定节拍特点是效率高、产品质量可靠，适应产品单一、标准化程度高的产品。柔性节拍特点是流水相对灵活，对产品的适应性较强。

因此机组流水线法能够为同步灵活地生产不同产品提供了可能性，令生产操作控制更为简单。若要满足装配式混凝土建筑产业的发展需求，无论从生产效率还是质量管理角度考虑，机组流水线法无疑是一种较为合理的生产方式。

机组流水线的主要组成部分有浇注车、养护窑、平台、布料机、布线系统、输送车，在循环流水线上，模具通过移动装置在水平和垂直两个方向循环，其生产流程大致如下：

（1）上一轮循环下来拆模后未被清理的平台沿轨道被运至清洁工位，平台清扫机清洁后的平台通过自动喷涂装置，使其表面均匀涂刷一层隔离膜，同时清理出的混凝土残留物被收集存放在一个废弃混凝土池中。

（2）经过清洁和涂膜的模具被输送到模具拼装工位，在拼装工位上，模具的位置由激光反射到平台表面，激光定位系统令模具拼装更加快速和准确，而且构件数据可以直接从生产任务端系统传输至生产线。

（3）当模具拼装完毕，以及钢筋骨架、预埋件、门窗、保温材料及电气线路管道等布置完毕后，模具通过传输系统移动到混凝土浇捣工位。

（4）混凝土拌合物由搅拌站集中拌制后，通过混凝土输料罐输送到布料机，装有混凝土的布料机移动到浇筑工位完成混凝土浇筑。

（5）通过振动密实、抹平等工序后，经传输系统运送至静停养护区域，静养完成后由传输系统将待养护构件抬起，并推入养护窑内对应的养护工位上进行养护。

（6）养护结束后，起重设备将平台从养护窑中取出并转移到地面，通过传输系统运送到拆模工位，平台被液压系统倾斜竖起，起吊混凝土构件，拆除模具，拆下的模具送至清洁工位。至此整个生产循环已经完成。

（7）由于不同的预制构件其表观质量的要求不尽相同，拆模后的构件经起吊设备转移到精加工区域进行表面清洗、贴密封条、修补瑕疵等修整工作。

（8）精加工修整完成后，构件由运输车运至存储区起重机下，起重机将构件运送至库存管理系统指定的存放位置。

问 33：构件生产工艺流程包含哪些内容？

构件生产工艺流程包括：生产前准备、模具制作和拼装、钢筋加工及绑扎、饰面材料加工及铺贴、混凝土材料检验及拌合、钢筋骨架入模、预埋件门窗保温材料固定、混凝土浇捣与养护、脱模与起吊及质量检查等，详见图 2-33。

问 34：对混凝土材料有哪些要求？

混凝土是以胶凝材料（水泥、粉煤灰、矿粉等）、骨料（石子、砂子）、水、外加剂（减水剂、引气剂、缓凝剂等），按适当比例配合，经过均匀拌制、密实成形及养护硬化而成的人工石材。各原料的主要性能指标及参照标准详见表 2-12。

混凝土原材料要求 表 2-12

原料种类		参照标准	特殊要求
胶凝材料	水泥	《通用硅酸盐水泥》GB 175—2007	强度等级不低于 42.5MPa
	粉煤灰	《粉煤灰混凝土应用技术规程》DG/TJ 08—230—2006	Ⅱ级或以上 F 类
	矿粉	《用于水泥和混凝土中的粒化高炉矿渣粉》GB/T 18046—2008 《混凝土、砂浆用粒化高炉矿渣微粉》DB31/T 35—1998	S95 及以上
骨料	粗骨料（石）	《建设用卵石、碎石》GB/T 14685—2011 《普通混凝土用砂、石质量及检验方法标准》JGJ 52—2006	公称粒径为 5～20mm 的碎石，满足连续级配要求，针片状物质含量小于 10%，孔隙率小于 47%，含泥量小于 0.5%
	细骨料（砂）	《建设用砂》GB/T 14684—2011 《普通混凝土用砂、石质量及检验方法标准》JGJ 52—2006	Ⅱ区中砂，细度模数为 2.6～2.9，含泥量小于 1%；不得使用海砂和特细砂
	轻骨料	《轻集料及其试验方法 第 1 部分：轻集料》GB 17431.1—2010 《轻集料及其试验方法 第 2 部分：轻集料试验方法》GB 17431.2—2010	最大粒径不宜大于 20.0mm；细度模数宜在 2.3～4.0 范围内

续表

原料种类	参照标准	特殊要求
减水剂	《混凝土外加剂》GB 8076—2008 《混凝土外加剂应用技术规范》GB 50119—2013	严禁使用氯盐类外加剂
水	《混凝土用水标准》JGJ 63—2006	未经处理的海水严禁用于钢筋混凝土和预应力混凝土

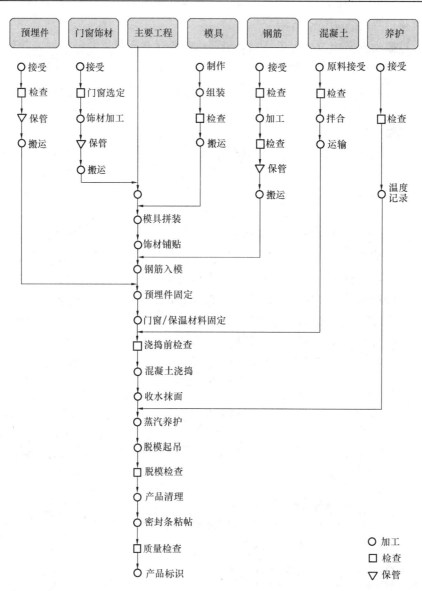

图 2-33　构件生产工艺流程

问 35：如何进行混凝土搅拌？

采用混凝土搅拌站制作混凝土是提高施工效率，解决城区扬尘污染和施工场地狭小等问题的有效途径。预制构件制作采用预拌混凝土是建筑工业化发展的方向，全国各省市均已规定在一定的范围内必须采用预拌混凝土，不得在现场拌制。近年来随着绿色建材生产的不断推进，绿色环保型搅拌站正逐步取代传统开放式搅拌站。

搅拌站控制系统可远程控制主机的下料、搅拌、卸料、清洗等一系列动作。其中预制构件生产企业的搅拌站主机多采用强制式搅拌机，利用剪切搅拌机理进行设计，通常筒体固定，叶片绕立轴或卧轴旋转，旋转叶片使物料剧烈翻动，对物料施加剪切、挤压、翻滚和抛出等的组合作用进行拌合。也有通过底盘进行同向或反向旋转的交替往复的运动，使拌合物料交叉流动，混凝土搅拌得更为均匀。

1. 混凝土的搅拌制度

为了获得质量优良的混凝土拌合物，除了选择适合的搅拌机外，还必须制定合理的搅拌制度，包括搅拌时间、投料顺序和进料容量等。

（1）搅拌时间

在生产中应根据混凝土拌合料要求的均匀性、混凝土强度增长的效果及生产效率几种因素，规定合适的搅拌时间。搅拌时间过短，混凝土拌合不均匀，强度以及和易性下降；搅拌时间过长，不但降低生产效率，而且会造成混凝土工作性损失严重，导致振捣难度加大，影响混凝土的密实度。

（2）投料顺序

投料顺序应从提高搅拌质量，减少叶片和衬板的磨损，减少拌合物与搅拌筒的粘结，减少水泥飞扬和改善工作环境等方面综合考虑确定。通常的投料顺序为：石子、水泥、粉煤灰、矿粉、砂、水、外加剂。

（3）进料容量

进料容量是将搅拌前各种材料的体积积累起来的容量，又称干料容量。进料容量为出料容量的 1.4～1.8 倍（一般取 1.5 倍），如任意超载（进料容量超过 10%），就会使材料在搅拌筒内无充分的空间进行拌合，影响混凝土拌合物的均匀性。反之，如装料过少，则又不能充分发挥搅拌机的效能，甚至出现搅拌不到位导致粉料粘壁和结团现象。

2. 混凝土搅拌操作要点

（1）搅拌混凝土前，应往搅拌机内加水空转数分钟，再将积水排净，使搅拌筒充分润湿。

（2）拌好后的混凝土要做到基本卸空。在全部混凝土卸出之前不得再投入拌合料，更不得采取边出料边进料的方法。

（3）严格控制水灰比和坍落度，未经试验人员同意不得随意加减用水量。

（4）在每次用搅拌机拌合第一罐混凝土前，应先开动搅拌机空车运转，运转正常后，再加料搅拌。拌第一罐混凝土时，宜按配合比多加入质量分数为 10% 的水泥、水、细骨料的用料；或减少 10% 的粗骨料用量，使富余的砂浆布满鼓筒内壁及搅拌叶片，防止第一罐混凝土拌合物中的砂浆偏少。

（5）在每次用搅拌机开始搅拌的时候，应注意观察、检测开拌的前二、三罐混凝土拌合物的和易性。如不符合要求时，应立即分析原因并处理，直至拌合物的和易性符合要求，方可持续生产。

（6）当按新的配合比进行拌制或原材料有变化时，应注意开盘鉴定与检测工作。

（7）应注意核对外加剂筒仓及对应的外加剂品名、生产厂名、牌号等。

（8）雨期施工期间，要检测粗细骨料的含水量，随时调整用水量和粗细骨料的用量。

在夏季施工时，砂石材料尽可能加以遮盖，避免使用前受烈日暴晒，必要时可采用冷水淋洒，使其蒸发散热。冬期施工要防止砂石材料表面冻结，并应清除冰块。

问 36：混凝土拌合物应符合哪些质量要求？

拌制的混凝土拌合物的均匀性按要求进行检查。在检查混凝土均匀性时，应在搅拌机卸料过程中，从卸料流出的 1/4～3/4 之间部位采取试样。检测结果应符合下列规定：

（1）混凝土中砂浆密度，两次测值的相对误差不应大于 0.8%。

（2）单位体积混凝土中粗骨料含量，两次测量的相对误差不应大于 5%。

（3）混凝土搅拌时间应符合设计要求。对混凝土的搅拌时间，每一工作班至少应抽查 2 次。

（4）坍落度检测，通常用坍落度筒法检测，适用于粗骨料粒径不大于 40mm 的混凝土。坍落度筒为薄金属板制成，上口直径 100mm，下口直径 200mm，高度 300mm。底板为放于水平的工作台上的不吸水的金属平板。在检测坍落度时，还应观察混凝土拌合物的黏聚性和保水性，全面评定拌合物的和易性。

（5）其他性能指标如含气量、容重、氯离子含量、混凝土内部温度等也应符合现行相关标准要求。

问 37：钢筋加工分哪些方法，注意事项分别是什么？

1. 配料

钢筋配料是根据构件配筋图，先绘出各种形状和规格的单根钢筋简图并加以编号，然后分别计算钢筋下料长度和根数，填写配料单，申请加工。

（1）钢筋下料长度计算

钢筋因弯曲或弯钩会使其长度变化，在配料中不能直接根据图样的尺寸下料；必须了解对混凝土保护层、钢筋弯曲、弯钩等规定，再根据计算后的尺寸下料。

（2）钢筋配料单与钢筋料牌

钢筋配料单是根据施工图中钢筋的品种、规格及外形尺寸、数量进行编号，计算下料长度。钢筋配料单是钢筋加工的依据，是提出材料计划、签发任务单和限额领料单的依据。合理的配料，不但能节约钢材，还能使施工操作简化。

钢筋配料单编制方式是：按钢筋的编号、形状和规格计算下料长度并根据根数算出每一编号钢材的总长度，然后再汇总各种规格的总长度，算出其质量。当需要的成形钢筋很长，尚需配有接头时，应根据原材料供应情况和接头形式要求，来考虑钢筋接头的布置，其下料计算要加上接头要求长度。

在钢筋施工过程中仅有钢筋配料单还不能作为钢筋加工与绑扎的依据，还要将每一编号的钢筋制作一块料牌。料牌是随着加工工艺流转，最后系在加工好的钢筋上作为标志，因此料牌和钢筋配料单必须严格校核，要准确无误，以免返工，造成浪费。

（3）配料计算的注意事项

在设计图样中，钢筋配置的细节问题没有注明时，一般可按构造要求处理；配料计算时，要考虑钢筋的形状和尺寸在满足设计要求的前提下，要有利于加工安装；配料时还要考虑施工需要的附加钢筋。例如，后张预应力构件预留孔道定位用的钢筋井字架，基础双层钢筋网中保证上层钢筋网位置用的钢筋撑脚，墙板双层钢筋网中固定钢筋间距用的钢筋撑铁，柱钢筋骨架增加四面斜筋撑等。

2. 切断

钢筋经过除锈、调直后，可按钢筋的下料长度进行切断。钢筋的切断应保证钢筋的规格、尺寸和形状符合设计要求，钢筋切断要合理并应尽量减少钢筋的损耗。钢筋的切断方法分为人工切断和机械切断两种。无论采用什么方法，都必须做好切断前的准备工作：

（1）根据钢筋配料单，复核料牌上所标注的钢筋直径、尺寸、根数是否正确，将同规格的钢筋分别统计数量。

（2）根据库存的钢筋情况做好下料方案，按不同长度进行长短搭配，以先断长料，后断短料，尽量减少短头为原则。

（3）检查测量长度所用的工具应准确无误；在工作台上有量尺刻度线的，应事先检查定尺挡板的牢固和可靠性。

（4）调试好切断设备，应先试切 1～2 根，以检查切断长度的准确性，待设备运转正常以后，再成批投入切断生产。

切断工艺的注意事项有：

（1）将同规格钢筋根据长度长短搭配，统筹排料：一般应先断长料，后断短料，减少短头，减少损耗。

（2）断料时应避免用短尺量长料，防止在量料中产生累计误差。为此，宜在工作台上标出尺寸刻度线并设置控制断料尺寸用的挡板。

（3）钢筋切断机的刀片应由工具钢热处理制成。安装刀片时，螺栓要紧固；刀口要密合（间隙不大于 0.5mm）；固定刀片与冲切刀片刀口的距离：对直径小于等于 20mm 的钢筋宜重叠 1～2mm，对直径大于 20mm 的钢筋宜留 5mm 左右的间距。

（4）在切断过程中，如发现钢筋有劈裂、缩头或严重的弯头等必须切除；如发现钢筋的硬度与该钢种有较大的出入时，应建议做进一步的检查。钢筋的断口不得有马蹄形或起弯等现象。

3. 弯曲

弯曲成形工序是将已经调直、切断、配制好的钢筋按照配料表中的简图和尺寸，加工成规定的形状。其加工顺序是：先画线，再试弯，最后弯曲成形。弯曲方式可分为机械半自动弯曲和全自动弯箍机两种，后者无论从加工效率和精度方面均大幅优于前者。

（1）机械弯曲

开机操作前应对机械各部件进行检查，合乎要求后试运转，确认正常后才能开机作业；每次操作前应经过试弯，以确定弯曲点线与心轴的尺寸关系；弯曲机工作盘的转速、弯曲钢筋直径及每次弯曲根数应符合使用弯曲机的技术性能规定。

弯曲机应设专人负责，并严禁在运转过程中更换心轴、成形轴、挡铁轴，加润滑油或保养。弯曲机应设接地装置，电源不能直接接在倒顺开关上，要另设电器闸刀控制。倒顺开关必须按照指示牌上"正转—停—反转"扳动，不准直接扳动"正转—反转"，而不在"停"位停留，更不允许频繁地更换工作盘的旋转方向。

（2）数控弯箍机

数控弯箍机采用计算机数字控制，自动快速完成钢筋调直、定尺、弯箍、切断。该机效率极高，可替代多名钢筋工人，能够连续生产任何形状的产品，而不需要机械上的调整；在修正弯曲角度时也不需要中断加工。因此相对人工机械弯曲而言效率更高，加工质量更好。

问 38：钢筋连接方法有哪些？

钢筋接头连接方法有人工焊接、绑扎、点焊网片等连接方式。绑扎连接由于需要较长的搭接长度，浪费钢筋且连接不可靠，故宜限制使用；人工焊接效率较低，优点在于灵活方便，可作为自动化焊接的辅助；钢筋网片的焊接点由编程控制，可有效保证焊接的数量与质量。

1. 焊接

钢筋焊接是指通过钢筋端面的承压作用，将一根钢筋中的力传至另一根钢筋的连接方法。

钢筋焊接方法常用的有闪光对焊、电阻电焊、电弧焊、电渣压力焊、气压焊和埋弧压力焊。钢筋的焊接质量与钢材的可焊性、焊接工艺有关。可焊性与含碳、合金元素的数量有关，含碳量、含锰量增加，则可焊性差；含适量的钛，可改善可焊性。焊接工艺也影响焊接质量，即使可焊性差的钢材，若焊接工艺合宜，亦可获得良好的焊接质量。

钢筋焊接施工之前，应清除钢筋或钢板焊接部位与电极接触的钢筋表面上的锈斑、油污、杂物等；钢筋端部若有弯折、扭曲时，应予以矫直或切除。焊机应经常维护保养和定期检修，确保正常使用。在工程开工或每批钢筋正式焊接前，应进行现场条件下的焊接性能试验。只有合格后，方可正式生产。

2. 绑扎

（1）绑扎前的准备

1）熟悉施工图，特别是结构布置图及配筋图。

2）确定分部、分项工程的绑扎进度和顺序，以便填写钢筋用料表。钢筋用料表作为提取先后安装的钢筋依据，记上某分部分项工程所需钢筋编号和根数。

（2）绑扎扣样

1）一面顺扣：用于平面扣量很多，不易移动的构件，如底板、墙壁等。

2）十字花扣和反十字花扣：用于要求比较结实的地方。

3）兜扣：可用于平面，也可用于直筋与钢筋弯曲处的连接，如梁的箍筋转角处与纵向钢筋的连接。

4）缠扣：为防止钢筋滑动或脱落，可在扎结时加缠，缠绕方向根据钢筋可能移动的情况确定，缠绕一次或两次均可。缠扣可结合十字花扣、反十字花扣、兜扣等实现。

5）套扣：为了利用废料，绑扎用的铁丝也可用钢丝绳破股钢丝代替，这种钢丝较粗，可预先弯折，绑扎时往钢筋交叉点插套即可，操作甚为方便，这就是套扣。

钢筋绑扎扣样见表 2-13。

钢筋绑扎扣样图示   表 2-13

名称	图示
一面扣顺	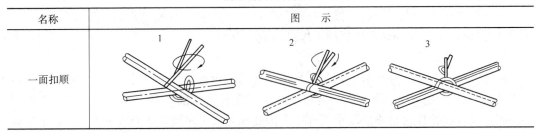

名称	图　　示
十字花扣	
反十字花扣	
兜扣	
套扣	
缠扣	
兜扣加缠	

（3）钢筋绑扎操作要点

钢筋的交叉点都应扎牢。除设计有特殊要求之外，箍筋应与受力钢筋保持垂直；箍筋弯钩叠合处，应沿受力钢筋方向错开放置，箍筋弯钩应放在受压区。

绑扎方柱形预制构件的钢筋时，角部钢筋的弯钩应与模板成45°角；多边形柱为模板内角的平分角；圆形柱应与模板切线垂直。

对于薄板预制构件，应事先核算好弯钩立起后会不会超出板厚，如超出，则将钩斜放，甚至放倒。绑扎基础底面钢筋网时，要防止钢筋弯钩平放，应预先使弯钩朝上；如钢筋带有弯起直段的，绑扎前应将直段立起来，并用细钢筋连上，防止直段斜倒。

绑扎曲线状钢筋时，应事先检查成形尺寸的准确性，尤其要注意在搬移过程中是否因抬动碰撞而有变形现象。一般情况下，曲线钢筋的形状依靠符合箍筋尺寸和间距的方法控制；数量较多的情况下，应采取特别的模架或样板作为工具胎进行绑扎。

单根钢筋的接头绑扎：钢厂生产的钢筋，直径在 12mm 以下时为盘圆钢筋，而直径在 14mm 以上时，一般为 9~12m 长的直条钢筋。因此，在长度上往往不能满足实际使用的要求，这就是需要把它接起来使用。钢筋接头除了焊接接头以外，当受到条件限制时，也可采用绑扎接头。

3. 钢筋网片

采用钢筋焊接网片的形式有利于节省材料、方便施工、提高工程质量。随着建筑工业化的推进，应鼓励推广混凝土构件中配筋采用钢筋专业化加工配送的方式。全自动点焊网片生产线，可以完成钢筋调直、切断、焊接和收集等全系列工作，仅需要 1 名操作人员，可以实现全自动生产。

其工作流程如下：

（1）将钢铁厂生产的盘条钢筋进行除磷及重新收卷成排列规则及无断头的盘条，然后分别放置到纵筋及横筋储料架上。

（2）纵筋及横筋经过调直及切断成所需的尺寸，然后自动焊接出来相应的网片。

（3）网片焊接完成后可以自动收集。

问 39：如何进行模具拼装？

图 2-34 为模具拼装工艺流程。

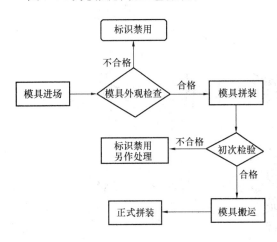

图 2-34　模具拼装工艺流程图

模具系统一般由模板、支撑和紧固件三部分组成。模板的作用主要是保证混凝土按设计的几何形状、尺寸成型；支撑和紧固件的作用主要是承受模板、钢筋、新浇混凝土的质量，运输工具和施工人员的荷载，以及新浇混凝土对模板的压力和机械的振动力，保证模板的位置正确，防止变形、位移和胀模。

预制构件一般多采用钢模和木模两种，其中以钢模为主木模为辅。一般而言，预制构件模板尺寸较大且重，需借助起吊设备放置到特定位置后再由人工拼装完成。而且尺寸固定无法完全适应模数化构件（即以某固定尺寸为单位，如 500mm，构件尺寸可按此单位在一定范围内增减）的生产需要。

随着构件工艺的不断成熟，可调尺寸的组合模具具有更广阔的前景，拼装效率更为高效，通过变换不同模数长度的中段模板，实现一定范围内的尺寸可调，从而满足不同构件的需求。

组合模具激光定位系统可在生产任务端进行数据输出，在模板底座上以激光方式进行精确定位，使模板拼装工作更为高效和精准。

问 40：如何进行饰面材料的铺贴？

饰面材料的反打工艺是将加工好的饰面材料铺设到模具中，再浇筑混凝土使两者紧密结合。模具拼装后的第一步工序即为饰面材料的铺贴。

1. 石材的铺贴

石材的铺贴包括背面处理、铺设及缝隙处理三道工序。

（1）背面处理

1）背面处理剂的涂刷：石材背面上，均匀的涂刷背面处理剂，防止泛碱，如图 2-35 所示。

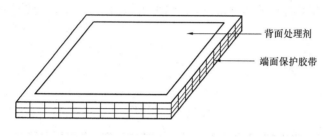

图 2-35　石材背面处理剂

2）石材侧面部位的保护：侧面及背面不应涂刷背面处理剂的部位，应贴胶带进行保护。

3）防止石材脱落，需用卡钩固定，如图 2-36 所示，通常每平方米石材不应少于 6 个卡钩。卡钩就位后用背面处理剂填充安装孔。根据石材厂家制作的分割图及固定件平面布置图确定卡钩的使用部位、数量、方向。无法安装卡钩的石材作为不良石材，应重新开孔并进行修补，缝隙末端部位根据卡钩和卡钉的分布图来处理。

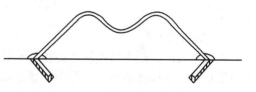

图 2-36　卡钩与石材连接

4）石材的堆放与搬运：待石材背面处理剂干燥后方可移动，全部竖向堆放。

（2）铺设

石材的铺设示意图见图 2-37。

铺设流程如下：

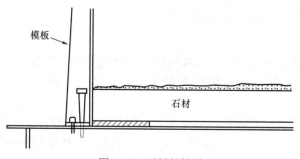

图 2-37　石材的铺设

1）石材的布置：石材根据石材分割图，在指定的位置上确认石材产品编号和 PC 板名，再确认左右方位、固定用埋件的安装状态、石材背面处理状态后铺设。

2）定位：为确保指定的缝隙宽度，石材间的缝隙应嵌入硬质橡胶进行定位。为了避免石材表面出现段差，底模上所垫的橡胶片要使用统一的厚度。

3）防漏胶：缝隙内应嵌入两层泡沫条。

4）防止移动：为防止立面部位石材的移动，在拼角处用石材粘结剂粘结。立面部位的石材上部用卡钩或不锈钢棒和不锈钢丝等固定。

5）防止污染：与模板接触部分的石材侧面上，为了防止脱模剂、混凝土等沾污，应贴保护胶带。

6）石材背面间缝隙部位的处理：为增加背面缝隙打胶部位的粘结性，需将石材表面污迹、垃圾清理干净，背面缝隙需用密封胶填充，防止混凝土浆液等流到石材表面。

（3）缝隙施工

1）缝隙间嵌入的泡沫材料深度应一致。

2）填充胶是为了封住石材和石材的间隙而使用，打胶后用铁片压实，如图 2-38 所示。

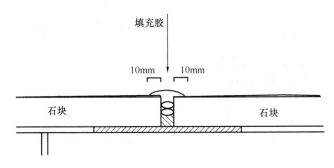

图 2-38　石材缝隙的处理

2. 瓷砖的铺设

入模铺设前，应先将单块面砖根据构件加工图的要求分块制成套件，即瓷砖套。其尺寸应根据构件饰面砖的大小、图案、颜色取一个或若干个单元组成，每块套件的尺寸不宜大于 300mm×600mm。

（1）根据面砖的分割图，在模板底面、侧立面弹墨线，弹线原则是：每两组面砖套件为一个单位格子。

（2）以弹的墨线为中心，在墨线两侧及模板侧面粘贴双面胶带。

（3）根据面砖分割图进行面砖铺设。

（4）面砖套件放置完成后，要检查面砖间的缝是否贯通，缝深度是否一致，面砖是否有损坏，有无缺角掉边等，然后用双面胶带粘贴在模板上。

（5）铺设完成后，用钢制铁棒沿接缝将嵌缝条压实。

3. 造型模饰面

随着住宅产业化的不断发展，装配式混凝土建筑对饰面的需求越来越高，造型模饰面预制构件逐渐得以应用。尤其在发达国家，造型模饰面建筑比比皆是，且多极具艺术气息。

造型模饰面的制作工序与石材铺贴和瓷砖铺贴是一样的，不同的是需在预制构件模具内侧放置定制加工的硅胶模具（或 3D 雕刻），随后浇筑混凝土，待混凝土硬化后揭掉饰面模具，则一幅幅生动的图案即刻呈现出来。

造型模饰面构件对饰面模具和混凝土的工作性要求极高，如混凝土拌合物应具有良好的填充性、较低的含气量、优异的黏聚性，不能有泌水；饰面模具的加工质量也会影响到最终饰面的外观。

问 41：钢筋骨架如何进行吊运？

钢筋网和钢筋骨架在整体装运、吊装就位时，必须防止操作过程中发生扭曲、弯折、歪斜等变形。起吊操作要平稳：钢筋骨架起吊挂钩点要预先根据骨架外形确定；对于重量较大、刚度较差的网和骨架，应采用临时加固（绑钢筋）或利用专用吊架的方法处理，也可采用兜底起吊、多点支垫和起吊的方法。

钢筋网与钢筋骨架的分段（块），应根据构件配筋特点及起重运输能力而定。为防止钢筋网与钢筋骨架在运输和安装过程中发生歪斜变形，应采取临时加固措施，图 2-39 是绑扎钢筋网的临时加固情况。

钢筋网与钢筋骨架的吊点应根据其尺寸、重量和刚度而定。宽度大于 1m 的水平钢筋网宜采用四点起吊；跨度小于 6m 的钢筋骨架宜采用二点起吊；跨度大、刚度差的钢筋骨架宜采用横吊梁（铁扁担）四点起吊。为了防止吊点处钢筋受力变形，可采取兜底吊或加短钢筋加固。

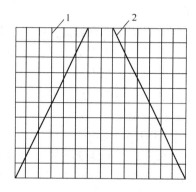

图 2-39　绑扎钢筋网的临时加固情况
1—钢筋网；2—加固筋

问 42：如何进行钢筋骨架入模？

（1）钢筋骨架入模应轻放，防止变形。

（2）从上部吊起钢筋骨架并用塑料（或混凝土）垫块来确保保护层厚度。为了防止遗漏，垫块数量和间距要最终确认。

钢筋混凝土保护层的处理：钢筋的混凝土保护层厚度应满足相关设计要求。混凝土保护层可用塑料或高强砂浆垫块加垫，垫块数量可视钢筋笼刚度来确定，一般垫块间距不大于 600mm，宜呈梅花形布置。竖向钢筋保护层可采用预埋铁丝的垫块绑在钢筋骨架外侧，也可采用飞轮垫片。

为保证预制构件混凝土浇筑面的钢筋保护层，而构件底部因饰面需要或保温材料无法承受钢筋骨架重量时，可用铁丝将钢筋骨架绑吊在模板附件上，或用钢筋架设侧模上用铁丝吊起钢筋骨架，浇捣完毕或混凝土稍硬后抽去铁丝及承托钢筋。

（3）加强筋：构件连接埋件、开口部位、特别要求配置加强筋的部位，应根据图纸要求配制加强筋，加强筋要有两处以上部位和钢筋骨架绑扎固定。

（4）绑扎丝：绑扎丝的末梢不应接触模板，应向内侧弯折。

问 43：如何进行混凝土浇筑和振捣？

1. 浇捣前检查

在浇筑混凝土之前，应检查和控制模板、钢筋、保护层和预埋件等的尺寸、规格、数量和位置，其偏差值应符合现行国家标准《混凝土结构工程施工质量验收规范》GB 50204—2015 的规定。此外，还应检查模板支撑的稳定性以及模板接缝的密合情况。模板和隐蔽工程项目应分别进行预检和隐蔽验收。符合要求时，方可进行浇筑。检查时应注意以下几点：

（1）模板的标高、位置与构件的截面尺寸是否与设计符合；构件的预留拱度是否正确。

（2）所安装的支架是否稳定，支柱的支撑和模板的固定是否可靠。

（3）模板的紧密程度是否符合要求。

（4）钢筋与预埋件的规格、数量、安装位置及构件接点连接焊缝，是否符合设计要求。

（5）纵向受力钢筋的混凝土保护层最小厚度符合要求。

此外还需落实以下事项：①模板内的垃圾和钢筋上的油污、脱落的铁皮等杂物应清除干净；②金属模板中的缝隙和孔洞也应予以封闭；③检查安全设施、劳动力配备是否妥当，能否满足浇捣速度的要求。

2. 混凝土布料

预制构件的混凝土布料方式一般包括手工布料、人工料斗布料和流水线自动布料几种。混凝土拌合料未入模板前是松散体，粗骨料质量较大，在布料时容易向前抛离，引起离析，将导致混凝土外表面出现蜂窝、露筋等缺陷；内部出现内、外分层现象，造成混凝土强度降低，产生质量隐患。为此，在操作上应避免斜向抛送，勿高距离散落。因此混凝土布料工艺也在很大程度上影响了构件的最终质量和生产效率。

（1）手工布料

手工布料是混凝土工最基本的技能。在预制构件浇筑过程中，机器无法布料的特殊位置，多采用手工布料的方式。因拌合物是各种粗细不一、软硬不同的几种材料组合而成，其投放应有一定的规律。如贪图方便，在正铲取料后也用正铲投料，则因石子质量大，先行抛出，而且抛的距离较远，而砂浆则滞后，且有部分粘附在工具上，造成人为的离析。如图 2-40 所示，注意手柄上的操作方向，直投是错误的，正确的方式是旋转后再投料。

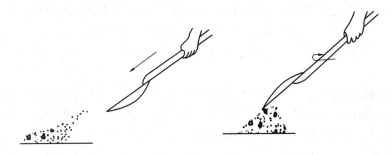

图 2-40　手工布料示意

（2）人工料斗布料

一般预制混凝土工厂料斗采用吊车方式，混凝土经运输车运送到目的地后，将料斗水平放置在地面，卸入混凝土后，再由吊车吊运至布料位置，人工开启底部阀门，混凝土即可借助自重落下。料斗布料时，需同时配备振动工，分层布料，均匀振动，确保布料的均匀与密实。

该方法优点在于方便灵活，对生产线需求不高，相对于手工布料效率更高，但是与自动布料机相比效率较低。

（3）自动布料机布料

随着预制构件生产量的提高，人工布料效率低下限制了生产效率，机械化布料可以扩大混凝土浇筑范围，提高施工机械化水平，对提高施工效率，减轻劳动强度，发挥了重要作用。

3. 混凝土振捣

混凝土拌合物布料之后，通常不能全部流平，内部有空气，不密实。混凝土的强度、抗冻性、抗渗性、耐久性等都与密实度有关。振捣是在混凝土初凝阶段，使用各种方法和工具进行振捣，并在其初凝前捣实完毕，使之内部密实，外部按模板形状充满模板，达到饱满密实的要求。

当前混凝土拌合物密实成形的途径主要是借助于机械外力（如机械振动）来克服拌合物的剪应力而使之液化。原理是利用偏心轴或偏心块的高速旋转，使振动器因离心力的作用而振动，水泥浆的凝胶结构受到破坏，从而降低了水泥浆的黏结力和骨料之间的摩擦力，使之能很好地填满模板内部，并获得较高的密实度。

机械振动主要包括以下四种振动器：内部振动器（振动棒）、外部振动器（附着式）、表面振动器（平面振动器）、平台振动器（振动台），如图 2-41 所示。

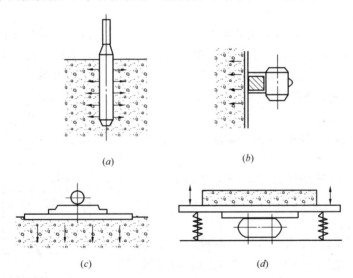

图 2-41 四种振动器图示

（a）内部振动器（振动棒）；（b）外部振动器（附着式）；（c）表面振动器
（平面式）；（d）平台振动器（振动台）

（1）内部振动器（振动棒）

1）构造及工作原理：

插入式振动器又称内部振动器，是插入混凝土内部起振动作用的，是工地用得最多的一种。该种振动器只用 1 人操作，且有振动密实、效率高、结构简单、使用维修方便等优点，但劳动强度大，主要用于梁、柱、墙、厚板和大体积混凝土等结构和构件的振捣。当钢筋十分稠密或结构厚度很薄时，其使用会受到一定的限制。其工作部分是一棒状空心圆柱体，内部装有偏心振子，在电动机带动下高速转动而产生高频微幅的振动。内部振动器分为软轴式、便携式和直联式等，一般采用软轴式振动器居多。

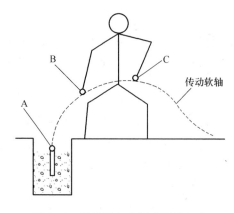

图 2-42 操作插入式振动器的方式

2）操作方法：

① 正确使用软轴式振动器的方式如图 2-42 所示，前手 B（一般为右手）紧握软轴，距振动棒 A 点的距离不宜大于 500mm，用以控制振点。后手 C（一般为左手），距离前手 B 约 400mm，扶顺软轴。软轴的弯曲半径应不大于 500mm，亦不应有两个弯。

② 软轴式振动器在操作时宜先行启动，但直联式振动器则先插入后启动。

③ 操作直联式振动器时，因重量较大，宜双手同时掌握手把，同时就近操纵电源开关。

④ 插入时应对准工作点，勿在混凝土表面停留。振动棒推进的速度按其自然沉入，不宜用力往内推。最后的插入深度应与浇筑层厚度相匹配。也不宜将振动棒全长插入，以免振动棒与软轴连接处被粗骨料卡伤。操作时，要"快插慢拔"。"快插"是为了防止先将混凝土表面振实，与下面混凝土产生分层离析现象；"慢拔"是为了使混凝土填满振动棒抽出时形成的空洞。

⑤ 混凝土分层浇筑，由于振动棒下部的振幅比上部大得多，因此在每一插点振捣时应将振动棒上下抽动 50～100mm，使振捣均匀。在振动上层新浇筑混凝土时，可将振动棒伸入仍处于初凝期内的下层混凝土中 20～50mm，使上下层结合密实。

⑥ 振动时，应上下抽动，抽动的幅度为 100～200mm。

⑦ 振捣器应避免碰撞钢筋、模板、芯管、吊环、预埋件。

⑧ 模板上方有横向拉杆或其他情况必须斜插振动时，可以斜插振动，但其水平角 α 不能小于 45°，如图 2-43 所示。

⑨ 插入式振动器插入的方向有两种，一种是垂直插入，一种是斜向插入。各有其特点，可根据具体情况采用，使用垂直振捣较多。振动器的作用轴线先后应相互平行；如不平行，可能出现漏振，如图 2-44 所示。

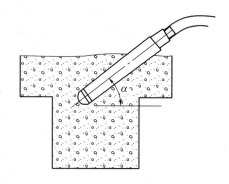

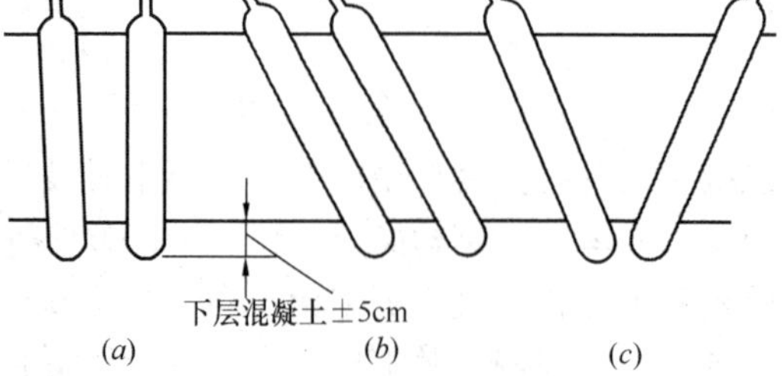

图 2-43 振动棒斜插振动时的限制

⑩ 插点的分布有行列式和交错式两种，如图 2-45 所示。各插点的间距要均匀，行列式排列，插点间距不大于 1.5R；对轻骨料混凝土，则不大于 1.0R。交错式排列，插点的距离不能大于 1.75R。R 为作用半径，取决于振动棒的性能和混凝土的坍落度，可在现场试验确定。

⑪ 混凝土振捣时间要掌握好，如振捣时间过短，混凝土不能充分振实，时间

下层混凝土±5cm

(a)   (b)   (c)

图 2-44 振动棒插入方式

(a) 直插法；(b) 斜插法；(c) 错误方法

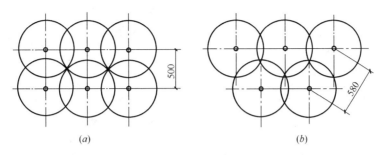

图 2-45　振动棒的振点排列
(a) 行列式；(b) 交错式

过长，有可能使振动棒附近的混凝土发生离析。一般每一插点振动时间 20～30s，从现象上来判断，以混凝土不再显著下沉，基本上不再出现气泡，混凝土表面呈水平并出现水泥浆为宜。

⑫ 拔出振动棒的过程宜缓慢，以保证插点外围混凝土能及时填充插点留下的空隙。

（2）外部振动器（附着式）

1）外部振动器的工作原理：

通过螺栓或夹钳等固定在模板外部，利用偏心块旋转时产生的振动力，通过模板将振动传给混凝土拌合物，因而模板应有足够的刚度。其振动效果与模板的重量、刚度、面积以及混凝土结构构件的厚度有关，若配置得当，振实效果好。外部振动器体积小，结构简单，操作方便，劳动强度低，但安装固定较为繁琐，适用于钢筋较密、厚度较小、不宜使用软轴式振动器的结构构件。

2）外部振动器的操作方法：

① 外部振动器的振动作用深度为 250mm 左右。如构件尺寸较厚时，需在构件两侧安设振动器，同时进行振捣。当振捣竖向浇筑的构件时，应分层浇筑混凝土。每层高度不宜超过 1m，每浇筑一层混凝土需振捣一次，振捣时间应不少于 90s，但也不宜过长。待混凝土入模后方可开动振动器，混凝土浇筑高度要高于振动器安装部位。当钢筋较密和构件断面较深较窄时，亦可采取边浇筑、边振动的方法。

② 振动时间和有效作用半径由结构形状、模板坚固程度、混凝土坍落度及振动器功率大小等各项因素而定。一般每隔 1～1.5m 距离设置一个振动器。当混凝土表面成水平面并不再出现气泡时，可停止振动。必要时应通过试验确定。

（3）表面振动器（平板振动器）

1）表面振动器的工作原理：

与附着式振动器构造原理相近。其主机为电动机，转子主轴两端带有偏心块。当通电主轴旋转时，即带动电动机产生振动，也就带动安装在电动机底下的底板振动。振动力通过平板传给混凝土，由于其振动作用较小，仅适用于面积大且平整、厚度小的结构或构件，如楼板、地面、屋面等薄型构件，不适用于钢筋稠密、厚度较大的结构构件。

2）表面振动器的操作方法及要点：

① 由两人面对面拉扶表面振动器，并顺着振动器运转的方向拖动。如逆向拖动，则费力且工效低。在每一位置上应连续振动一定时间，正常情况下为 25～40s，以混凝土表

面均匀出现浮浆为准。

② 移动表面振动器时，应按工程平面形状均匀成排依次平行移动，振捣前进。前后相邻两行应相互搭接 30～50mm，防止漏振。振动倾斜混凝土表面时，应由低处逐渐向高处移动，以保证混凝土振实。

③ 表面振动器的有效作用深度，在无筋及单筋平板中约为 200mm，在双筋平板中约为 120mm。平板振动器移动时，应同时观察混凝土是否达到密实的要求，达到后方可移动。

④ 操作时表面振动器不得碰撞模板，边角捣实较为困难，因此采用小口径软轴振动器补振，或用人工顺着模板边缘插捣，务求边角饱满密实，棱角顺宜。

（4）平台振动器（振动台）：

1）平台振动器的工作原理：

平台振动器（振动台）主要由台底架、振动器弹簧等部件组成，台面与底架均用钢板和型钢焊接而成，振动台是用电动机加一对相同的偏心轮组成。并通过一对吊架联轴器安装在台面（反面）中心位置，起着振实过程中平稳、垂直方向的作用。较为适合流水线作业。在使用过程中，可以通过调节振动电机激振力大小来使平台上物料实现理想的形式。

2）平台振动器的操作注意事项：

① 振动台使用前需试车，先开车空载 3～5min，停车拧紧全部紧固零件，反复 2～3 次，才能正式投入运转使用。

② 振动台在生产使用中，混凝土试件的试模必须牢固地紧固在工作台上，试模的放置必须与台面的中心线相对称，使负载平衡。

③ 振动电机应有良好的可靠的地线。

④ 振动台在生产过程中如发现噪声不正常，应立即停止使用，拔去电源全面检查紧固零件是否松动，必要时要检查振动电机内偏心块是否松动或零件损坏，拧紧松动零件，调换损坏零件。

⑤ 使用完毕后，关掉电源，将振动台面清洗干净。

4. 浇捣的一般要求

（1）新拌混凝土中水泥与水拌合后，发生水化反应有 4 个阶段：初始反应期、休止期、凝结期和硬化期。各阶段时间的长短，因水泥的品种而异。初始反应期约 30min，休止期约 120min，此段时间内混凝土具有弹性、塑性和黏性及流变性。随后，水泥粒子继续水化，约在拌合后 6～10h，为凝结期。以后为硬化期，一般水泥不迟于 10h。因此在浇筑混凝土时应控制混凝土从搅拌机到浇筑完毕的时间不宜超过表 2-14 规定。

混凝土运输、浇筑和间歇的适宜时间 表 2-14

混凝土强度等级	气温	
	≤25℃	>25℃
≤C30	60min	45min
>C30	45min	30min

（2）为保证混凝土的整体性，浇筑工作原则上要求一次完成。但对长柱、深梁或因钢筋或预埋件的影响、振捣工具的性能、混凝土内温度的原因等，必须分层浇筑时，应分

层、分段进行，浇筑层的厚度应符合表 2-15 的规定。浇筑次层混凝土时，捣固时应深入前层 20～50mm，应在前层混凝土出机未超过表 2-14 规定的时间内进行。

混凝土浇筑层的厚度 表 2-15

序号	捣实混凝土的方法		浇筑层厚度（mm）
1	插入式振捣器		振捣器作用部分的长度的 1.25 倍
2	表面振捣器		200
3	人工捣固	在基础、无筋混凝土或配筋系数的结构中	250
		在梁、墙板、柱结构中	200
		在配筋密列的结构中	150
4	轻骨料混凝土	插入式振捣	300
		表面振捣（振动时需加荷）	200

（3）混凝土浇筑要保证混凝土的均匀性和密实性，要保证结构的整体性、尺寸准确和钢筋、预埋件的位置正确，拆模后混凝土表面要平整、光洁。

（4）由于混凝土工程属于隐蔽工程，所以在预制构件混凝土浇筑前要认真检查核对所有钢筋、预埋件的品种和数量，并加以记录。

（5）混凝土捣实的观察：用肉眼观察振捣过的混凝土，具有下列情况者，便可认为已达到沉实饱满的要求：

1）模板内混凝土不再下沉。

2）表面基本形成水平面。

3）边角无空隙。

4）表面泛浆。

5）不再冒出气泡。

6）模板的拼缝处，在外部可见有水迹。

5. 浇捣的注意事项

（1）在浇筑工序中，应控制混凝土的均匀性和密实性。混凝土拌合物运至浇筑地点后，应立即浇筑入模。在浇筑过程中，如发现混凝土拌合物的均匀性和稠度发生较大的变化，应及时处理。

（2）浇筑混凝土时，应注意防止混凝土的分层离析。混凝土由料斗、漏斗、混凝土输送管、运输车内卸出进行浇筑时，如自由倾落高度过大，由于粗骨料在重力作用下，克服黏着力后的下落动能大，下落速度较砂浆快，因而可能形成混凝土离析。为此，混凝土浇筑自高处倾落的自由高度不应超过 2m，在竖向结构中限制自由倾落不宜超过 3m，否则应沿溜槽、溜管或振动溜管等下料。

（3）当浇筑混凝土时，应经常观察模板、支架、钢筋、预埋件和预留孔洞的情况，当发现有变形、移位时，应立即停止浇筑，并应在已浇筑的混凝土初凝前修整完好。

（4）混凝土在浇筑及静置过程中，应采取措施防止产生裂缝。由于混凝土的沉降及干缩产生的非结构性的表面裂缝，应在混凝土终凝前予以修整。

6. 预埋件部位浇捣方法

预埋件部位浇捣尤其重要，一旦出现缺陷则不可修复，轻则会影响使用功能，重则影响结构安全。浇捣时除满足上述介绍的一般要求和注意事项之外，以下是预埋件部位浇捣方法和注意事项：

（1）混凝土浇捣时严禁振动棒触碰埋件造成埋件移动跑位。

（2）平板埋件：混凝土浇筑至距预埋钢板底部约 30mm 时，可用混凝土将钢板底部填满，插捣密实，再继续浇筑外围混凝土。此时，应边布料边捣固，直至敲击钢板无空鼓声，说明钢板底已饱满，再将外围混凝土按设计标高面抹平。

（3）立面埋件：预埋在柱、梁侧面上的钢板埋件，其锚固筋应放在主筋的内部，不应放在混凝土保护层部位，以免锚固筋受力时，将保护层拉离，影响结构的安全。浇捣时振动棒应尽可能避开埋件锚固筋。

（4）埋置垂直管道的设计有两种，一是直接埋置永久性管道；二是先埋置外套管，以后再安装永久性管道。两者的混凝土浇捣操作方法是相同的。

问 44：混凝土构件养护有哪些方法？

混凝土浇捣后，之所以能逐渐凝结硬化，主要是因为水泥水化作用的结果，而水化作用则需要适当的温度和湿度条件。因此，为了保证混凝土有适宜的硬化条件，使其强度不断增长，必须对混凝土进行养护。混凝土养护的目的，一是创造条件使水泥充分水化，加速混凝土硬化；二是防止混凝土成形后因暴晒、风吹、干燥、寒冷等环境因素影响而出现不正常的收缩、裂缝等破损现象。

养护条件对于混凝土强度的增长有重要影响。在施工过程中，应根据原材料、配合比、浇筑部分和季节等具体情况，制定合理的施工技术方案，采取有效的养护措施，保证混凝土强度的正常增长。混凝土的养护方法分为以下几种：

1. 覆盖浇水养护

利用平均气温高于 5℃ 的自然条件，用适当的材料对混凝土表面加以覆盖并浇水，使混凝土在一定的时间内保持水泥水化作用所需要的适当的温度和湿度。

覆盖养护是最常用的保温保湿养护方法，主要措施是：

（1）应在初凝后开始覆盖养护，覆盖所用的覆盖物宜就地取材，在终凝后开始浇水。

（2）浇水方式可随混凝土龄期而变动，首日对覆盖物进行喷淋，保证混凝土表面的完整；次日即可改用胶管浇水。浇水次数应以保证混凝土表面保持湿润为度。混凝土的养护用水宜与拌制水相同。

（3）养护时间与构件类型、水泥品种和有无掺用外加剂有关，见表 2-16。

混凝土浇水养护时间表   表 2-16

分　类		浇水养护时间
拌制混凝土的水泥品种	硅酸盐水泥、普通硅酸盐水泥	不小于 17d
	火山灰硅酸盐水泥、粉煤灰硅酸盐水泥	不小于 14d
	矾土水泥	不小于 3d
抗渗混凝土、混凝土中掺缓凝型外加剂		不小于 14d

注：1. 如平均气温低于 5℃，不得浇水。

2. 采用其他品种水泥时，混凝土的养护应根据水泥技术性能确定。

2. 薄膜布养护

在有条件的情况下，可采用不透水气的薄膜布（如塑料薄膜布）养护。用薄膜布把混凝土表面敞露的部分全部严密地覆盖起来，保证混凝土在不失水的情况下得到充足的养护。这种养护方法的优点是不必浇水，操作方便，能重复使用，能提高混凝土的早期强度，加速模具的周转，但应该保持薄膜布内有凝结水。

3. 薄膜养生液养护

混凝土的表面不便浇水或使用塑料薄膜布养护时，可采用涂刷薄膜养生液，防止混凝土内部水分蒸发的方法养护。

薄膜养生液是将可成膜的溶液喷洒在混凝土表面上，溶液挥发后在混凝土表面凝结成一层薄膜，使混凝土表面与空气隔绝，封闭混凝土中的水分不再被蒸发，而完成水化作用。这种养护方法一般使用于表面积大的混凝土施工和缺水地区，但应注意薄膜的保护。

混凝土在养护过程中，如发现覆盖不好，浇水不足，以致表面泛白或出现干缩细小裂缝时，要立即仔细加水覆盖，加强养护工作，充分浇水，并延长浇水日期，加以补救。

4. 蒸汽养护

蒸汽养护是缩短养护时间的方法之一，一般宜用 50℃ 左右的温度蒸养。混凝土在较高湿度和温度条件下，可迅速达到要求的强度。施工现场由于条件限制，现浇预制构件一般可采用临时性地面或地下的养护坑，上盖养护罩或用简易的帆布、油布覆盖。

根据场地条件及预制工艺的不同，蒸汽养护可分为：平台养护窑、长线养护窑和立体养护窑等。其中长线养护窑多用于机组流水线生产组织方式，立体养护窑占地面积小，而且单位产品能耗较低。当气温条件合适，也可不蒸养。

蒸汽养护分四个阶段，它们分别为：

(1) 静停阶段：就是指混凝土浇捣完毕至升温前在室温下先放置一段时间。这主要是为了增强混凝土对升温阶段结构破坏作用的抵抗能力，一般需 2～6h。

(2) 升温阶段：就是混凝土原始温度上升到恒温阶段。温度急速上升会使混凝土表面因体积膨胀太快而产生裂缝，因而必须控制升温速度，一般为 10～25℃/h。

(3) 恒温阶段：是混凝土强度增长最快的阶段。恒温的温度应随水泥品种不同而异，普通硅酸盐水泥的养护温度不得超过 60℃，恒温加热阶段应保持 90%～100% 的相对湿度。

(4) 降温阶段：在降温阶段内，混凝土已经硬化，如降温过快，混凝土会产生表面裂缝，因此降温速度应加控制。一般情况下，构件厚度在 100mm 左右时，降温速度每小时不大于 20℃。

问 45：如何进行构件脱模?

1. 养护罩脱除

脱除养护罩时，为了避免由于蒸汽温度骤然升降而引起混凝土构件产生裂缝变形，必须严格控制升温和降温的速度。出槽的构件温度与环境温度相差不得大于 20℃。

2. 拆模

拆模先从侧模开始，先拆除固定预埋件的夹具，再打开其他模板。拆侧模时，不应损伤预制构件。

问 46：如何进行产品表面清理?

1. 石材构件的清理

表面铺贴石材的预制构件成品的清理步骤如下：

（1）埋件的清扫

临时放置的产品，埋件上的混凝土浆要用刷子等工具去除。

（2）翻转

浇捣面的检查及清扫作业结束之后，迅速用翻转机或脱模用埋件、吊钩等工具进行翻转，饰面要向上。

（3）石材表面清洗

对石块间缝隙部位里放进去的封条及胶带要去除，石块表面要进行清洗，清洗时用刷子水洗，在平放状态下进行工作。

（4）石材表面检查

1）用目测确认石间缝隙的贯通。

2）确认石材的裂纹、开裂、掉角情况。

3）有开裂、裂纹、掉角的石材要根据石材修补方法及时修补。

（5）打胶

1）基层处理：

基层处理时要把油污、污迹、垃圾等去除并擦拭之后用溶剂进行清洗。

① 泡沫材料的填充。

② 粘贴养护胶带时应防止胶带嵌入。

③ 涂刷粘结剂用毛刷均匀涂刷，防止飞溅、溢出。

2）搅拌材料：

硬化剂和颜料同时混入母材中，用机器充分搅拌至均匀。搅拌时按正转→反转→正转的顺序反复进行，罐壁，罐底，搅拌片上留下的材料要在中途用铁片刮下后再均匀搅拌。

3）打胶处理：

① 搅拌过的胶材要填充在胶枪里，防止气泡进入。

② 枪口使用符合缝宽尺寸，充分施加压力，填充到石缝底部。

③ 从封条的交叉部位开始打胶，断胶要避免在交叉部位。

4）整修：

① 胶材填充工作中硬化前为了防止材料中混进垃圾及尘埃要进行保护。

② 胶材填充之后要迅速用铁片进行整修。

③ 整修时胶材要比表面低于 3mm，按压要充分、平滑。

④ 胶材整修后迅速揭掉养护胶带，并注意胶带的粘结剂不应残留。

2. 瓷砖构件的清理

表面铺贴瓷砖的预制构件成品的清理步骤如下：

（1）面砖表面清理及接缝除污。

（2）注意瓷砖的掉角，清除灰浆后，用水清洗。

（3）使用配制浓度为 1%～2% 的酸液清洗，再用清水洗干净。

（4）清理后检查面砖的裂缝、掉角、起浮（用敲锤）。肉眼观察面砖的接缝，确认缝隙无错缝。

（5）转角板的角部（立部）要由质检人员全数检查瓷砖的浮起。

问 47：墙板起吊有哪些要求？

（1）凡设计无规定时，各种墙板的脱模起吊强度不得低于设计强度等级的 70%。其中振动砖墙板的砂浆强度不低于 7.5N/mm²。

（2）墙板在大量脱模起吊前，应先进行试吊，待取得经验后再大量起吊。采用平模生产时，凡有门窗洞口的墙板，在脱模起吊前，必须将洞口内的积水和漏进的砂浆、混凝土清除干净，否则不得起吊。

（3）墙板构件脱模起吊前，应将外露的插筋弯起，避免伤人或损坏台座。采用预应力钢筋吊具的墙板构件，在脱模起吊前应先施加预应力。采用混凝土吊孔的墙板构件，在脱模起吊前要将吊孔内杂物清理干净，活动吊环必须正确放入吊孔内，转动灵活，且与吊孔牢牢勾住。

（4）采用重叠生产的墙板，在脱模起吊前，应在墙板底部放上木凳（图 2-46），木凳放置高度应和待起吊的墙板高度一致，要垫稳垫牢，起吊时扶稳，防止构件下滑。

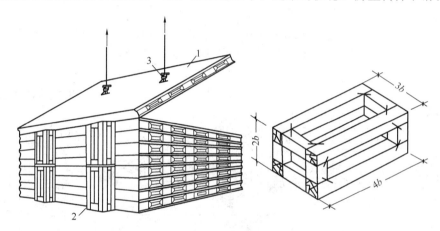

图 2-46　木凳及其用法示意图
1—墙板；2—木凳；3—活动吊环和混凝土吊孔；b—墙板厚度

问 48：构件运输有哪些方法？

1. 立运法

分外挂式（靠放式）和内插式两种，见表 2-17。

墙板立运法运输　　　　　　　　　　　　　　　　　表 2-17

运输方法	适用范围	固定方法	特　点
外挂（靠放）式	民用建筑的内、外墙板、楼板和屋面板。工业建筑墙板	将墙板靠放在车架两侧，用开式索具螺旋扣（花篮螺丝）将墙板构件上的吊环与车架拴牢	（1）起吊高度低，装卸方便 （2）有利于保护外饰面
内插（插放）式	民用建筑的内外墙板	将墙板构件插放在车架内或简易插放架内，利用车架顶部丝杠或木楔将墙板构件固定	（1）起吊高度较高 （2）采用丝杠顶压固定墙板时，易将外饰面挤坏 （3）能运输小规格的墙板

2. 平运法

平运法适宜运输民用建筑的楼板、屋面板等构配件和工业建筑墙板。构件重叠平运时，各层之间必须放方木支垫，垫木应放在吊点位置，与受力主筋垂直，且须在同一垂线上。

问 49：常用的构件运输工具有哪些？

1. 专用运输车

专用运输车见图 2-47、图 2-48。

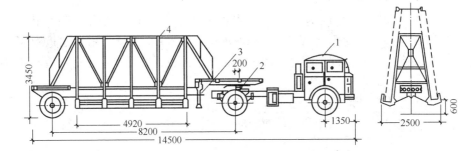

图 2-47　外挂式墙板、楼板运输车

1—牵引车；2—支承连接装置；3—支腿；4—车架

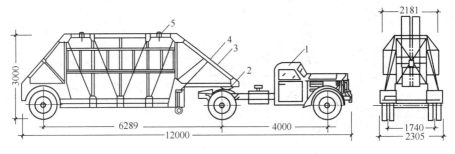

图 2-48　插放式墙板运输车

1—牵引车；2—支承连接装置；3—车架；4—支腿；5—墙板压紧装置

2. 简易运输架

在一般载重汽车上搭设简易支架，作墙板运输用（图 2-49、图 2-50）。墙板搁置点处垫橡皮或麻袋防护，墙板与槽钢架间用木楔嵌紧。

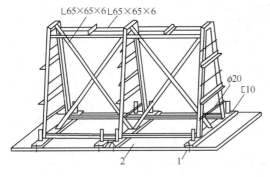

图 2-49　靠放式墙板简易运输架

1—螺栓；2—载重汽车车厢板

工业建筑墙板的运输架，可根据工业建筑墙板的外形尺寸，参考民用建筑墙板的运输工具改制。

问 50：装卸和运输过程中应注意哪些事项？

墙板的平面尺寸大，厚度薄，配筋少，抗振动冲击能力较差，要保证墙板在装卸和运输过程中不受损坏，应注意以下几点：

（1）运输道路须平整、坚实，并有足够的宽度和转弯半径。

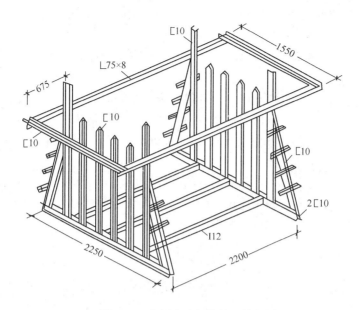

图 2-50　内插式墙板简易运输架

（2）根据吊装顺序组织运输，配套供应。

（3）用外挂（靠放）式运输车时，两侧重量应相等。装卸车时，重车架下部要进行支垫，防止倾斜。用插放式运输车采用压紧装置固定墙板时，要使墙板受力均匀，防止断裂。

（4）装卸外墙板时，所有门窗扇必须扣紧，防止碰坏。

（5）装载后的墙板顶部距路面的高度，不得超过公安交通部门所规定的高度，并能通过所经过的桥洞和隧道。

（6）墙板运输时，不宜高速行驶，应根据路面好坏掌握行车速度，起步、停车要稳。夜间装卸和运输墙板时，施工现场要有足够的照明设施。

问 51：墙板堆放有哪些方法？

1. 插放法

用于墙板堆放，也可用于外墙板装修作业。其特点是：

堆放不受型号限制，可以按吊装顺序堆放墙板；便于查找板号，但占用场地较多。

2. 靠放法

适用于墙板和楼板的堆放。其特点是：

一般应同型号堆放；占用场地较少，可以利用楼板做靠放设施，节约费用。

3. 平放法

适用于楼板、屋面板、工业建筑墙板的堆放，一般采取同型号堆放。

问 52：墙板堆放应注意哪些事项？

（1）墙板应按施工组织设计中平面布置规定的区域，按型号、吊装顺序依次堆放在吊装机械工作半径范围内。

（2）堆放场地须平整压实，有排水设施。

（3）墙板堆放时，底部应垫起砂埂或炉渣埂，也可铺垫方木，支垫的位置要视板型确定。支点以两点为宜。采用预应力钢筋吊具的墙板，不要支垫在板底钢垫板处。

（4）靠放的墙板要有一定的倾斜度（一般为 1：8），两侧的倾斜度要相似，块数亦要相近，差数不宜超过三块（包括结构吊装过程中形成的差数）。每侧靠放的块数视靠放架的结构而定。

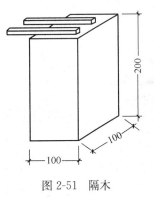

图 2-51　隔木

（5）用普通预制楼板做靠放垛时，楼板垛高应等于或接近所靠放墙板的高度。垛的两侧各立 100mm×100mm 方木，方木埋入地下 500mm，并用 ϕ8 钢筋加固三道，方木和垫木用 8 号钢丝固定，连成整体。

（6）靠放的墙板之间，在吊点位置应垫隔木（图 2-51），隔木应位于同一条直线上，偏差不宜超过隔木宽度的二分之一。

（7）插放的墙板，应用木楔子等使墙板和架子固定牢靠，不得晃动。

（8）插放架安放要平稳，走道板要用不小于 50mm 厚的无朽裂的木板，用 8 号钢丝绑在插放架上。

（9）重叠平放的构件，垫木应垫在吊点位置且与主筋方向垂直，各层垫木应在一条垂直线上，堆放块数要根据构件强度、地面承载能力、垫木强度及堆垛的稳定性确定，参见表 2-18。

构件重叠平放的层数　　　　表 2-18

构件名称	最多堆放层数	构件名称	最多堆放层数
整间大块楼板、屋面板	4～6	烟道	5～6
80～120cm 宽的圆孔板	8～10	6m 的工业建筑墙板	10
楼梯	5	9～12m 的工业建筑墙板	6

（10）垛与垛之间应留 800～1200mm 空隙，便于查号和吊装，并便于堵塞板两端的洞孔。

（11）构件的堆放位置应不妨碍轴线控制桩的观测。

（12）堆放墙板时，吊环应向上，标志应向外，便于查找和吊装。

问 53：吊装、堆放与运输过程中有哪些安全要求？

（1）确保堆放、装车、运输的稳定，不倾倒、不滑动。

（2）吊运、装车作业的安全。

（3）检查靠放架的牢固。

（4）堆放支点安全、牢固。

2.3　装配式混凝土结构施工

问 54：装配式混凝土施工应具备哪些条件？

包括施工管理人员与技术工人配置，起重机械配置，灌浆设备与工具，施工工具与设施配置，吊具设计，现场道路与场地，施工安全条件。

问 55：装配式建筑主要施工机械有哪些？

装配式建筑主要施工机械有塔式起重机、汽车式起重机、履带式起重机等。

1. 塔式起重机

与现浇相比，装配式混凝土施工最重要的变化是塔式起重机起重量大幅度增加。根据具体工程构件重量的不同，一般在 5～14t。剪力墙工程比框架或筒体工程的塔式起重机要小些。

目前装配式混凝土施工常用的塔式起重机型号：剪力墙结构常用塔式起重机 QTZ 型 315tm（S315K16）；QTZ 型 220tm（R75/20）；框架结构常用塔式起重机 QTZ 型 560tm（S560K25）。

塔式起重机选用和布置的原则，塔式起重机必须满足施工现场以下要求：

（1）起吊重量：

$$起吊重量＝（起吊构件＋吊索吊具＋吊装架）×1.2 系数$$

（2）起重机臂长（末端起吊能力），起重机中心位置距离最远构件的距离，该位置处的起吊重量。

（3）起升速度，起升速度决定了吊装效率，按照每天计划的吊装数量和吊装时间，结合吊装高度算出最小起升速度，起升速度要满足吊装需求。

（4）计算起吊高度，需将吊索吊具及吊装架的高度计算进去。

（5）塔式起重机的选型应当在项目设计阶段与施工方确定下来，确保拆分设计的构件能在塔式起重机的起重范围内。

（6）如果塔式起重机需要附着在装配式混凝土结构上，在装配式混凝土构件设计时要设计附着需要的预埋件，在工厂制作构件时一并完成。不得用事后锚固的方式附着塔式起重机。

（7）塔式起重机位置应覆盖所有工作面，不留工作盲区。

（8）塔式起重机方便支设和拆除，满足安拆安全要求。

（9）尽量减少塔式起重机交叉作业；保证塔式起重机起重臂与其他塔式起重机的安全距离，以及周边建筑物的安全距离。

（10）除以上要求外，塔式起重机还应当满足《建筑机械使用安全技术规程》JGJ 33—2012 的要求。

2. 汽车式起重机和履带式起重机

有些小项目（如构件数量少、吊装高度低、与周边建筑物太近等特点）或工程中塔式起重机作业盲区，可以选用汽车式起重机或履带式起重机。

（1）应满足吊装重量、吊装高度、作业半径的要求。

（2）现场还应当满足汽车式起重机、履带式起重机的运转行走和固定等基本要求。

问 56：灌装设备与工具包括哪些？

灌浆设备与工具包括灌浆料搅拌设备与工具、灌浆设备与工具和检验工具。

1. 灌浆料搅拌设备与工具

灌浆料搅拌设备与工具包括砂浆搅拌机、搅拌桶、电子秤、测温计、计量杯等。

2. 灌浆泵、灌浆枪

灌浆作业设备根据包括灌浆泵、灌浆枪等。

灌浆泵应当准备两台，防止在灌浆时有一台突然损坏。

3. 灌浆检验工具

灌浆检验工具包括：流动度的截锥试模、带刻度的钢化玻璃板、试块试模等。

问 57：现场制备有哪些要求？

装配式混凝土工程施工的部件和材料包括灌浆料、灌浆胶塞、灌浆堵缝材料、机械套筒、调整标高螺栓或垫片、临时支撑部件、固定螺栓、安装节点金属连接件、止水条、密封胶条、耐候建筑密封胶、发泡聚氨酯保温材料、修补料、防火塞缝材料等。这些部件和材料进场须依据设计图样与有关规范进行验收与保管。

1. 材料计划

根据施工进度计划和安装图样编制材料采购、进场计划，计划一定要细，细到每一个螺栓，每一个垫片，进场时间计划到日。

装配式混凝土施工用的一些部件与材料不是常用建筑材料，工程所在地附近可能没有厂家，材料计划的采购、进场时间应考虑远途运输的因素。

2. 部件与材料采购

（1）根据设计要求的标准或业主指定的品牌采购施工用部件与材料。

（2）预制混凝土构件支撑系统可从专业厂家租用，或委托专业厂家负责支撑施工。应提前签订租用或外委施工合同。

（3）灌浆料必须采购与所用套筒相匹配的品牌。

（4）安装节点连接件机械加工和镀锌对外委托合同应详细给出质量标准，镀锌层应给出厚度要求等。

3. 材料进场

装配式混凝土用部件与材料进场必须进行进场检验，包括数量、规格、型号检验、合格证、化验单等手续和外观检验。

4. 材料储存保管

（1）装配式混凝土施工用部件、材料宜单独保管。

（2）装配式混凝土用部件、材料应在室内库房存放，灌浆料等材料要避免受潮。

（3）装配式混凝土施工用部件、材料应按照有关材料标准的规定保管。

问 58：构件进场需进行哪些检验？

虽然装配式混凝土构件在制作过程中有监理人员驻厂检查，每个构件出厂前也进行出厂检验，但装配式混凝土构件入场时必须进行质量检查验收。

装配式混凝土构件到达现场，现场监理员及施工单位质检员应对进入施工现场的构件以及构件配件进行检查验收，包括数量核实、规格型号核实、检查质量证明文件或质量验收记录和外观质量检验。

一般情况下，装配式混凝土构件直接从车上吊装，所以数量、规格、型号的核实和质量检验在车上进行，检验合格可以直接吊装。

即使不直接吊装，将构件卸到工地堆场，也应当在车上进行检验，一旦发现不合格，直接运回工厂处理。

1. 数量核实与规格型号核实

（1）核对进场构件的规格型号和数量，将清点核实结果与发货单对照（拍照记录）。

如果有误及时与构件制造工厂联系。

（2）构件到达施工现场应当在构件计划总表或安装图样上用醒目的颜色标记，并据此统计出工厂尚未发货的构件数量，避免出错。

（3）如有随构件配置的安装附件，须对照发货清单一并验收。

2. 质量证明文件检查

质量证明文件检查属于主控项目，即"对安全、节能、环境保护和主要使用功能起决定性作用的检验项目"。须检查每一个构件的质量证明文件，也就是进行全数检查。

装配式混凝土构件质量证明文件包括：

（1）装配式混凝土构件产品合格证明书。

（2）混凝土强度检验报告。

（3）钢筋套筒与灌浆料拉力试验报告。

（4）其他重要检验报告。

装配式混凝土构件的钢筋、混凝土原材料、预应力材料、套筒、预埋件等检验报告和构件制作过程的隐蔽工程记录，在构件进场时可不提供，应在装配式混凝土构件制作企业存档。

对于总承包企业自行制作预制构件的情况，没有进场的验收环节，质量证明文件检查为检查构件制作过程中的质量验收记录。

3. 质量检验

装配式混凝土预制构件的质量检验是在预制工厂检查合格的基础上进行进场验收，外观质量应全数检查，尺寸偏差为按批抽样检查。

（1）外观严重缺陷检验

装配式混凝土构件外观严重缺陷检验是主控项目，须全数检查。通过观察、尺量的方式检查。

装配式混凝土构件不应有严重缺陷，且不应有影响结构性能和安装、使用功能的尺寸偏差。

严重缺陷包括纵向受力钢筋有露筋；构件主要受力部位有蜂窝、孔洞、夹渣、疏松；影响结构性能或使用功能的裂缝；连接部位有影响使用功能或装饰效果的外形缺陷；具有重要装饰效果的清水混凝土构件表面有外表缺陷等；石材反打、装饰面砖反打和装饰混凝土表面影响装饰效果的外表缺陷等。

如果装配式混凝土构件存在上述严重缺陷，或存在影响结构性能和安装、使用功能的尺寸偏差，不能安装，须由装配式混凝土工厂进行处理。技术处理方案经监理单位同意方可进行处理；对裂缝或连接部位的严重缺陷及其他影响结构安全的严重缺陷，技术处理方案尚应经设计单位认可。处理后的构件应重新验收。

（2）预留插筋、埋置套筒、预埋件等检验

对装配式混凝土构件外伸钢筋、套筒、浆锚孔、钢筋预留孔、预埋件、预埋避雷带、预埋管线等进行检验。此项检验是主控项目，全数检查。如果不符合设计要求，不得安装。

其中：

1）外伸钢筋须检查钢筋类型、直径、数量、位置、外伸长度是否符合设计要求。

2）套筒和浆锚孔须检查数量、位置以及套筒内是否有异物堵塞。

3）钢筋预留孔检查数量、位置以及预留孔内是否有异物堵塞。

4）预埋件检查数量、位置、锚固情况。

5）预埋避雷带检查数量、位置、外伸长度。

6）预埋管线检查数量、位置以及管内是否有异物堵塞。

（3）梁板类简支受弯构件结构性能检验

梁板类简支受弯装配式混凝土构件或设计有要求的装配式混凝土构件进场时须进行结构性能检验。结构性能检验是针对构件的承载力、挠度、裂缝控制性能等各项指标所进行的检验。属于主控项目。

工地往往不具备结构性能检验的条件，也可在构件预制工厂进行，监理、建设和施工方代表应在场。

国家标准《混凝土结构工程施工质量验收规范》GB 50204—2015 附录 B《受弯预制构件结构性能检验》给出了结构性能检验要求与方法。

1）钢筋混凝土构件和允许出现裂缝的预应力混凝土构件应进行承载力、挠度和裂缝宽度检验；不允许出现裂缝的预应力混凝土构件应进行承载力、挠度和抗裂检验。

2）对大型构件及有可靠应用经验的构件，可只进行裂缝宽度、抗裂和挠度检验。

3）对使用数量较少的构件，当能提供可靠依据时，可不进行结构性能检验。

（4）构件受力钢筋和混凝土强度实体检验

对于不需要做结构性能检验的所有预制构件，如果监理或建设单位派出代表驻厂监督生产过程，对进场构件可以不做实体检验；否则，将对进场构件的受力钢筋和混凝土进行实体检验。此项为主控项目，抽样检验。

检验数量为同一类预制构件不超过 1000 个为一批，每批抽取一个构件进行结构性能检验。

同一类是指同一钢种、同一混凝土强度等级、同一生产工艺和同一结构形式。

受力钢筋需要检验数量、规格、间距、保护层厚度。

混凝土需要检验强度等级。

实体检验宜采用不破损的方法进行检验，使用专业探测仪器。在没有可靠仪器的情况下，也可以采用破损方法。

（5）标识检查

标识检查属于一般项目检验，除主控项目以外的检验项目为一般项目。

标识检查为全数检查。

构件的标识内容包括制作单位、构件编号、型号、规格、强度等级、生产日期、质量验收标志等。

（6）外观一般缺陷检查

外观一般缺陷检查为一般项目。全数检查。

一般缺陷包括纵向受力钢筋以外的其他钢筋有少量露筋；非主要受力部位有少量蜂窝、孔洞、夹渣、疏松、不影响结构性能或使用性能的裂缝；连接部位有基本不影响结构传力性能的缺陷；不影响使用功能的外形缺陷和外表缺陷。

一般缺陷应当由制作工厂处理后重新验收。

（7）尺寸偏差检查

需要检查尺寸误差、角度误差和表面平整度误差。详见表 2-19。检查项目同时应当拍照记录与质量验收记录（表 2-20）一并存档。

预制构件尺寸允许偏差及检验方法

表 2-19

项　　目			允许偏差（mm）	检验方法
长度	楼板、梁、柱、桁架	＜12m	±5	尺量
		≥12m 且＜18m	±10	
		≥18m	±20	
	墙板		±4	
宽度、高（厚）度	楼板、梁、柱、桁架		±5	尺量一端及中部，取其中偏差绝对值较大处
	墙板		±4	
表面平整度	楼板、梁、柱、墙板内表面		5	2m 靠尺和塞尺量测
	墙板外表面		3	
侧向弯曲	楼板、梁、柱		L/750 且≤20	拉线、直尺量测最大侧向弯曲处
	墙板、桁架		L/1000 且≤20	
翘曲	楼板		L/750	调平尺在两端量测
	墙板		L/1000	
对角线	楼板		10	尺量两个对角线
	墙板		5	
预留孔	中心线位置		5	尺量
	孔尺寸		±5	
预留洞	中心线位置		10	尺量
	洞口尺寸、深度		±10	
预埋件	预埋板中心线位置		5	尺量
	预埋板与混凝土面平面高差		0，−5	
	预埋螺栓		2	
	预埋螺栓外露长度		+10，−5	
	预埋套筒、螺母中心线位置		2	
	预埋套筒、螺母与混凝土面平面高差		±5	
预留插筋	中心线位置		5	尺量
	外露长度		+10，−5	
键槽	中心线位置		5	尺量
	长度、宽度		±5	
	深度		±10	

注：1　L 为构件长度，单位为 mm；

　　2　检查中心线、螺栓和孔洞位置偏差时，沿纵、横两个方向量测，并取其中偏差较大值。

预制构件进场检验批质量验收记录　　　　表 2-20

		单位（子单位）工程名称				
		分部（子分部）工程名称			验收部位	
		施工单位			项目经理	
		构件制作单位			构件制作单位项目经理	
		施工执行标准名称及编号				
		施工质量验收规程规定			施工单位检查评定记录	监理（建设）单位验收记录
主控项目	1	预制构件合格证及质量证明文件		符合标准		
	2	预制构件标识		符合标准		
	3	预制构件外观严重缺陷		符合标准		
	4	预制构件预留吊环、焊接埋件		符合标准		
	5	预留预埋件规格、位置、数量		符合标准		
	6	预留连接钢筋	中心位置（mm）	3		
			外露长度（mm）	0，5		
	7	预埋灌浆套筒	中心位置（mm）	2		
			套筒内部	未堵塞		
	8	预埋件（安装用孔洞或螺母）	中心位置（mm）	3		
			螺母内壁	未堵塞		
	9	与后浇部位模板接茬范围平整度（mm）		2		
一般项目	1	预制构件外观一般缺陷		符合标准		
	2	长度（mm）		±3		
	3	宽度、高（厚）度		±3		
	4	预埋件	中心线位置（mm）	5		
			安装平整度（mm）	3		
	5	预留孔、槽	中心位置（mm）	5		
			尺寸（mm）	0，5		
	6	预留吊环	中心位置（mm）	5		
			外露钢筋（mm）	0，10		
	7	钢筋保护层厚度（mm）		+5，3		
	8	表面平整度（mm）		3		
	9	预留钢筋	中心线位置（mm）	3		
			外露长度（mm）	0，5		
施工单位检查评定结果		专业工长（施工员）			施工班组长	
		项目专业质量检查员：				年　月　日
监理（建设）单位验收结论		专业监理工程师（建设单位项目专业技术负责人）：				年　月　日

问 59：装配式结构施工组织设计包括哪些内容？

装配式混凝土结构工程施工组织设计的主要内容包括：

（1）确定目标

根据工程总的计划安排，确定装配式混凝土施工目标和装配式混凝土施工进度、质量、安全以及成本控制的目标等。

（2）通过各环节的模拟推演，确定施工环节衔接的原则与顺序。

（3）建立装配式混凝土施工的管理机构，设置装配式混凝土施工管理、技术、质量、安全等岗位，建立责任体系。

（4）选择分包和外委的专业施工队伍，如专业吊装、灌浆、支撑队伍等。

（5）编制施工进度总计划：

根据现场条件、塔式起重机工作效率、构件工厂供货能力、气候环境情况和施工企业自身组织人员、设备、材料的条件等编制装配式混凝土安装施工进度总计划，施工计划要落实到每一天、每一个环节和每一个事项。

（6）构件进场计划、进场检验清单与流程

1）列出构件清单。

2）编制进场计划，与工厂共同编制。

3）列出构件进场检验项目清单。

4）制订构件进场检验流程。

5）准备构件进场检验工具。

（7）材料进场计划、检验清单、检验流程：

1）列出详细的部件与材料清单。

2）编制采购与进场计划。

3）列出材料进场检验项目清单与时间节点。

4）制订材料进场检验流程与责任。

5）准备材料进场检验工具。

（8）劳动力计划与培训

1）确定装配式混凝土施工作业各工种人员数量和进场时间。

2）制订培训计划，确定培训内容、方式、时间和责任者。

（9）塔式起重机选型布置

1）塔式起重机选型。

2）塔式起重机布置。

3）个别超重或塔式起重机覆盖范围外的临时吊装设备的确定。

（10）吊架吊具计划

根据施工技术方案设计，制订各种构件的吊具制作或外委加工计划以及吊装工具和吊装材料（如牵引绳）采购计划。

（11）设备机具计划

1）灌浆设备。

2）构件安装后支撑设施。

3）装配式混凝土施工用的其他设备与工具计划。

（12）质量管理计划

1）编制装配式混凝土安装各个作业环节的操作规程。

2）图样、质量要求、操作规程交底与培训计划。

3）质量检验项目清单流程、人员安排，检验工具准备。

4）后浇区钢筋隐蔽工程验收流程。

5）监理旁站监督重点环节（如吊装作业、灌浆作业）的确定。

（13）安全管理计划

1）建立装配式混凝土施工安全管理组织、岗位和责任体系。

2）编制装配式混凝土施工各作业环节（预制构件进场、卸车、存放、吊装、就位、支撑、后浇区施工、表面处理等环节）的安全操作规程。

3）制订所有装配式混凝土施工人员的安全交底与培训计划；确定培训内容、对象、方式、时间和培训责任人。

4）编制安全设施和护具计划。

5）进行装配式混凝土构件卸车、存放、吊装等作业环节的安全措施与设施设计。

6）吊装作业临时围挡与警示标识牌设计、准备等。

（14）环境保护措施计划

装配式建筑施工的环境保护比普通混凝土现浇建筑有很大的优势，除了现浇混凝土工程需要的环保措施外，装配式混凝土施工需要考虑的环保措施包括：

1）现场进行构件修补打磨的防尘处理措施。

2）构件表面清洗的废水废液收集处理。

（15）成本管理计划

1）制订避免出错和返工的措施。

2）减少装卸环节的直接从运送构件车上吊装的流程安排。

3）劳动力的合理组织，避免窝工。

4）材料消耗的成本控制。

5）施工用水、用电的控制等。

问 60：施工技术方案包括哪些内容？

装配式混凝土施工技术方案主要内容包括：

（1）塔式起重机布置

进行塔式起重机数量、位置和选型设计。

宜用计算机三维软件进行空间模拟设计，也可绘制塔式起重机有效作业范围的平面图、立面图进行分析。塔式起重机布置要确保吊装范围的全覆盖，避免吊装死角。

由于塔式起重机是制约工期的最关键的因素，而装配式混凝土施工用的大吨位大吊幅塔式起重机费用比较高，塔式起重机布置的合理性尤其重要，应做多方案比较。

（2）吊装方案与吊具设计

进行各种构件吊装方案和吊具设计，包括吊装架设计、吊索设计、吊装就位方案及辅助设备工具，如牵引绳、电动葫芦、手动葫芦等。

（3）现浇混凝土伸出钢筋定位方案

必须保证现浇层伸出的钢筋位置与伸出长度准确，否则无法安装或连接节点的安全性、可靠性受到影响。所以，在现浇混凝土作业时要对伸出钢筋采用专用模板进行定位，防止预留钢筋位置错位。

剪力墙上下构件之间一般有现浇混凝土圈梁或水平现浇带，在现浇混凝土施工时，应当防止下部剪力墙伸出的钢筋被扰动偏斜，也应当采取定位措施。

（4）各种构件的临时支撑方案设计

临时支撑方案应当在构件制作图设计阶段与设计单位共同设计。

（5）灌浆作业技术方案。

（6）脚手架方案。

（7）后浇区模板方案设计。

（8）构件接缝施工方案。

（9）构件保护措施。

（10）构件表面处理施工方案。

（11）道路场地布置与设计

1）构件车辆进场道路与调头区。

2）卸车场地设计。

3）临时堆放场地设计。

4）堆放架、垫方垫块设计。

问 61：构件吊装前应做哪些准备工作？

（1）检查试用塔式起重机，确认可正常运行。

（2）准备吊装架、吊索等吊具，检查吊具，特别是检查绳索是否有破损，吊钩卡环是否有问题等。

（3）准备牵引绳等辅助工具、材料。

（4）准备好灌浆设备、工具，调试灌浆泵。

（5）备好灌浆料。

（6）检查构件套筒或浆锚孔是否堵塞。当套筒、预留孔内有杂物时，应及时清理干净。用手电筒补光检查，发现异物用气体或钢筋将异物清掉。

（7）将连接部位浮灰清扫干净。

（8）对于柱子、剪力墙板等竖直构件，安好调整标高的支垫（在预埋螺母中旋入螺栓或在设计位置安放金属垫块）；准备好斜支撑部件；检查斜支撑地锚。

（9）对于叠合楼板、梁、阳台板、挑檐板等水平构件，架立好竖向支撑。

（10）伸出钢筋采用机械套筒连接时，须在吊装前在伸出钢筋端部套上套筒。

（11）外挂墙板安装节点连接部件的准备，如果需要水平牵引，牵引葫芦吊点设置、工具准备等。

问 62：如何进行构件吊装放线？

1. 标高与平整度

（1）柱子和剪力墙板等竖向构件安装，水平放线首先确定支垫标高；支垫采用螺栓方式，旋转螺栓到设计标高；支垫采用钢垫板方式，准备不同厚度的垫板调整到设计标高。构件安装后，测量调整柱子或墙板的顶面标高和平整度。

（2）没有支承在墙体或梁上的叠合楼板、叠合梁、阳台板、挑檐板等水平构件安装，水平放线首先控制临时支撑体梁的顶面标高。构件安装后，测量控制构件的底面标高和平整度。

（3）支撑在墙体或梁上的楼板、支撑在柱子上的莲藕梁，水平放线首先测量控制下部构件支撑部位的顶面标高，安装后测量控制构件顶面或底面标高和平整度。

2. 位置

装配式混凝土构件安装原则上以中心线控制位置，误差由两边分摊。可将构件中心线用墨斗分别弹在结构和构件上，方便安装就位时定位测量。

建筑外墙构件，包括剪力墙板、外墙挂板、悬挑楼板和位于建筑表面的柱、梁，"左右"方向与其他构件一样以轴线作为控制线；"前后"方向以外墙面作为控制边界。外墙面控制可以用从主体结构探出定位杆拉线测量的办法。

3. 垂直度

柱子、墙板等竖直构件安装后须测量和调整垂直度，可以用仪器测量控制，也可以用铅坠测量。

问 63：构件吊装作业包括哪些基本工序？

构件吊装作业的基本工序：

（1）在被吊装构件上系好定位牵引绳。

（2）在吊点"挂钩"。

（3）构件缓慢起吊，提升到约 0.5m 高度，观察没有异常现象，吊索平衡，再继续吊起。

（4）柱子吊装是从平躺着状态变成竖直状态，在翻转时，柱子底部须隔垫硬质聚苯乙烯或橡胶轮胎等软垫。

（5）将构件吊至比安装作业面高出 3m 以上且高出作业面最高设施 1m 以上高度时，再平移构件至安装部位上方。然后，缓慢下降高度。

（6）构件接近安装部位时，安装人员用牵引绳调整构件位置与方向。

（7）构件高度接近安装部位约 1m 处，安装人员开始用手扶着构件引导就位。

（8）构件就位过程中须慢慢下落。柱子和剪力墙板的套筒（或浆锚孔）对准下部构件伸出钢筋；楼板、梁等构件对准放线弹出的位置或其他定位标识；楼梯板安装孔对准预埋螺母等；构件缓慢下降直至平稳就位。

（9）如果构件安装位置和标高大于允许误差，进行微调。

（10）水平构件安装后，检查支撑体系的支撑受力状态。对于未受力或受力不平衡的情况进行微调。

（11）柱子、剪力墙板等竖直构件和没有横向支承的梁须架立斜支撑，并通过调节斜支撑长度调节构件的垂直度。

（12）检查安装误差是否在允许范围内。

问 64：如何进行预制梁吊装？

1. 准备工作

（1）检查支撑系统是否准备就绪，对预制立柱顶标高做复核检查。

（2）对大梁钢筋、小梁接合剪力榫位置、方向、编号做检查。

（3）当预制梁搁置处标高不能达到要求时，应采用软性垫片等予以调整。

（4）按设计要求起吊，起吊前应事先准备好相关吊具。

（5）若发现预制梁叠合部分主筋配筋（吊装现场预先穿好）与设计不符时，应在吊装前及时更正。

2. 吊装流程

预制主梁和次梁的吊装流程如图 2-52 所示。预制次梁的吊装一般应在一组（两根以上）预制主梁吊装完成后进行。预制主次梁吊装前应架设临时支撑系统并进行标高测量，按设计要求达到吊装进度后及时拧紧支撑系统锁定装置，然后吊钩松绑进行下一个环节的施工。支撑系统应按照前述垂直支撑系统的设计要求进行设计。预制主次梁吊装完成后，应及时用水泥砂浆充填其连接接头。

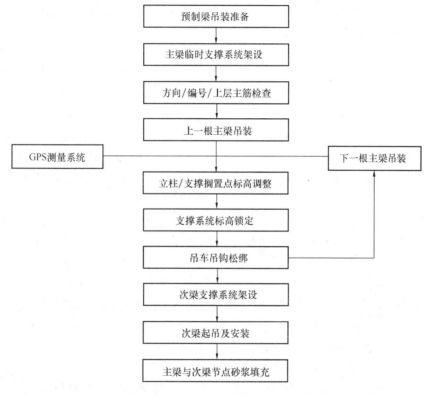

图 2-52　预制梁吊装流程图

3. 吊装注意事项

（1）当同一根立柱上搁置两根底标高不同的预制梁时，梁底标高低的梁先吊装。同时，为了避免同一根立柱上主梁的预留主筋发生碰撞，原则上应先吊装 X 方向（建筑物长边方向）的主梁，后吊装 Y 方向的主梁。

（2）对带有次梁的主梁在起吊前，应在搁置次梁的剪力榫处标识出次梁吊装位置。

4. 主次梁的连接

主次梁的连接构造如图 2-53 所示，主梁与次梁的连接是通过预埋在次梁上的钢板（俗称牛担板）置于主梁的预留剪力榫槽内，并通过灌注砂浆形成整体。根据设计要求，在次梁的搁置点附近一定的区域范围内，尚需对箍筋进行加密，以提高次梁在搁置端部的抗剪承载力。值得注意的是，在灌浆之前，主次梁节点处先支立模板，接缝处应用软木材

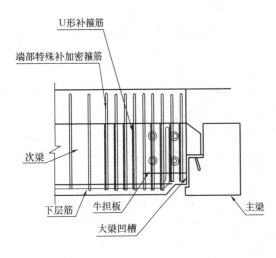

图 2-53　主次梁结构连接示意

U形补箍筋

端部特殊补加密箍筋

次梁

下层筋　牛担板

大梁凹槽

主梁

料堵塞，防止漏浆情况的发生。

5. 主次梁吊装施工要领

预制主梁次梁吊装过程中的施工要领如下。包括从临时支撑系统架设至主次梁接缝连接等 7 个主要环节。

（1）临时支撑系架设

在预制梁吊装前，主次梁下方需事先架设临时支撑系统，一般主梁采用支撑鹰架，次梁采用门式支撑架。预制主梁若两侧搁置次梁则使用三组支撑鹰架，若单侧背负次梁则使用一点五组支撑鹰架，支撑鹰架设置位置一般在主梁中央部位。次梁采用三支钢管支撑，钢管支撑间距应沿次梁长度方向均匀布置。架设后应注意预制梁顶部标高是否满足精度要求。

（2）方向、编号、上层主筋确认

梁吊装前应进行外观和钢筋布置等的检查，具体为：构件缺损或缺角、箍筋外保护层与梁箍垂直度、主次梁剪力榫位置偏差、穿梁开孔等项目。吊装前需对主梁钢筋、次梁接合剪力榫位置、方向、编号进行检查。

（3）剪力榫位置放样

主梁吊装前，须对次梁剪力榫的位置绘制次梁吊装基准线，作为次梁吊装定位的基准。

（4）主梁起吊吊装

起吊前应对主梁钢筋、次梁接合剪力榫位置、方向、编号检查。当柱头标高误差超过容许值时，若柱头标高太低则于吊装主梁前应于柱头置放铁片调整高差。若柱头标高太高，则于吊装主梁前须先将柱头凿除，修正至设计标高。

（5）柱头位置、梁中央部高程调整

吊装后需派一组人调整支撑架架顶标高，使柱头位置、梁中央部标高保持一致及水平，确保灌浆后主次梁不致下垂。

（6）主梁吊装后吊装次梁

次梁吊装须待两向主梁吊装完成后才能吊装，因此于吊装前须检查好主梁吊装顺序，确保主梁上下部钢筋位置可以交错而不会吊错重吊，然后吊装次梁。

（7）主梁与次梁接头砂浆填灌

主次梁吊装完成后，次梁剪力榫处木板封模后采用抗压强度 35MPa 以上的结构砂浆灌浆填缝，待砂浆凝固后拆模。

问 65：如何进行预制剪力墙板吊装？

1. 准备工作

（1）预制剪力墙续接下层钢筋位置、高程复核，底部混凝土表面应确保清理干净，预制剪力墙的安装位置弹线。

（2）吊装前应对预制剪力墙进行质量检查，尤其是注浆孔质量检查及内部清理工作。

（3）吊装前应备妥吊装所需的设备，如斜撑、固定用铁件、螺栓、预制剪力墙底高程调整铁片（10mm、5mm、3mm、2mm 四种基本规格进行组合）、起吊工具、防风型垂直尺、滑梯等。

2. 吊装流程

预制剪力墙的吊装流程如图 2-54 所示。剪力墙吊装前应做好外观质量，钢筋垂直度、注浆孔清理等准备工作。剪力墙底部无收缩砂浆灌浆的施工与预制柱底灌浆基本相同。

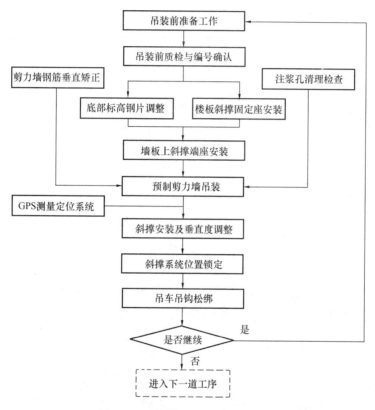

图 2-54 预制剪力墙吊装施工流程

3. 预制剪力墙垂直度调整

预制剪力墙吊装到位后，应及时将斜撑的两端固定在墙板和楼板预埋件上，然后边通过测量边对垂直度进行复核和调整。同时，通过安装在斜撑上的调节器调整垂直度。当精度达到设计要求后，及时进行锁定。剪力墙至少采用两根斜撑固定，与楼面板的夹角可取 $45°\sim60°$。

问 66：如何进行预制外挂墙板吊装？

1. 准备工作

（1）吊装前需对下层的预埋件进行安装位置及标高复核。

（2）吊装前应准备好标高调节装置及斜撑系统。

（3）备好外墙板接缝防水材料等。

2. 吊装流程

外围护体系吊装流程见图 2-55。

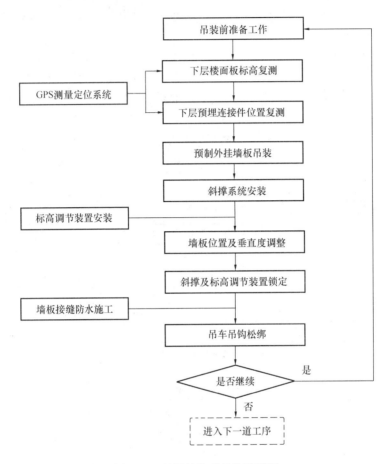

图 2-55　外围护体系吊装流程图

3. 标高调节装置

墙板吊装就位后在调整好位置和垂直度前，需要通过带有标高调节装置的斜撑对其进行临时固定。

当全部外墙板的接缝防水嵌缝施工结束后，将预制在外墙板上的预埋铁件与吊装用的标高调节铁盒用电焊焊接或螺栓拧紧形成一整体，再进行防水处理。

问 67：如何进行预制楼梯吊装？

1. 准备工作

（1）检查支撑架是否搭设完毕，顶部标高是否正确。

（2）吊装前需要做好梁位线的弹线及验收工作。

2. 预制楼梯施工步骤

预制楼梯施工应按照下列步骤操作：

（1）楼梯进场后需按单元和楼层清点数量和核对编号。

（2）搭设楼梯（板）支撑排架与搁置件。

（3）标高控制与楼梯位置线设置。

（4）按编号和吊装流程，逐块安装就位。

（5）塔吊吊点脱钩，进行下一叠合板梯段吊装，并循环重复。

（6）楼层浇捣混凝土完成，混凝土强度达到设计、规范要求后，拆除支撑排架与搁置件。

3. 预制楼梯吊装要点

（1）预制楼梯采用预留锚固钢筋方式时，应先放置预制楼梯，再与现浇梁或板浇筑连接成整体。

（2）预制楼梯与现浇梁或板之间采用预埋件焊接连接方式时，应先施工现浇梁或板，再搁置预制楼梯进行焊接连接。

（3）框架结构预制楼梯吊点可设置在预制楼梯板侧面，剪力墙结构预制楼梯吊点可设置在预制楼梯板面。

（4）预制楼梯吊装时，上下预制楼梯应保持通直。预制楼梯剖面图见图 2-56。

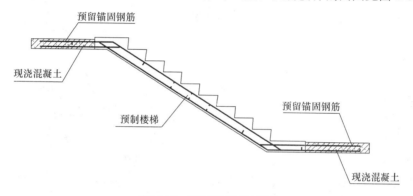

图 2-56　预制楼梯剖面图

4. 预制楼梯临时支撑架

可采用支撑架与小型型钢作为预制楼梯吊装时的临时支撑架（图 2-57）。此外，应设置钢牛腿作为小型钢与预制楼梯间连接，具体结构形式可参见有关深化设计图纸。

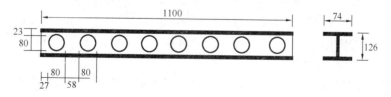

图 2-57　小型型钢支撑示意

问 68：如何进行装配式混凝土灌浆作业？

灌浆作业是装配式混凝土结构施工的重点，直接影响到装配式建筑的结构安全。灌浆工艺应编制专项施工工艺与操作规程，操作人员必须经过专业培训后持证上岗。

灌浆工艺流程：灌浆准备工作→接缝封堵及分仓→灌浆料制备→灌浆→灌浆后节点保护。

灌浆作业的要点：

（1）灌浆料进场验收应符合《钢筋套筒灌浆连接应用技术规程》JGJ 355—2015 的规定。

（2）灌浆前应检查套筒、预留孔的规格、位置、数量和深度。

（3）应按产品说明书要求计量灌浆料和水的用量，经搅拌均匀并测定其流动度满足要求后方可灌注。

（4）灌浆前应对接缝周围采用专用封堵料进行封堵，柱子可采用木板条封堵。

（5）灌浆操作全过程有专职检验员与监理旁站，并及时形成质量检查记录影像存档。

（6）灌浆料拌合物应在灌浆料厂家给出的时间内用完，且最长不宜超过 30min。已经开始初凝的灌浆料不能使用。

（7）灌浆作业应采取压浆法从下口灌注，当灌浆料从上口流出时应及时封堵出浆口。保持压力 30s 后，再封堵灌浆口。

（8）冬期施工时环境温度应在 5℃以上，并应对连接处采取加热保温措施，保证浆料在 48h 凝结硬化过程中连接部位温度不低于 10℃。

（9）灌浆后 12h 内不得使构件和灌浆层受到振动、碰撞。

（10）灌浆作业应及时做好施工质量检查记录，并按要求每工作班制作一组试件。

问 69：装配式混凝土构件安装缝如何施工？

装配式混凝土构件安装后需要对构件与构件之间的缝，外挂墙板构件与其他围护墙体之间的缝进行处理。

接缝处理最主要的任务是防水，夹芯保温板雨水渗漏进去后会导致保温板受潮，影响保温效果，在北方会导致内墙冬季结霜，雨水还可能渗透进墙体，导致内墙受潮变霉等，外挂墙板透水有可能影响到连接件的耐久性，引发安全事故。

接缝处理必须严格按照设计要求施工，必须保证美观、干净。

1. 构件与构件接缝处理

（1）须按照设计要求进行接缝施工。

（2）建筑密封胶应与混凝土有良好的粘结性，还应具有耐候性、可涂装性、环保性。

（3）装配式混凝土构件接缝处理前应先修整接缝，清除浮灰，然后再打密封胶。

（4）根据设计要求填充垫材（根据缝宽选用合适的垫材）。

（5）施工前打胶缝两侧须粘贴胶带或美纹纸，防止污染。

（6）密封胶应填充饱满、平整、均匀、顺直、表面平滑，厚度符合设计要求。

2. 外挂墙板构件缝处理

（1）外挂墙板构件接缝在设计阶段应当设置三道防水处理，第一道密封胶、第二道构造防水、第三道气密条（止水胶条）。

（2）外挂墙板是自承重构件，不能通过板缝进行传力，所以在施工时保证四周空腔内不得混入硬质杂物。

（3）外挂墙板构件接缝有气密条（止水胶条）时，应当在构件安装前粘结到构件上。

（4）密封胶应有较好的弹性来适应构件的变形。

问 70：如何进行预制构件钢筋连接？

1. 基本要求

预制构件节点的钢筋连接应满足现行行业标准《钢筋机械连接技术规程》JGJ 107—

2016 中Ⅰ级接头的性能要求，并应符合国家行业有关标准的规定。

2. 预制构件主筋连接的种类

预制构件钢筋连接的种类主要有套筒灌浆连接、钢筋浆锚连接以及直螺纹套筒连接。

3. 钢筋套筒灌浆连接施工

（1）基本原理

钢筋套筒灌浆连接的主要原理是预制构件一端的预留钢筋插入另一端预留的套筒内，钢筋与套筒之间通过预留灌浆孔灌入高强度无收缩水泥砂浆，即完成钢筋的续接。钢筋套筒灌浆连接的受力机理是通过灌注的高强度无收缩砂浆在套筒的围束作用下，在达到设计要求强度后，钢筋、砂浆和套筒三者之间产生摩擦力和咬合力，满足设计要求的承载力。

（2）灌浆材料

灌浆料不应对钢筋产生锈蚀作用，结块灌浆料严禁使用。柱套筒注浆材料选用专用的高强无收缩灌浆料。

（3）套筒续接器

1）套筒应采用球墨铸铁制作，并应符合现行国家标准《球墨铸铁件》GB/T 1348 的有关要求。球墨铸铁套筒材料性能应符合下列规定：

① 抗拉强度不应小于 600MPa。

② 伸长率不应小于 3%。

③ 球化率不应小于 85%。

2）套筒式钢筋连接的性能检验，应符合现行行业标准《钢筋机械连接通用技术规程》JGJ 107—2016 中第 3.0.4 条Ⅰ级接头性能等级要求。

3）采用套筒续接砂浆连接的钢筋，其屈服强度标准不应大于 500MPa，且抗拉强度标准值不应大于 630MPa。

（4）注意事项

采用钢筋套筒灌浆连接时，应按设计要求检查套筒中连接钢筋的位置和长度，套筒灌浆施工尚应符合下列规定：

1）灌浆前应制订套筒灌浆操作的专项质量保证措施，灌浆操作全过程应有质量监控。

2）灌浆料应按配比要求计量灌浆材料和水的用量，经搅拌均匀后测定其流动度应满足设计要求。

3）灌浆作业应采取压浆法从下口灌注，当浆料从上口流出时应及时封堵，持压 30s 后再封堵下口。

4）灌浆作业应及时做好施工质量检查记录，每个工作班制作一组试件。

5）灌浆作业时应保证浆料在 48h 凝结硬化过程中连接部位温度不低于 10℃。

6）灌浆料拌合物应在制备后 30min 内用完。

7）关于钢筋机械式接头的种类应参照设计图纸施工。

8）接头的设计应满足强度及变形性能的要求。

9）接头连件的屈服承载力和抗拉承载力的标准值应不小于被连接钢筋的屈服承载力与抗拉承载力标准值的 1.10 倍。

（5）钢筋套筒灌浆连接流程

钢筋套筒灌浆连接的施工流程见图 2-58。其主要作业工序如下所述。

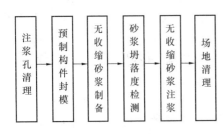

图 2-58　钢筋套筒灌浆连接流程

1) 步骤1：注浆孔清洁。

2) 步骤2：柱底封模。

施工要点如下：

① 立柱底部接缝处四周封模，可采用砂浆（高强度砂浆＋快干水泥）或木材，但必须确保避免漏浆。当采用木材封模时应塞紧，以免木材受压力作用跑位漏浆。

② 如果施工过程中遇到爆模发生时必须立即进行处理，每支套筒内必须充满续接砂浆，不能有气泡存在。若有爆模产生的，水泥浆液污染结构物的表面必须立即清洗干净，以免影响外观质量。

3) 步骤3：无收缩水泥砂浆的制备。

施工要点如下：

① 应事先检查灌浆机具是否干净，尤其输送软管不应有残余水泥，防止堵塞灌浆机。

② 先检查套筒续接砂浆用的特殊水泥是否在有效期间内，水泥即使在使用的有效期内。若超过6个月的，需用 $\phi 8$ 筛去除较粗颗粒，且需要做标准试块（70mm×70mm×70mm）进行抗压试验，确认其强度。

③ 检查所使用水质是否清洁及碱性含量。若使用非自来水时，需做氯离子检测，使用自来水可免检验。严禁使用海水。

4) 步骤4：无收缩水泥砂浆的流度测试。

5) 步骤5：无收缩水泥灌浆。

施工要点如下：

① 灌浆时应从预留在柱底部的注浆孔注入，由设置在柱顶部的出浆孔呈圆柱状的注浆体均匀流出后，方可用塑料塞塞紧。

② 如果遇到无法正常出浆，应立即停止灌浆作业，检查无法出浆的原因，并排除障碍后方可继续作业。

③ 灌浆作业完成后必须将工作面清洁干净，所有施工机具也需清洗干净。

6) 步骤6：出浆确认并塞孔。

(6) 试验和检查

1) 在下列情况时应进行试验：

① 需确定接头性能等级时。

② 材料、工艺、规格进行变更时。

③ 质量监督部门提出专门要求时。

2) 每楼层均需做三组水泥砂浆试体，送检相关部门检测，对于砂浆1d、7d、28d强度进行测定。做1d试块强度测定的目的是为了确定第二天是否可以吊装预制梁，只有试块的强度达到设计值的65%～70%，才能进行预制梁的吊装。

3) 套筒灌浆连接及钢筋锚搭接的连接接头检验应以每层或500个接头为一个检验批，每个检验批均应进行全数检查其施工记录和每班试件强度试验报告。

4) 采用套筒灌浆连接时，应检查套筒中连接钢筋的位置和长度是否满足设计要求，套筒和灌浆材料应采用同一厂家经认证的配套产品。

5）灌浆前应制订套筒灌浆操作的专项质量保证措施，被连接钢筋偏离套筒中心线的角度不应超过 7°，灌浆操作全过程应由监理人员旁站。

6）灌浆料应由经培训合格的专业人员按配置要求计量灌浆材料和水的用量，经搅拌均匀后测定其流动度，当满足设计要求后方可灌注。

7）浆料应在制备后 0.5h 内用完，灌浆作业应采取压浆法从下口灌注，当浆料从上口流出时应及时封堵，持压 30s 后再封堵下口。

4. 钢筋浆锚搭接连接施工

（1）基本原理

传统现浇混凝土结构的钢筋搭接一般采用绑扎连接或直接焊接等方式。而装配式混凝土结构预制构件之间的连接除了采用钢套筒连接以外，有时也采用钢筋浆锚连接的方式。与钢套筒连接相比，钢筋浆锚连接同样安全可靠、施工方便、成本相对较低。大量的试验研究结果表明，钢筋浆锚搭接是一种可以保证钢筋之间力的传递的有效连接方式。

钢筋浆锚连接的受力机理是将拉结钢筋锚固在带有螺旋筋加固的预留孔内，通过高强度无收缩水泥砂浆的灌浆后实现力的传递。也就是说，钢筋中的拉力是通过剪力传递到灌浆料中，再传递到周围的预制混凝土之间的界面中去，也称之为间接锚固或间接搭接。

连接钢筋采用浆锚搭接连接时，可在下层预制构件中设置竖向连接钢筋与上层预制构件内的连接钢筋通过浆锚搭接连接。纵向钢筋采用浆锚搭接连接时，对预留孔成孔工艺、孔道形状和长度、构造要求、灌浆料和被连接的钢筋，应进行力学性能以及适用性的实验验证。直径大于 20mm 的钢筋不宜采用浆锚搭接连接，直接承受动力荷载构件的纵向钢筋不应采用浆锚搭接连接。连接钢筋可在预制构件中通常设置，或在预制构件中可靠地锚固。

（2）浆锚灌浆连接的性能要求

钢筋浆锚连接用灌浆料性能可参照现行行业标准《装配式混凝土结构技术规程》JGJ 1—2014 的要求执行，具体性能要求详见表 2-21。

<table>
<tr><td colspan="3">钢筋浆锚搭接连接接头用灌浆料性能要求</td><td>表 2-21</td></tr>
<tr><td colspan="2">项　　目</td><td colspan="2">性能指标</td></tr>
<tr><td colspan="2">泌水率（%）</td><td colspan="2">0</td></tr>
<tr><td rowspan="2">流动度（mm）</td><td>初始值</td><td colspan="2">≥200</td></tr>
<tr><td>30min 保留值</td><td colspan="2">≥150</td></tr>
<tr><td rowspan="2">竖向膨胀率（%）</td><td>3h</td><td colspan="2">≥0.02</td></tr>
<tr><td>24h 与 3h 的膨胀率之差</td><td colspan="2">0.02～0.5</td></tr>
<tr><td rowspan="3">抗压强度（MPa）</td><td>1d</td><td colspan="2">≥35</td></tr>
<tr><td>3d</td><td colspan="2">≥55</td></tr>
<tr><td>28d</td><td colspan="2">≥80</td></tr>
<tr><td colspan="2">氯离子含量（%）</td><td colspan="2">≤0.06</td></tr>
</table>

（3）浆锚灌浆连接施工要点

预制构件主筋采用浆锚灌浆连接的方式，在设计上对抗震等级和高度上有一定的限制。在预制剪力墙体系中预制剪力墙的连接使用较多，预制框架体系中的预制立柱的连接一般不宜采用。钢筋浆锚连接的施工流程可参考图 2-58 所示的工序进行。毫无疑问，浆锚灌浆连接节点施工的关键是灌浆材料及施工工艺，无收缩水泥灌浆施工质量可参照钢套筒的连接施工相关章节。

5. 直螺纹套筒连接施工

（1）基本原理

直螺纹套筒连接接头施工其工艺原理是将钢筋待连接部分剥肋后滚压成螺纹，利用连接套筒进行连接，使钢筋丝头与连接套筒连接为一体，从而实现了等强度钢筋连接。直螺纹套筒连接的种类主要有冷镦粗直螺纹、热镦粗直螺纹、直接滚压直螺纹、挤（碾）压肋滚压直螺纹。

（2）一般注意事项

1）技术要求

① 钢筋先调直再下料，切口端面与钢筋轴线垂直，不得有马蹄形或挠曲，不得用气割下料。

② 钢筋下料时需符合下列规定：

a. 设置在同一个构件内的同一截面受力钢筋的位置应相互错开。在同一截面接头百分率不应超过 50%。

b. 钢筋接头端部距钢筋受弯点不得小于钢筋直径的 10 倍长度。

c. 钢筋连接套筒的混凝土保护层厚度应满足现行国家标准《混凝土结构设计规范》GB 50010—2010 中的相应规定且不得小于 15mm，连接套之间的横向净距不宜小于 25mm。

2）钢筋螺纹加工

① 钢筋端部平头使用钢筋切割机进行切割，不得采用气割。切口断面应与钢筋轴线垂直。

② 按照钢筋规格所需要的调试棒调整好滚丝头内控最小尺寸。

③ 按照钢筋规格更换胀刀环，并按规定丝头加工尺寸调整好剥肋加工尺寸。

④ 调整剥肋挡块及滚轧行程开关位置，保证剥肋及滚轧螺纹长度符合丝头加工尺寸的规定。

⑤ 丝头加工时应用水性润滑液，不得使用油性润滑液。当气温低于 0℃时，应掺入 15%～20% 亚硝酸钠。严禁使用机油做切割液或不加切割液加工丝头。

⑥ 钢筋丝头加工完毕经检验合格后，应立即带上丝头保护帽或拧上连接套筒，防止装卸钢筋时损坏丝头。

3）钢筋连接

① 连接钢筋时，钢筋规格和连接套筒规格应一致，并确保钢筋和连接套的丝扣干净、完好无损。

② 连接钢筋时，应对准轴线将钢筋拧入连接套中。

③ 必须用力矩扳手拧紧接头。力矩扳手的精度为 ±5%，要求每半年用扭力仪检定一次。力矩扳手不使用时，将其力矩值调整为零，以保证其精度。

④ 连接钢筋时应对正轴线将钢筋拧入连接套中，然后用力矩扳手拧紧。接头拧紧值应满足表 2-22 规定的力矩值，不得超拧，拧紧后的接头应做上标记，放置钢筋接头漏拧。

滚轧直螺纹钢筋接头拧紧力矩值					表 2-22	
钢筋直径（mm）	12～16	18～20	22～25	28～32	36～40	50
拧紧力矩值（N·m）	100	200	260	320	360	460

⑤ 钢筋连接前要根据所连接直径的需要将力矩扳手上的游动标尺刻度调定在相应的位置上。即按规定的力矩值，使力矩扳手钢筋轴线均匀加力。当听到力矩扳手发出"咔哒"声响时即停止加力（否则会损坏扳手）。

⑥ 连接水平钢筋时必须依次连接，从一头往另一头，不得从两边往中间连接，连接时一定两人面对站立，一人用扳手卡住已连接好的钢筋，另一人用力矩扳手拧紧待连接钢筋，按规定的力矩值进行连接，这样可避免弄坏已连接好的钢筋接头。

⑦ 使用扳手对钢筋接头拧紧时，只要达到力矩扳手调定的力矩值即可，拧紧后按表 2-22 规定力矩值检查。

⑧ 接头拼接完成后，应使两个丝头在套筒中央位置相互顶紧，套筒的两端不得有一口以上的完整丝扣外露。加长型接头的外露扣数不受限制，但有明显标记，以检查进入套筒的丝头长度是否满足要求。

4）材料与机械设备

① 材料准备

a. 钢套筒应具有出厂合格证。套筒的力学性能必须符合规定。表面不得有裂纹、折叠等缺陷。套筒在运输、储存中，应按不同规格分别堆放，不得露天堆放，防止锈蚀和沾污。

b. 钢筋必须符合国家标准设计要求，还应有产品合格证、出厂检验报告和进场复验报告。

② 施工机具

钢筋直螺纹剥肋滚丝机、力矩扳手、牙型规、卡规、直螺纹塞规。

6. 波纹管连接施工

波纹管连接的施工工艺与钢筋套筒灌浆连接和浆锚灌浆连接的施工流程和施工要求基本相同，详细内容可参照执行。

问 71：如何进行构件接缝构造连接？

1. 接缝材料

预制构件的接缝材料分主材和辅材两部分，辅材根据选用的主材确定。主材密封胶是一种可追随密封面形状而变形，不易流淌，有一定粘结性的密封材料。预制构件接缝使用的建筑密封胶，按其组成大致可分为聚硫橡胶、氯丁橡胶、丙烯酸、聚氨酯、丁基橡胶、硅橡胶、橡塑复合型、热塑性弹性体等多种。预制构件接缝材料的要求参照现行行业标准《装配式混凝土结构技术规程》JGJ 1—2014 执行，具体要求如下：

（1）接缝材料应与混凝土具有相容性，以及规定的抗剪切和伸缩变形能力；接缝材料应具有防霉、防水、防火、耐候等性能。

（2）硅酮、聚氨酯、聚硫建筑密封胶应分别符合现行国家标准《硅酮建筑密封胶》GB/T 14683—2003 和现行行业标准《聚氨酯建筑密封胶》JC/T 482—2003、《聚硫建筑密封胶》JC/T 483—2006 的规定。

（3）夹心外墙板接缝处填充用保温材料的燃烧性能应满足现行国家标准《建筑材料及制品燃烧性能分级》GB 8624—2012 中 A 级的要求。

2. 接缝构造要求

预制外挂墙板接缝采用材料防水时，必须用防水性能可靠的嵌缝材料。板缝宽度不宜大于 20mm，材料防水的嵌缝深度不得小于 20mm。对于普通嵌缝材料，在嵌缝材料外侧应勾水泥砂浆保护层，其厚度不得小于 15mm。对于高档嵌缝材料，其外侧可不做保护层。预制外挂墙板接缝的材料防水还应符合下列要求：

（1）外挂墙板接缝宽度设计应满足在热胀冷缩及风荷载、地震作用等外界环境的影响下，其尺寸变形不会导致密封胶的破裂或剥离破坏的要求。

（2）外挂墙板接缝宽度不应小于 10mm，一般设计宜控制在 10～35mm 范围内；接缝胶深度一般在 8～15mm 范围内。

（3）外挂墙板的接缝可分为水平缝和垂直缝两种形式。

（4）普通多层建筑外挂墙板接缝宜采用一道防水构造做法（图 2-59）。

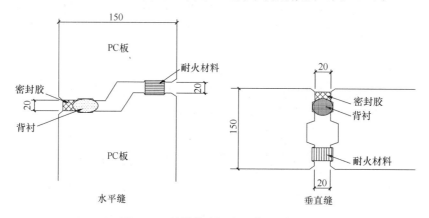

图 2-59　预制外墙板缝一道防水构造

（5）高层建筑、多雨地区的外挂墙板接缝防水宜采用两道密封防水构造的做法，即在外部密封胶防水的基础上，增设一道发泡氯丁橡胶密封防水构造（图 2-60）。

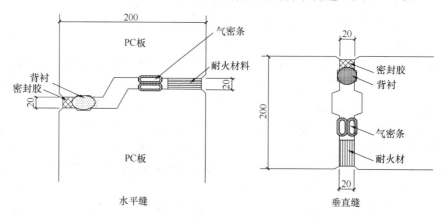

图 2-60　预制外墙板缝两道防水构造

3. 接缝嵌缝施工流程

接缝嵌缝的施工流程如图 2-61 所示。其主要工序的施工说明如下：

（1）表面清洁处理

将外挂墙板缝表面清洁至无尘、无污染或无其他污染物的状态。表面如有油污可用溶剂（甲苯、汽油）擦洗干净。

（2）底涂基层处理

为使密封胶与基层更有效粘结，施打前可先用专用的配套底涂料涂刷一道做基层处理。

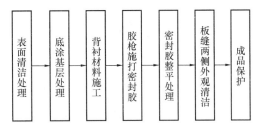

图 2-61　预制外墙板接缝嵌缝施工流程

（3）背衬材料施工

密封胶施打前应事先用背衬材料填充过深的板缝，避免浪费密封胶，同时避免密封胶三面粘结，影响性能发挥。吊装时用木柄压实、平整。注意吊装的衬底材料的埋置深度，在外墙板面以下 10mm 左右为宜。

（4）施打密封胶

密封胶采用专用的手动挤压胶枪施打。将密封胶装配到手压式胶枪内，胶嘴应切成适当口径，口径尺寸与接缝尺寸相符，以便在挤胶时能控制在接缝内形成压力，避免空气带入。此外，施打密封胶时，应顺缝从下向上推，不要让密封胶在胶嘴堆积成珠或成堆。施打过的密封胶应完全填充接缝。

（5）整平处理

密封胶施打完成后立即进行整平处理，用专用的圆形刮刀从上到下，顺缝刮平。其目的是整平密封胶外观，通过刮压，使密封胶与板缝基面接触更充分。

（6）板缝两侧外观清洁

当施打密封胶时，假如密封胶溢出到两侧的外挂墙板时应及时进行清除干净，以免影响外观质量。

（7）成品保护

在完成接缝表面封胶后可采取相应的成品保护措施。

4. 接缝嵌缝施工注意事项

根据接缝设计的构造及使用嵌缝材料的不同，其处理方式也存在一定的差异，常用接缝连接构造的施工要点如下：

（1）外挂墙板接缝防水工程应由专业人员进行施工，以保证外墙的防排水质量。橡胶条通常为预制构件出厂时预嵌在混凝土墙板的凹槽内。现场施工过程中，预制构件调整就位后，通过安装在相邻两块预制外墙板橡胶条的挤压，达到防水效果。

（2）预制构件外侧通过施打结构性密封胶来实现防水构造。密封防水胶封堵前，侧壁应清理干净，保持干燥，事先应对嵌缝材料的性能质量进行检查。嵌缝材料应与墙板粘结牢固。

（3）预制构件连接缝施工完成后应进行外观质量检查，并应满足国家或地方相关建筑外墙防水工程技术规范的要求，必要时应进行喷淋试验。

问 72：如何进行施工质量验收？

1. 一般规定

（1）装配式混凝土建筑施工应按现行国家标准《建筑工程施工质量验收统一标准》GB 50300—2013 的有关规定进行单位工程、分部工程、分项工程和检验批的划分和质量验收。

（2）装配式混凝土建筑的装饰装修、机电安装等分部工程应按国家现行有关标准进行质量验收。

（3）装配式混凝土结构工程应按混凝土结构子分部工程进行验收，装配式混凝土结构部分应按混凝土结构子分部工程的分项工程验收，混凝土结构子分部中其他分项工程应符合现行国家标准《混凝土结构工程施工质量验收规范》GB 50204—2015 的有关规定。

（4）装配式混凝土结构工程施工用的原材料、部品、构配件均应按检验批进行进场验收。

（5）装配式混凝土结构连接节点及叠合构件浇筑混凝土前，应进行隐蔽工程验收。隐蔽工程验收应包括下列主要内容：

1）混凝土粗糙面的质量，键槽的尺寸、数量、位置；

2）钢筋的牌号、规格、数量、位置、间距，箍筋弯钩的弯折角度及平直段长度；

3）钢筋的连接方式、接头位置、接头数量、接头面积百分率、搭接长度、锚固方式及锚固长度；

4）预埋件、预留管线的规格、数量、位置；

5）预制混凝土构件接缝处防水、防火等构造做法；

6）保温及其节点施工；

7）其他隐蔽项目。

（6）混凝土结构子分部工程验收时，除应符合现行国家标准《混凝土结构工程施工质量验收规范》GB 50204—2015 的有关规定提供文件和记录外，尚应提供下列文件和记录：

1）工程设计文件、预制构件安装施工图和加工制作详图；

2）预制构件、主要材料及配件的质量证明文件、进场验收记录、抽样复验报告；

3）预制构件安装施工记录；

4）钢筋套筒灌浆型式检验报告、工艺检验报告和施工检验记录，浆锚搭接连接的施工检验记录；

5）后浇混凝土部位的隐蔽工程检查验收文件；

6）后浇混凝土、灌浆料、坐浆材料强度检测报告；

7）外墙防水施工质量检验记录；

8）装配式结构分项工程质量验收文件；

9）装配式工程的重大质量问题的处理方案和验收记录；

10）装配式工程的其他文件和记录。

2. 预制构件质量验收

（1）专业企业生产的预制构件，进场时应检查质量证明文件。

检查数量：全数检查。

检验方法：检查质量证明文件或质量验收记录。

（2）专业企业生产的预制构件进场时，预制构件结构性能检验应符合下列规定：

1）梁板类简支受弯预制构件进场时应进行结构性能检验，并应符合下列规定：

① 结构性能检验应符合国家现行有关标准的有关规定及设计的要求，检验要求和试验方法应符合现行国家标准《混凝土结构工程施工质量验收规范》GB 50204—2015 的有关规定。

② 钢筋混凝土构件和允许出现裂缝的预应力混凝土构件应进行承载力、挠度和裂缝宽度检验；不允许出现裂缝的预应力混凝土构件应进行承载力、挠度和抗裂检验。

③ 对大型构件及有可靠应用经验的构件，可只进行裂缝宽度、抗裂和挠度检验。

④ 对使用数量较少的构件，当能提供可靠依据时，可不进行结构性能检验。

⑤ 对多个工程共同使用的同类型预制构件，结构性能检验可共同委托，其结果对多个工程共同有效。

2）对于不可单独使用的叠合板预制底板，可不进行结构性能检验。对叠合梁构件，是否进行结构性能检验、结构性能检验的方式应根据设计要求确定。

3）对本条第1）、2）款之外的其他预制构件，除设计有专门要求外，进场时可不做结构性能检验。

4）本条第1）、2）、3）款规定中不做结构性能检验的预制构件，应采取下列措施：

① 施工单位或监理单位代表应驻厂监督生产过程。

② 当无驻厂监督时，预制构件进场时应对其主要受力钢筋数量、规格、间距、保护层厚度及混凝土强度等进行实体检验。

检验数量：同一类型预制构件不超过 1000 个为一批，每批随机抽取 1 个构件进行结构性能检验。

检验方法：检查结构性能检验报告或实体检验报告。

注："同类型"是指同一钢种、同一混凝土强度等级、同一生产工艺和同一结构形式。抽取预制构件时，宜从设计荷载最大、受力最不利或生产数量最多的预制构件中抽取。

（3）预制构件的混凝土外观质量不应有严重缺陷，且不应有影响结构性能和安装、使用功能的尺寸偏差。

检查数量：全数检查。

检验方法：观察、尺量；检查处理记录。

（4）预制构件表面预贴饰面砖、石材等饰面与混凝土的粘结性能应符合设计和国家现行有关标准的规定。

检查数量：按批检查。

检验方法：检查拉拔强度检验报告。

（5）预制构件外观质量不应有一般缺陷，对出现的一般缺陷应要求构件生产单位按技术处理方案进行处理，并重新检查验收。

检查数量：全数检查。

检验方法：观察，检查技术处理方案和处理记录。

（6）预制构件粗糙面的外观质量、键槽的外观质量和数量应符合设计要求。

检查数量：全数检查。

检验方法：观察，量测。

（7）预制构件表面预贴饰面砖、石材等饰面及装饰混凝土饰面的外观质量应符合设计要求或国家现行有关标准的规定。

检查数量：按批检查。

检验方法：观察或轻击检查；与样板比对。

（8）预制构件上的预埋件、预留插筋、预留孔洞、预埋管线等规格型号、数量应符合设计要求。

检查数量：按批检查。

检验方法：观察、尺量；检查产品合格证。

（9）预制板类、墙板类、梁柱类构件外形尺寸偏差和检验方法应分别符合表 2-23～表 2-25 的规定。

预制楼板类构件外形尺寸允许偏差及检验方法　　　　表 2-23

项次	检查项目			允许偏差（mm）	检验方法
1	规格尺寸	长度	＜12m	±5	用尺量两端及中间部，取其中偏差绝对值较大值
			≥12m 且＜18m	±10	
			≥18m	±20	
2		宽度		±5	
3		厚度		±5	用尺量板四角和四边中部位置共 8 处，取其中偏差绝对值较大值
4		对角线差		6	在构件表面，用尺量测两对角线的长度，取其绝对值的差值
5	外形	表面平整度	外表面	4	用 2m 靠尺安放在构件表面上，用楔形塞尺量测靠尺与表面之间的最大缝隙
			内表面	3	
6		楼板侧向弯曲		L/750 且≤20mm	拉线，钢尺量最大弯曲处
7		扭翘		L/750	四对角拉两条线，量测两线交点之间的距离，其值的 2 倍为扭翘值
8	预埋部件	预埋钢板	中心线位置偏差	5	用尺量测纵横两个方向的中心线位置，取其中较大值
			平面高差	0，−5	用尺紧靠在预埋件上，用楔形塞尺量测预埋件平面与混凝土面的最大缝隙
9		预埋螺栓	中心线位移偏移	2	用尺量测纵横两个方向的中心线位置，取其中较大值
			外露长度	+10，−5	
10		预埋线盒、电盒	在构件平面的水平方向中心位置偏差	10	用尺量
			与构件表面混凝土高差	0，−5	

续表

项次	检查项目		允许偏差（mm）	检验方法
11	预留孔	中心线位移偏移	5	用尺量测纵横两个方向的中心线位置，取其中较大值
		孔尺寸	±5	用尺量测纵横两个方向尺寸，取其最大值
12	预留洞	中心线位移偏移	5	用尺量测纵横两个方向的中心线位置，取其中较大值
		洞口尺寸、深度	±5	用尺量测纵横两个方向尺寸，取其最大值
13	预留插筋	中心线位移偏移	3	用尺量测纵横两个方向的中心线位置，取其中较大值
		外露长度	±5	用尺量
14	吊环、木砖	中心线位移偏移	10	用尺量测纵横两个方向的中心线位置，取其中较大值
		留出高度	0，−10	用尺量
15	桁架高度		+5，0	

预制墙板类构件外形尺寸允许偏差及检验方法　　　　表 2-24

项次	检查项目		允许偏差（mm）	检验方法
1	规格尺寸	高度	±4	用尺量两端及中间部，取其中偏差绝对值较大值
2		宽度	±4	
3		厚度	±3	用尺量板四角和四边中部位置共 8 处，取其中偏差绝对值较大值
4	对角线差		5	在构件表面，用尺量测两对角线的长度，取其绝对值的差值
5	外形	表面平整度　内表面	4	用 2m 靠尺安放在构件表面上，用楔形塞尺量测靠尺与表面之间的最大缝隙
		表面平整度　外表面	3	
6		侧向弯曲	$L/1000$ 且≤20mm	拉线，钢尺量最大弯曲处
7		扭翘	$L/1000$	四对角拉两条线，量测两线交点之间的距离，其值的 2 倍为扭翘值
8	预埋部件	预埋钢板　中心线位置偏移	5	用尺量测纵横两个方向的中心线位置，取其中较大值
		预埋钢板　平面高差	0，−5	用尺紧靠在预埋件上，用楔形塞尺量测预埋件平面与混凝土面的最大缝隙
9		预埋螺栓　中心线位置偏移	2	用尺量测纵横两个方向的中心线位置，取其中较大值
		预埋螺栓　外露长度	+10，−5	用尺量

续表

项次	检查项目			允许偏差（mm）	检验方法
10	预埋部件	预埋套筒、螺母	中心线位置偏移	2	用尺量测纵横两个方向的中心线位置，取其中较大值
			平面高差	0，−5	用尺紧靠在预埋件上，用楔形塞尺量测预埋件平面与混凝土面的最大缝隙
11	预留孔		中心线位置偏移	5	用尺量测纵横两个方向的中心线位置，取其中较大值
			孔尺寸	±5	用尺量测纵横两个方向尺寸，取其最大值
12	预留洞		中心线位置偏移	5	用尺量测纵横两个方向的中心线位置，取其中较大值
			洞口尺寸、深度	±5	用尺量测纵横两个方向尺寸，取其最大值
13	预留插筋		中心线位置偏移	3	用尺量测纵横两个方向的中心线位置，取其中较大值
			外露长度	±5	用尺量
14	吊环、木砖		中心线位置偏移	10	用尺量测纵横两个方向的中心线位置，取其中较大值
			与构件表面混凝土高差	0，−10	用尺量
15	键槽		中心线位置偏移	5	用尺量测纵横两个方向的中心线位置，取其中较大值
			长度、宽度	±5	用尺量
			深度	±5	
16	灌浆套筒及连接钢筋		灌浆套筒中心线位置	2	用尺量测纵横两个方向的中心线位置，取其中较大值
			连接钢筋中心线位置	2	
			连接钢筋外露长度	+10，0	用尺量

预制梁柱桁架类构件外形尺寸允许偏差及检验方法　　　　　　　表 2-25

项次	检查项目			允许偏差（mm）	检验方法
1	规格尺寸	长度	<12m	±5	用尺量两端及中间部，取其中偏差绝对值较大值
			≥12m 且 <18m	±10	
			≥18m	±20	
2		宽度		±5	
3		厚度		±5	用尺量板四角和四边中部位置共 8 处，取其中偏差绝对值较大值
4	表面平整度			4	用 2m 靠尺安放在构件表面上，用楔形塞尺量测靠尺与表面之间的最大缝隙

项次	检查项目		允许偏差 （mm）	检验方法
5	侧向弯曲	梁柱	$L/750$ 且≤20mm	拉线，钢尺量最大弯曲处
		桁架	$L/1000$ 且≤20mm	
6	预埋部件	预埋钢板 中心线位置偏移	5	用尺量测纵横两个方向的中心线位置，取其中较大值
		平面高差	0，—5	用尺紧靠在预埋件上，用楔形塞尺量测预埋件平面与混凝土面的最大缝隙
7		预埋螺栓 中心线位置偏移	2	用尺量测纵横两个方向的中心线位置，取其中较大值
		外露长度	+10，—5	用尺量
8	预留孔	中心线位置偏移	5	用尺量测纵横两个方向的中心线位置，取其中较大值
		孔尺寸	±5	用尺量测纵横两个方向尺寸，取其最大值
9	预留洞	中心线位置偏移	5	用尺量测纵横两个方向的中心线位置，取其中较大值
		洞口尺寸、深度	±5	用尺量测纵横两个方向尺寸，取其最大值
10	预留插筋	中心线位置偏移	3	用尺量测纵横两个方向的中心线位置，取其中较大值
		外露长度	±5	用尺量
11	吊环	中心线位置偏移	10	用尺量测纵横两个方向的中心线位置，取其中较大值
		留出高度	0，—10	用尺量
12	键槽	中心线位置偏移	5	用尺量测纵横两个方向的中心线位置，取其中较大值
		长度、宽度	±5	用尺量
		深度	±5	
13	灌浆套筒及连接钢筋	灌浆套筒中心线位置	2	用尺量测纵横两个方向的中心线位置，取其中较大值
		连接钢筋中心线位置	2	
		连接钢筋外露长度	+10，0	用尺量

　　检查数量：按照进场检验批，同一规格（品种）的构件每次抽检数量不应少于该规格（品种）数量的 5%且不少于 3 件。

　　（10）装饰构件的装饰外观尺寸偏差和检验方法应符合设计要求；当设计无具体要求

时，应符合表 2-26 的规定。

装饰构件外观尺寸允许偏差及检验方法　　　　　　　　表 2-26

项次	装饰种类	检查项目	允许偏差（mm）	检验方法
1	通用	表面平整度	2	2m 靠尺或塞尺检查
2	面砖、石材	阳角方正	2	用托线板检查
3		上口平直	2	拉通线用钢尺检查
4		接缝平直	3	用钢尺或塞尺检查
5		接缝深度	±5	用钢尺或塞尺检查
6		接缝宽度	±2	用钢尺检查

3. 预制构件安装与连接质量验收

（1）预制构件临时固定措施应符合设计、专项施工方案要求及国家现行有关标准的规定。

检查数量：全数检查。

检验方法：观察检查，检查施工方案、施工记录或设计文件。

（2）装配式结构采用后浇混凝土连接时，构件连接处后浇混凝土的强度应符合设计要求。

检查数量：按批检验。

检验方法：应符合现行国家标准《混凝土强度检验评定标准》GB/T 50107—2010 的有关规定。

（3）钢筋采用套筒灌浆连接、浆锚搭接连接时，灌浆应饱满、密实，所有出口均应出浆。

检查数量：全数检查。

检验方法：检查灌浆施工质量检查记录、有关检验报告。

（4）钢筋套筒灌浆连接及浆锚搭接连接用的灌浆料强度应符合国家现行有关标准的规定及设计要求。

检查数量：按批检验，以每层为一检验批；每工作班应制作 1 组且每层不应少于 3 组 40mm×40mm×160mm 的长方体试件，标准养护 28d 后进行抗压强度试验。

检验方法：检查灌浆料强度试验报告及评定记录。

（5）预制构件底部接缝坐浆强度应满足设计要求。

检查数量：按批检验，以每层为一检验批；每工作班同一配合比应制作 1 组且每层不应少于 3 组边长为 70.7mm 的立方体试件，标准养护 28d 后进行抗压强度试验。

检验方法：检查坐浆材料强度试验报告及评定记录。

（6）钢筋采用机械连接时，其接头质量应符合现行行业标准《钢筋机械连接技术规程》JGJ 107—2016 的有关规定。

检查数量：应符合现行行业标准《钢筋机械连接技术规程》JGJ 107—2016 的有关规定。

检验方法：检查钢筋机械连接施工记录及平行试件的强度试验报告。

（7）钢筋采用焊接连接时，其焊缝的接头质量应满足设计要求，并应符合现行行业标准《钢筋焊接及验收规程》JGJ 18—2012 的有关规定。

检查数量：应符合现行行业标准《钢筋焊接及验收规程》JGJ 18—2012 的有关规定。

检验方法：检查钢筋焊接接头检验批质量验收记录。

（8）预制构件采用型钢焊接连接时，型钢焊缝的接头质量应满足设计要求，并应符合现行国家标准《钢结构焊接规范》GB 50661—2011 和《钢结构工程施工质量验收规范》GB 50205—2001 的有关规定。

检查数量：全数检查。

检验方法：应符合现行国家标准《钢结构工程施工质量验收规范》GB 50205—2001 的有关规定。

（9）预制构件采用螺栓连接时，螺栓的材质、规格、拧紧力矩应符合设计要求及现行国家标准《钢结构设计规范》GB 50017—2003 和《钢结构工程施工质量验收规范》GB 50205—2001 的有关规定。

检查数量：全数检查。

检验方法：应符合现行国家标准《钢结构工程施工质量验收规范》GB 50205—2001 的有关规定。

（10）装配式结构分项工程的外观质量不应有严重缺陷，且不得有影响结构性能和使用功能的尺寸偏差。

检查数量：全数检查。

检验方法：观察、量测；检查处理记录。

（11）外墙板接缝的防水性能应符合设计要求。

检验数量：按批检验。每 1000m² 外墙（含窗）面积应划分为一个检验批，不足 1000m² 时也应划分为一个检验批；每个检验批应至少抽查一处，抽查部位应为相邻两层 4 块墙板形成的水平和竖向十字接缝区域，面积不得少于 10m²。

检验方法：检查现场淋水试验报告。

（12）装配式结构分项工程的施工尺寸偏差及检验方法应符合设计要求；当设计无要求时，应符合表 2-27 的规定。

预制构件安装尺寸的允许偏差及检验方法　　表 2-27

项　目		允许偏差（mm）	检验方法
构件中心线对轴线位置	基础	15	经纬仪及尺量
	竖向构件（柱、墙、桁架）	8	
	水平构件（梁、板）	5	
构件标高	梁、柱、墙、板底面或顶面	±5	水准仪或拉线、尺量
构件垂直度	柱、墙　≤6m	5	经纬仪或吊线、尺量
	>6m	10	
构件倾斜度	梁、桁架	5	经纬仪或吊线、尺量

续表

项 目			允许偏差 （mm）	检验方法
相邻构件平整度	板端面		5	2m 靠尺和塞尺量测
	梁、板底面	外露	3	
		不外露	5	
	柱墙侧面	外露	5	
		不外露	8	
构件搁置长度	梁、板		±10	尺量
支座、支垫中心位置	板、梁、柱、墙、桁架		10	尺量
墙板接缝	宽度		±5	尺量

检查数量：按楼层、结构缝或施工段划分检验批。同一检验批内，对梁、柱，应抽查构件数量的 10%，且不少于 3 件；对墙和板，应按有代表性的自然间抽查 10%，且不少 3 间；对大空间结构，墙可按相邻轴线间高度 5m 左右划分检查面，板可按纵、横轴线划分检查面，抽查 10%，且均不少于 3 面。

（13）装配式混凝土建筑的饰面外观质量应符合设计要求，并应符合现行国家标准《建筑装饰装修工程质量验收规范》GB 50210—2001 的有关规定。

检查数量：全数检查。

检验方法：观察、对比量测。

问 73：什么是绿色施工？绿色施工原则是什么？

1. 绿色施工概念

绿色施工是指工程建设中，在保证质量、安全等基本要求的前提下，通过科学管理和技术进步，最大限度地节约资源与减少对环境负面影响的施工活动，实现"四节一环保"（节能、节地、节水、节材和环境保护）。绿色施工是以保护生态环境和节约资源为目标，对工程项目施工采用的技术和管理方案进行优化并严格实施，确保施工过程安全高效、产品质量严格受控。

绿色施工采用的强制性条文、主要的法规文件、施工规范和检验评定标准如下：

《绿色施工导则》（建质 [2007] 223 号）；

《上海市建筑节能条例》（2010）；

《建筑工程绿色施工评价标准》GB/T 50640—2010；

《建设工程绿色施工管理规范》DG/TJ 08-2129—2013；

《建筑工程绿色施工规范》GB/T 50905—2014。

2. 装配式混凝土结构绿色施工的重要意义

传统住宅建筑中，钢筋混凝土结构占有很大的比重，而且目前均采用能耗高、环境污染严重的全现浇湿作业生产。国内外大量工程实践表明，采用预制混凝土结构替代传统的现浇结构可节约混凝土和钢筋的损耗，每平方米建筑面积可节约 25%～30% 的人工，总体工期也能缩短。同时，这种新模式打破了传统建造方式受工程作业面和气候条件的限制，在工厂里可以成批次的重复建造，使高寒地区施工告别"半年闲"。可见，采用混凝土预制装配技术来实现钢筋混凝土建筑的工业化生产节能、省地、环保，具有重要的社会经济意义。

近些年发展迅速的装配式混凝土结构建筑及住宅，受到了地产和施工界的广泛关注。其省材、省工、节能、环保的特点与绿色施工的要求十分契合，为绿色施工提供了一个很好的平台。

3. 装配式结构绿色施工原则

（1）绿色施工是装配式结构全寿命周期管理的一个重要部分。实施绿色施工，应进行总体方案优化。在规划、设计阶段，应充分考虑绿色施工的总体要求，为绿色施工提供基础条件。

（2）实施绿色施工，应对施工策划、材料采购、现场施工、工程验收等各阶段进行控制，加强对整个施工过程的管理和监督。

（3）绿色施工所强调的"四节"（即节能、节地、节水、节材）并非只以项目"经济效益最大化"为基础，而是强调在环境和资源保护前提下的"四节"，是强调以"节能减排"为目标的"四节"。

3 装 配 式 钢 结 构

3.1 装配式钢结构设计

问1：钢结构设计的一般原则是什么？

（1）建筑钢结构设计首先应满足生产工艺、建筑功能和型式的要求，并在此基础上做到结构合理、安全可靠、经济节约。为此，结构设计人员应充分了解生产操作过程以及建筑功能和艺术的要求，以便和工艺及建筑人员共同商定最合理的方案。

（2）钢结构设计时，应从钢结构建筑工程实际出发，考虑材料供应和施工条件，合理选用材料，满足结构在运输、安装和使用过程中的强度及稳定性和刚度的要求，同时还要符合防火标准，注意结构的防腐蚀要求。在技术经济指标方面，应针对节约材料、提高制作的劳动生产率、降低运输费用和减少安装工作量以缩短工期等主要因素，进行多方案比较，通过分析、根据具体情况抓住主要矛盾，以形成综合经济指标最佳的方案。

（3）在选择和确定结构形式和构件截面时，亦应从提高综合经济效益出发，不宜由于某一种构件的得失而影响总的经济指标，如：

1）上部结构应和地基基础的建设费用统一考虑；

2）厂房屋架的距离应和墙面结构的费用统一考虑；

3）有吊车厂房柱的截面高度值和厂房建筑面积统一考虑等等。

（4）在可能的条件下，逐步向结构定型化、构件和连接接头标准化的方向发展。

（5）遵循集中使用材料的原则，即适当扩大柱距使承重结构大型化，减少构件数量，将钢材集中使用于承受主要荷载的结构上。

（6）在保证结构安全、可靠的前提下，实行功能兼并的原则，即一个构件可同时承担多种功能，如既起承重作用又起围护作用的结构或既是承重构件又是稳定体系的网架等。

（7）在钢材选用方面应考虑结构的工作条件（如受力情况、温度和周围介质环境等），材料供应和加工制作诸方面的因素。对各类各级钢材应充分发挥其作用，做到各得其所、物尽其用。在一个构件中允许采用两种不同钢号的钢材，在采用新材料方面，重点是推广采用高效能钢材。

问2：钢结构设计有哪些基本要求？

（1）安全、可靠。在运输、安装和使用中，具有足够的强度、刚度和稳定性。

（2）合理选用材料、结构方案和构造措施，满足使用要求。

（3）节约钢材，减轻自重。

（4）钢结构要便于运输和维护。

（5）尽量注意美观。

问3：设计时，钢材如何选定？

各种建筑结构对钢材各有要求，选用时要根据要求对钢材的强度、塑性、韧性、耐疲劳性能、焊接性能、耐锈性能等进行全面考虑。对厚钢板结构、焊接结构、低温结构和采用含碳量高的钢材制作的结构，还应防止脆性破坏。

1. 钢材选用原则

下列情况的承重结构和构件不应采用 Q235 沸腾钢：

（1）焊接结构

1）直接承受动力荷载或振动荷载且需要验算疲劳的结构。

2）工作温度低于－20℃时的直接承受动力荷载或振动荷载但可不验算疲劳的结构以及承受静力荷载的受弯及受拉的重要承重结构。

3）工作温度等于或低于－30℃的所有承重结构。

（2）非焊接结构

工作温度等于或低于－20℃的直接承受动力荷载且需要验算疲劳的结构。

2. 钢材性能要求

承重结构采用的钢材应具有抗拉强度、伸长率、屈服强度和硫、磷含量的合格保证，对焊接结构尚应具有碳含量的合格保证。

焊接承重结构以及重要的非焊接承重结构采用的钢材，还应具有冷弯试验的合格保证。

对于需要验算疲劳的焊接结构的钢材，应具有常温冲击韧性的合格保证。当结构工作温度不高于 0℃但高于－20℃时，Q235 钢和 Q345 钢应具有 0℃冲击韧性的合格保证；对 Q390 钢和 Q420 钢应具有－20℃冲击韧性的合格保证。当结构工作温度不高于－20℃时，对 Q235 钢和 Q345 钢应具有－20℃冲击韧性的合格保证；对 Q390 钢和 Q420 钢应具有－40℃冲击韧性的合格保证。

对于需要验算疲劳的非焊接结构的钢材亦应具有常温冲击韧性的合格保证。当结构工作温度不高于－20℃时，对 Q235 钢和 Q345 钢应具有 0℃冲击韧性的合格保证；对 Q390 钢和 Q420 钢应具有－20℃冲击韧性的合格保证。

注：吊车起重量不小于 50t 的中级工作制吊车梁，对钢材冲击韧性的要求应与需要验算疲劳的构件相同。

3. 钢材的代用与变通

结构钢材的选择应符合图纸设计要求的规定，钢结构工程所采用的钢材必须附有钢材的质量证明书，各项指标应符合设计文件的要求和国家现行有关标准的规定。钢材代用一般须与设计单位共同研究确定，同时应注意以下几点：

（1）钢号虽然满足设计要求，但生产厂提供的材质保证书中缺少设计部门提出的部分性能要求时，应做补充试验。如 Q235 钢缺少冲击、低温冲击试验的保证条件时，应作补充试验，合格后才能应用。补充试验的试件数量，每炉钢材、每种型号规格一般不宜少于三个。

（2）钢材性能虽然能满足设计要求，但钢号的质量优于设计提出的要求时，应注意节约。如在普碳钢中以镇静钢代沸腾钢，优质碳素钢代普碳钢（20 号钢代 Q235）等都要注意节约，不要任意以优代劣，不要使质量差距过大。如采用其他专业用钢代替建筑结构钢时，最好查阅这类钢材生产的技术条件，并与《碳素结构》GB/T 700—2006 相对照，以保证钢材代用的安全性和经济合理性。

普通低合金钢的相互代用，如用 Q390 代 Q345 等，要更加谨慎。除机械性能满足设计要求外，在化学成分方面还应注意可焊性。重要的结构要有可靠的试验依据。

（3）如钢材性能满足设计要求，而钢号质量低于设计要求时，一般不允许代用。如结构性质和使用条件允许，在材质相差不大的情况下，经设计单位同意亦可代用。

（4）钢材的钢号和性能都与设计提出的要求不符时，首先应检查是否合理，然后按钢材的设计强度重新计算，根据计算结果改变结构的截面、焊缝尺寸和节点构造。

在普碳钢中，以 Q215 代 Q235 是不经济的，因为 Q215 的设计强度低，代用后结构的截面和焊缝尺寸都要增大很多。以 Q255 代 Q235，一般作为 Q235 的强度使用，但制作结构时应该注意冷作和焊接的一些不利因素。Q275 钢不宜在建筑结构中使用。

（5）对于成批混合的钢材，如用于主要承重结构时，必须逐根按现行标准对其化学成分和机械性能分别进行试验。如检验不符合要求时，可根据实际情况用于非承重结构构件。

（6）钢材机械性能所需的保证项目仅有一项不合格者，可按以下原则处理：

1）当冷弯合格时，抗拉强度之上限值可以不限。

2）伸长率比设计的数值低 1‰时，允许使用，但不宜用于考虑塑性弯形的构件。

3）冲击功值按一组三个试样单值的算术平均值计算，允许其中一个试样单值低于规定值，但不得低于规定值的 70%。

（7）采用进口钢材时，应验证其化学成分和机械性能是否满足相应钢号的标准。

（8）钢材的规格尺寸与设计要求不同时，不能随意以大代小，须经计算后才能代用。

（9）如钢材供应不全，可根据钢材选择的原则灵活调整。建筑结构对材质的要求是：受拉构件高于受压构件；焊接结构高于螺栓或铆钉连接的结构；厚钢板结构高于薄钢板结构；低温结构高于常温结构；受动力荷载的结构高于受静力荷载的结构。如桁架中上、下弦可用不同的钢材。遇含碳量高或焊接困难的钢材，可改用螺栓连接，但须与设计单位商定。

问 4：钢结构设计如何进行平面布置？

（1）钢结构建筑设计应通过模数协调实现建筑结构体和建筑内装体之间的整体协调。应采用基本模数或扩大模数，做到构件部品设计、生产和安装等尺寸的相互协调。

模数协调的应用，有利于协调建筑空间与建筑部件的尺寸关系，有利于建筑部件的定位和安装，是推进建筑工业化发展的基础。

《多高层钢结构住宅技术规程》DG/TJ 08-2029—2007 规定："多高层钢结构住宅的建筑设计应在优选设计模数的基础上以模数网格线定位。结构构件的轴线与模数网格线的关系以及围护、分隔构件的定位应符合所选建筑体系的特征并有利用构配件的生产、安装和其他附加构造层次的实施；主要构件的标志尺寸（厚度或断面尺寸除外）应尽量为设计模数的倍数。并符合模数协调的原则，在相邻构配件之间互相留下模数化的空间。"

平面设计在模数应用的基础上，应做好各专业的协同工作，共同确定好平面定位，通常采用梁、柱等结构部件的中心线定位法，在结构部件水平尺寸为模数尺寸的同时获得装配空间也为模数空间，实现结构与内装的协调。

（2）建筑平面布置设计应考虑有利于钢结构建造的要求。

《轻型钢结构住宅技术规程》JGJ 209—2010 规定："平面设计宜采用大开间。"

各种钢结构体系因材料的高强度特性，柱网及钢架适合大跨度、大开间的布置，做钢结构建筑设计时要避免受到混凝土剪力墙结构设计思路的限制。平面设计不仅应考虑建筑各功能空间当时的使用需求，还应该考虑建筑全寿命周期的空间适应性，让建筑空间适应社会不同时期的不同需要。采用钢结构形式有助于实现这一目标。

问 5：什么是标准化设计？

标准化设计是指在一定时期内，面向通用产品，采用共性条件，制定统一的标准和模式，开展的适用范围比较广泛的设计，适用于技术上成熟、经济上合理、市场容量充裕的产品设计。

标准化设计的内容可以分为 4 类：

（1）国家标准：是对全国工程建设具有重要作用的，跨行业、跨地区、必须在全国范围内统一采用的设计，由主编部门提出报国家主管基本建设的综合部门审批颁发。

（2）部颁标准：主要是在全国各专业范围内必须统一使用的设计，由各专业主管部门审批颁发。

（3）省、市、自治区标准：主要是在本地区内必须统一使用的设计，由省、市、自治区主管基本建设的综合部门审批颁发。

（4）企业标准：企业根据国家、行业以及各地区的标准，结合企业自身情况和市场实际需要，制定的设计标准。

采用标准设计的优点是：

（1）设计质量有保证，有利于提高工程质量；

（2）可以减少重复劳动，加快设计速度；

（3）有利于采用和推广新技术；

（4）便于实行构配件生产工厂化、装配化和施工机械化，提高劳动生产率，加快建设进度；

（5）有利于节约建设材料，降低工程造价，提高经济效益。

问 6：如何进行模块设计？

根据住宅套型的定位，设计各功能分模块，处理好系统间的接口，结合工厂生产和工程实际预留合理的结构空间、集成应用。

1. 起居室、卧室、餐厅模块设计要点

（1）起居室模块应满足家庭团圆、看电视、会客等功能需求，并应尽可能控制开向起居室的门的数量和位置，以保证墙面的完整性，便于家具布置。

（2）卧室模块一般包括双人卧室、单人卧室以及卧室与起居室合为一室的三种类型。卧室与起居室合为一室时，在不低于起居室设计标准且满足复合睡眠功能空间后，适当考虑空间布局的多样性。空调室内机出风口不应正对床的位置，且宜不设置在电视机或床头上方。床头应设置台灯位置，以及卧室照明双联开关。

（3）设置独立餐厅或在客厅划分出就餐区域时，用餐区宜设置独立照明。小户型中，在餐厅或兼餐厅的客厅增加冰箱摆放的空间，缩减厨房面积。餐桌旁设餐具柜，摆放微波炉等厨用电器，并预留插座。

（4）合理控制窗洞与侧墙的距离，并结合家具尺寸设置，避免家具遮挡窗户采光。合理设计强电、弱电及开关面板位置，避免面板被家具遮挡，影响使用。

（5）起居室、卧室与餐厅模块设计应考虑适老性需求。

2. 厨房模块设计要点

（1）厨房模块的设计尺寸宜满足标准化整体橱柜的要求及《住宅整体厨房》JG/T 184—2011 的规定。

（2）厨房模块应包括橱柜、管道井、冰箱等功能单元。

（3）厨房模块中的管道井应集约布置，煤气表、煤气立管宜统一布置在管道井内，并设检修口，方便维修。

3. 卫生间模块设计要点：

（1）卫生间模块的设计尺寸宜满足标准化整体卫浴的要求及《住宅整体卫浴间》JG/T 183—2011 的规定。

（2）建筑宜采用同层排水设计，应结合房间净高、楼板跨度、设备管线等因素确定降板方案。

（3）卫生间模块应满足如厕、盥洗、淋浴、管道井等基本功能要求。

（4）卫生间中的各功能单元应根据一般使用频率和生活习惯进行合理排序。

4. 门厅模块设计要点：

门厅模块应包括收纳、临时置物、整理妆容、装饰等功能单元模块。

问 7：立面设计对预制构件有哪些要求？

立面设计应最大限度采用预制构件，并依据少规格、多组合的原则尽量减少立面预制构件的种类。在国家标准及地方标准中都有明确规定。

《多高层钢结构住宅技术规程》DG/TJ 08-2029—2007 第 3.5.1 条规定：外墙应满足下列规定：

（1）外墙应轻质、高强、防火、并应根据钢结构住宅的特点选用标准化、产业化的墙体材料。

（2）外墙应优先采用轻型墙板，墙体本身及其与钢结构的连接节点应符合现行国家标准《建筑抗震设计规范》GB 50011—2010 的相关要求。

《钢结构住宅设计规范》CECS 261：2009 第 5.1.3 条规定：住宅填充墙除选用轻型块材砌筑外，宜积极提高预制装配化程度，可选用、发展和推广下列各类新型外墙：

（1）蒸压轻质加气混凝土板外墙（ALC）；

（2）薄板钢骨—砌筑复合外墙；

（3）薄板钢骨骨架轻质复合外墙；

（4）保温填充钢型板现场二次复合外墙；

（5）钢筋混凝土幕墙板现场复合外保温外墙（墙板在工厂或在现场预制）；

（6）钢丝网混凝土预制保温夹芯板外墙。

实际工程选用的墙体构件和工程做法宜为经过工程试点并通过国家或省、部级鉴定的产品和技术。

《钢结构住宅设计规范》CECS 261：2009 第 5.1.5 条规定：外墙板标准化设计应满足互换性的要求。

预制构件、轻型外墙板的标准化、大批量的规格化、定型化生产可稳定质量、降低成本，通用化部件所具有的互换能力可促进市场的竞争和部件生产水平的提高。

通过设计优化，包括用模数协调的原则集成各种要素、简化构件的品种，通过合并化零为整较少构件数量，并进行多样化的组合，节约造价、贯彻"少规格、多组合"原则。如集中布置外立面的装饰构件与阳台、空调板等，减少预制构件的种类，提高预制外墙板的标准化和经济性。

应充分考虑钢结构建筑的工业化因素，建筑平面应规整，外墙无凹凸，立面避免凸窗，少装饰构件，避免外墙构件的复杂。利用标准开间，采用模数化设计，居住建筑的户型或公共建筑的基本单元在满足建设项目要求的配置比例前提下尽量统一，通过标准单元的简单复制、组合达到高重复率的标准层组合方式，实现立面外墙的标准化和类型的最少化。呈现工业化立面的效果，整齐划一、简洁重复、富有韵律。

问 8：钢结构建筑层高应符合哪些要求？

多高层钢结构建筑的层高应由其使用功能要求的净高加上结构高度和楼地面做法决定。钢结构建筑层高应符合下列要求：

1. 模数协调

钢结构建筑层高的设计应按照建筑模数协调要求，采用基本模数、扩大模数 nM 的设计方法实现结构构件、建筑部品之间的模数协调，为工业化建筑构件的互换性与通用性创造条件，便于工厂化统一加工。层高和室内净高的优先尺寸间隔为 1M。

2. 层高设计

影响建筑物的层高的因素有以下几个：

（1）室内的净高

室内净高应为地面完成面（有架空层的应按架空层面层完成面）至吊顶底面之间的垂直距离计算。室内净高要求越高，相应的层高就越高。室内的净高除满足建设项目使用的要求外，应符合《民用建筑设计通则》GB 50352—2005 及各专用建筑设计规范的要求。

（2）结构的高度

结构体系不同，结构构件（如梁、板）相对位置及占用的高度也不同。应与结构专业密切配合确定结构所需的高度，按照设计的要求确定层高及室内模数净高。

（3）楼地面的构造做法

公共建筑的楼地面做法根据使用功能、工艺要求和技术经济条件综合确定，并应符合《楼地面建筑构造》12J 304 的规定。

住宅建筑中采用 CSI 住宅建设技术的架空楼板楼地面做法与采用传统叠合楼板混凝土垫层的楼地面做法的构造高度是不同的。

（4）吊顶的高度

建筑专业应与机电专业及室内装修进行一体化设计，协同确定室内的吊顶高度。吊顶内的机电管线应布置合理、避免交叉、利于维修与维护，尽量减小吊顶内高度。

3. 住宅的层高

钢结构住宅的层高要根据不同的建设方案、结构选型、内装方式等综合考虑。钢结构住宅中设置的设备系统，尤其是空调、新风系统，其设备及管线占用的高度、管线与梁的位置（是否穿梁）都对室内净高及层高的确定有重要影响。

（1）采用 CSI 体系的住宅

层高＝房间净高＋楼板厚度＋架空层高度＋吊顶高度。CSI 体系的设计采用的是建筑结构体与建筑内装体、设备管线相分离的方式。影响住宅层高的因素主要为架空层与吊顶的高度。

钢结构设计中，结构构件、建筑填充体和管线设备三部分本身就是自然分离的，只要管线不埋于楼板现浇层、管线不穿钢梁，就可实现内装修、管道设备与主体结构的分离设计。结构主体与填充体分离使住宅具备结构耐久性，室内空间在全寿命周期内可根据需要灵活多变，装修及设备管线可更新，同时兼备低能耗、高品质和长寿命的优势。

（2）采用叠合楼板与混凝土垫层常规做法的住宅

钢结构住宅的柱跨通常都比传统混凝土剪力墙结构开间要大，因此板厚往往比混凝土结构大，采用叠合楼板的钢结构建筑，无论是地板采暖方式还是传统的散热器采暖，都应比混凝土住宅的层高加高 100 以上，如混凝土住宅层高宜为 2.8m。则钢结构层高宜为 2.9m 以上。

4. 公共建筑的层高

钢结构公共建筑的层高应满足建设使用要求及规范对净高的要求。与传统现浇建筑的设计过程相比，地面构造做法区别不大，但是在吊顶的设计中应加强与各专业的协同设计，合理布局机电管线、设备管道及设备设施，减少管线交叉。同时，进行更加准确、详细的预留、预埋及构件预留洞设计。

问 9：钢结构建筑热工设计应符合哪些要求？

热阻值低是钢材的一大特性，也是钢结构建筑设计相对于传统建筑设计要特别注意的地方。

《钢结构住宅设计规范》CECS 261：2009 第 5.3.2 条规定：外墙结构热桥部位的内表温度不应低于室内空气露点温度，当不满足时应改变构造设计或在热桥部位的一侧采取保温措施。第 5.3.3 条规定：采暖地区的轻型复合墙体宜采用双重保温措施，主保温层主要用于降低墙体的传热系数，夹芯保温层主要用于隔绝结构件和连接件与外层的联系，防止形成"热桥"。

钢结构建筑的梁、柱导热性高，除采用整体玻璃幕墙系统外，宜采用外保温形式。当外墙采用内嵌式保温复合夹芯板时，仍需要整体或局部外保温阻断梁柱位置的热桥。保温复合夹芯板本身也要保证在内部保温层中不产生结露，否则松散的保温夹芯材料（如岩棉）遇水后保温性能严重下降，直接导致墙体保温失效。

钢结构建筑外保温层厚度、复合夹芯板内的保温层厚度应通过节能软件计算，使复合外墙的墙体内部和室内表面均不产生结露。必要时，复合保温夹芯板内应增加防水透气层。

问 10：楼板分哪些类型？如何设计？

钢结构建筑的楼板形式根据楼板施工方式，分为现浇混凝土板、预制混凝土板和二次浇注叠合楼板；根据梁与板的相对位置，分为梁上楼板和梁嵌楼板。

梁嵌楼板的形式，避免了管线穿梁的情况，减少了梁板占用高度，解决了钢结构住宅中板下露梁的最大弊端。如图 3-1 所示，当梁嵌楼板的形式时，如何在结构受力计算上考虑楼板的整体性能折减，有待进一步研究，梁嵌楼板的标准规范也有待进一步制定。

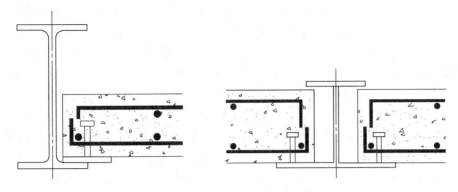

图 3-1　钢梁嵌楼板的做法示意

问 11：如何进行墙体构造设计？

1. 墙体构造

（1）外墙构造

外墙是组成多高层钢结构建筑的一个重要部分，即围护结构。钢结构建筑的外墙应满足结构、热工、防水、防火、保温、隔热、隔声及建筑造型设计等要求。

《钢结构住宅设计规范》CECS 261：2009 第 4.1.2 条规定：钢结构住宅围护结构（外墙和屋面）的热工设计可采取以下措施：

1）外墙和屋顶宜采用含有重质材料和轻质高效保温隔热材料组合的复合结构；构造适宜时，可设置空气间层、铝箔反射层、防水层；当保温隔热材料可能受潮时，宜采用防水透气膜或覆铝的防水透气膜外包，使保温隔热材料保持干燥；

2）严寒地区围护结构保温层内侧宜设置隔汽层，隔汽层宜选用膜材料，敷设时应连续；

3）采用假期混凝土、泡沫混凝土等单一材料外墙时，在其内外侧移设混合砂浆、水泥砂浆等重质饰面；当采用带有外装饰表面的蒸压轻质加气混凝土板时，内侧宜抹灰或衬装其他薄板；

4）应采取措施减少热桥。当无法避免时，应使热桥部位内表面温度不低于室内空气露点温度；

5）外墙保温层宜设置在钢构件外侧，当钢构件外侧保温材料厚度受限制时，应进行露点验算；

6）采暖地区室外钢构件与室内主体结构的连接宜采用铰接（如腹板连接）或特殊设计，以减少传热截面。连接部位宜采用保温层覆盖。当室外钢构件伸入室内时，在室内部分的一定长度范围内应采取延续保温措施，并进行露点验算。

预制外墙板板缝应采用构造防水为主，材料防水为辅的做法。嵌缝材料应在延伸率、耐久性、耐热性、抗冻性、粘结性、抗裂性等方面满足接缝部位的防水要求。预制外墙板的各类接缝设计应构造合理、施工方便、坚固耐久，并结合本地材料、制作及施工条件综合考虑。

装配式结构中外墙板接缝处的防水密封材料的选择，对于保证建筑的物理性能，防止出现外墙接缝、出现渗漏现象起着重要作用。

材料防水是靠防水材料阻断水的通路，以达到防水的目的或增加抗渗漏的能力。目前市场上有多种防水密封材料可以选用，其中以硅酮类和丙烯酸类防水密封材料的性能比较优良，特别是硅酮类防水密封材料，这些材料都已经形成产品标准，可供遵照执行。接缝中的背衬应采用发泡氯丁橡胶，或聚乙烯塑料棒；接缝中用于第二道防水的密封胶条，宜采用三元乙丙橡胶、氯丁橡胶或硅橡胶。

构造防水是采取合适的构造形式，阻断水的通路，以达到防水的目的。在外墙板接缝外口设置适当的线性构造（如在水平缝，将下层墙板的上部做成凸起的挡水台和排水坡，嵌在上层墙板下部的凹槽中，上层墙板下部设披水；在垂直缝设置沟槽。）形成空腔，阶段毛细管通路，利用排水构造将渗入接缝的雨水排出墙外，防止向室内渗漏。

将外围护结构分为两层安装是应对防水问题比较有效的做法。第一层为建筑外墙板，第二层为外保温饰面体系。两层均为块材，施工时注意错缝安装，两层做法之间留有空隙，使少量水汽有排出的途径。

（2）内隔墙构造

内隔墙根据所处功能房间位置不同，有不同的性能要求。在有隔声要求、防水要求、吊挂重物要求时，可以局部现浇墙体或拼接性能满足要求的墙板。各种新型内隔墙的选用可参阅相关国标图集，如 13JL04《蒸压加气混凝土砌块、板材构造》、08CJ13《钢结构镶嵌 ASA 板节能建筑构造》等。

2. 门窗与墙体的连接

预制外墙板的门窗安装方式，不同的气候区域存在施工工法的差异，应根据项目区域的地方实际条件进行设计。

《钢结构住宅设计规范》CECS 261：2009 第 4.3.5 条规定：门窗固定在钢构件上时，连接件应具有弹性且应在连接处设置软填料填缝。

传统的现浇混凝土体系门窗洞口在现场手工支模浇筑完成，施工误差较大，工厂化制造的外门窗的几何尺寸却误差很小，两者之间的不匹配导致外门窗施工工序复杂、效率低下，而且质量控制困难，容易造成门窗漏水。钢结构建筑的主体均为工厂生产，钢构件的精度决定了其门窗洞口尺寸偏差很小、便于控制，与工厂化制造的外门窗比较匹配，施工工序简单、省时省工。一般门窗都会在完成楼板后施工，钢梁已经承受楼板荷载完成一定的挠度变形，但门窗温度变化较大，仍不应直接与梁刚性连接。

3. 结构转换节点

地下室外墙部分由于有挡土和防潮的要求，钢结构建筑通常会在地面以上某一标高转换为现浇混凝土结构。

结构转换可以结合功能在某一层加厚楼板作为转换层，也可以在首层室内±0.000 标高变换为混凝土结构。在钢柱与混凝土结构墙交接的位置，钢柱要插进混凝土柱一定长度，钢柱表面需要外包 50mm 以上的混凝土层。当建筑室外地坪标高低于室内正负零标高，在高差范围内墙身上将会出现一道自然勒脚。

问 12：钢结构防火构造有哪些要求？

钢材的耐火性差，室内金属承重构件的外露部位，必须加设防火保护层。钢结构构件应采用包敷不燃烧材料（浇筑混凝土或和砌块、采用轻型防火板、内填岩棉、玻璃棉等柔性毡状材料复合保护）或喷涂防火涂料的措施。有特殊需要的建筑可采用特种耐火钢。

（1）当钢结构采用防火涂料保护时，可采用膨胀型或非膨胀型防火涂料。

（2）钢结构防火涂料的技术性能除应符合现行国家标准《钢结构防火涂料》GB 14907—2002 的规定外，尚应符合下列要求：

1）生产厂应提供非膨胀型防火涂料导热系数（500℃时）、比热容、含水率和密度参数，或提供等效导热系数、比热容、含水率和密度参数。非膨胀型防火涂料的等效导热系数可按附录 A 的规定测定。

2）主要成分为矿物纤维的非膨胀型防火涂料，当采用干式喷涂施工工艺时，应有防止粉尘、纤维飞扬的可靠措施。

（3）当钢结构采用防火板保护时，可采用低密度防火板、中密度防火板和高密度防火板。

（4）防火板材应符合下列要求：

1）应为不燃性材料；

2）受火时不炸裂，不产生穿透裂纹；

3）生产厂家应提供产品的热传导系数（500℃时）或等效热传导系数、密度和比热容等参数。防火板的等效热传导系数可按附录 A 的规定测定。

（5）钢结构可采用下列防火保护措施：

1）外包混凝土或砌筑砌体。

2）涂敷防火涂料。

3）防火板包覆。

4）复合防火保护，即在钢结构表面涂敷防火涂料或采用柔性毡状隔热材料包覆，再用轻质防火板作饰面板。

5）柔性毡状隔热材料包覆。

（6）钢结构防火涂料品种的选用，应符合下列规定：

1）高层建筑钢结构和单层、多层钢结构的室内隐蔽构件，当规定的耐火极限为 1.5h 以上时，应选用非膨胀型钢结构防火涂料。

2）室内裸露钢结构、轻型屋盖钢结构和有装饰要求的钢结构，当规定的耐火极限低于 1.5h 时，可选用膨胀型钢结构防火涂料。

3）耐火极限要求不小于 1.5h 的钢结构和室外的钢结构工程，不宜选用膨胀型防火涂料。

4）露天钢结构应选用适合室外用的钢结构防火涂料，且至少应经过一年以上室外钢结构工程的应用验证，涂层性能无明显变化。

5）复层涂料应相互配套，底层涂料应能同普通的防锈漆配合使用，或者底层涂料自身具有防锈功能。

6）膨胀型防火涂料的保护层厚度应通过实际构件的耐火试验确定。

（7）防火板的安装应符合下列要求：

1）防火板的包敷必须根据构件形状和所处部位进行包覆构造设计，在满足耐火要求的条件下充分考虑安装的牢固稳定。

2）固定和稳定防火板的龙骨胶粘剂应为不燃材料。龙骨材料应便于构件、防火板连接。胶粘剂在高温下应能保持一定的强度，保证结构的稳定和完整。

（8）采用复合防火保护时应符合下列要求：

1）必须根据构件形状和所处部位进行包敷构造设计，在满足耐火要求的条件下充分考虑保护层的牢固、稳定。

2）在包敷构造设计时，应充分考虑外层包敷的施工，不应对内层防火层造成结构破坏或损伤。

（9）采用柔性毡状隔热材料防火保护时应符合下列要求：

1）仅适用于平时不易受损且不受水湿的部位。

2）包覆构造的外层应设金属保护壳。金属保护壳应固定在支撑构件上，支撑构件应固定在钢构件上。支撑构件应为不燃材料。

3）在材料自重作用下，毡状材料不应发生体积压缩不均的现象。

（10）采用防火涂料的钢结构防火保护构造宜按图 3-2 选用。当钢结构采用非膨胀型防火涂料进行防火保护且符合下列情形之一时，涂层内应设置与钢构件相连接的钢丝网。

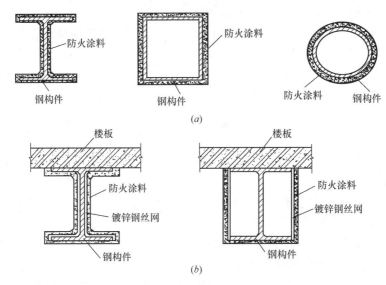

图 3-2　采用防火涂料的钢结构防火保护构造

（a）不加钢丝网的防火涂料保护；（b）加钢丝网的防火涂料保护

1）承受冲击、振动荷载的构件。

2）涂层厚度不小于 30mm 的构件。

3）粘结强度不大于 0.05MPa 的钢结构防火涂料。

4）腹板高度超过 500mm 的构件。

5）构件幅面较大且涂层长期暴露在室外。

（11）采用防火板的钢结构防火保护构造宜按图 3-3、图 3-4 选用。

（12）采用柔性毡状隔热材料的钢结构防火保护构造宜按图 3-5 选用。

《建筑内部装修设计防火规范》GB 50222—1995 第 2.0.4 条规定：安装在钢龙骨上的纸面石膏板，可作为 A 级装修材料使用。

《多高层钢结构住宅技术规程》DG/TJ 08-2029—2007 第 3.11.2 条规定：钢结构住宅装修设计应充分考虑钢材的特性，实行防火构造优先的原则。

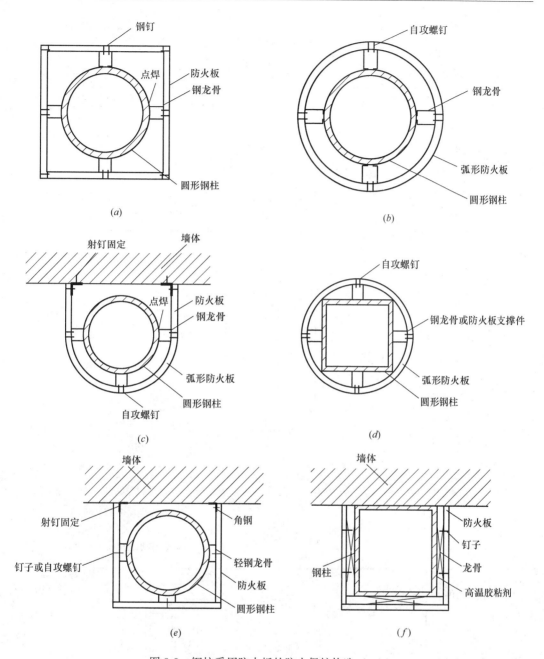

图 3-3 钢柱采用防火板的防火保护构造（一）

（a）圆柱包矩形防火板；（b）圆柱包弧形防火板；（c）靠墙圆柱包弧形防火板；（d）矩形柱包圆弧形防火板；

（e）靠墙圆柱包矩形防火板；（f）靠墙矩形柱包矩形防火板；

《钢结构住宅设计规范》CECS 261：2009 第 4.3.4 条规定：当组合楼盖的压型钢板置于梁上时，与梁上翼缘间形成的空隙应以膨胀型的防火材料封堵。防火墙处应满足耐火极限的要求。第 4.3.7 条规定：外墙与楼板端面间的缝隙应以防火、隔声材料填塞。

钢构件防火保护层采用包敷不燃材料的做法占用空间大，适用于公共建筑而不适合用于钢结构住宅建筑；防火板、复合防火板也容易受到住户装修改造的破坏。随着化工业的

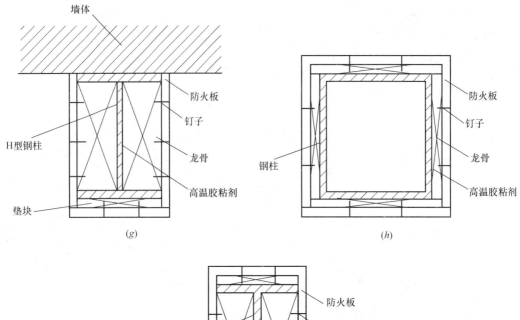

图 3-3　钢柱采用防火板的防火保护构造（二）

（g）靠墙 H 型柱包矩形防火板；（h）独立矩形柱包矩形防火板；（i）独立 H 型柱包矩形防火板

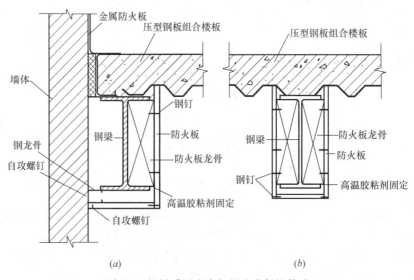

图 3-4　钢梁采用防火板的防火保护构造

（a）靠墙的梁；（b）一般位置的梁

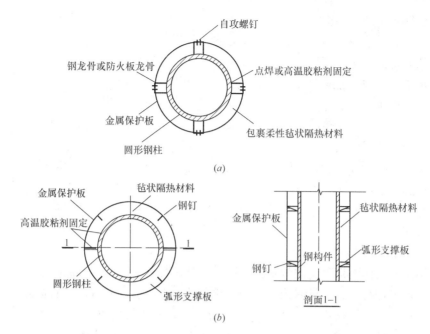

图 3-5 采用柔性毡状隔热材料的防火保护构造
（*a*）用钢龙骨支撑；（*b*）用圆弧形防火板支撑

发展，薄型防火涂料的性能已可以满足钢结构耐火时间的要求，在钢结构住宅中宜采用薄型防火涂料加装饰板的防火构造。

选用钢结构防火涂料应符合以下要求：

（1）应有产品鉴定证书，以及国家指定的防火建材检测机构提供的产品耐火性能的检测报告并有消防监督部门合法的生产许可证。

（2）非膨胀型防火涂料应提供导热系数、比热和密度参数。

（3）用于制造防火涂料的原料不得使用石棉材料和苯类溶剂。使用干式喷涂施工工艺，不得采用主要成分为矿物纤维的涂料，以免有害人体健康和污染环境。

（4）防火涂料应呈碱性或偏碱性。底层涂料应能同防锈漆或钢板相容，并有良好的结合力。

问 13：如何进行各阶段设计协同？

1. 方案设计阶段协同设计

方案阶段，应了解业主需求，确定项目定位，根据技术要点的要求做好平面设计和立面设计。平面设计在保证使用功能的基础上，通过全体系的模数协调，实现平面组合的模块化和多样化。立面设计要根据建造地点的气候条件选择外围护材料，确定外墙与柱的位置关系。

2. 初步设计阶段协同设计

初设阶段，结合各专业的工作进一步优化和深化。根据项目设备系统和梁高反推层高，并及早与甲方确定。

（1）应结合当地地域特点和技术、习惯等因素，实现外围护构件和连接节点的标准化设计。

（2）根据排水形式，确定降板范围和降板方式。

（3）在规划设计中，确定场地内构件运输、存放、吊装等设计方案。

（4）从户型标准化、模块化方面进行户型的优化设计。

（5）建筑与结构专业应对外围护结构连接节点部位在构造、防水、防火、隔声、节能等方面的可行性研究。

（6）应体现工业化建筑的特点，尽量采用预制外墙保温饰面一体板面层做法，可采用涂料、陶板、面砖等做法。

（7）结合节能设计，确定外围护结构保温做法，寒冷、严寒地区宜采用复合夹芯保温板结合外保温体系。

（8）与机电专业和室内精装修设计确定强电箱、弱电箱、预留预埋管线和开关点位的预留预埋方案。

3. 施工图设计阶段协同设计

施工图阶段按照初设确定的技术路线深化设计，各专业与建筑部品、装饰装修、构件厂等上下游厂商加强配合，做好构件组合深化设计，提供能够实现的预制构件大样图，尤其是做好节点的防水、防火、隔声和系统集成设计，解决好连接节点之间和部品之间的"错、漏、碰、缺"。在建筑工程设计图纸深度要求基础上，增加围护构件排板大样图、墙板连接节点构造详图等。

（1）预制构件设计应注意建筑节能保温的形式，选取适合地域需求的保温材料。

（2）饰面保温一体板宜采用装饰混凝土、涂料、面砖、石材等耐久、不宜污染的材料，板块分格宜结合材料标准尺寸进行统一。

（3）根据室内装修图和机电设备管线图，进行套内管线综合，确定钢梁腹板的留洞定位。

（4）对管线相对集中、交叉、密集的部位，如强弱电盘、表箱等进行管线综合，并在建筑设计和结构设计中加以体现，同时依据精装修施工图纸进行整体机电设备管线的预留、预埋。

（5）预埋设备及管道安装所需要的支吊架或预埋件，支吊架安装应牢固、可靠并具有耐久性，支架间距应符合相关工艺标准的要求。穿越预制墙体的管道应预留套管，穿越预制楼板的管道应预留洞，穿越预制梁的管道应预留套管。安装固定于预制外墙上的管线，应在工厂安装预埋固定件。

问 14：关于结构整体变形有哪些规定？

1. 《高层建筑混凝土结构技术规程》JGJ 3—2010

（1）按弹性方法计算的风荷载或多遇地震标准值作用下的楼层层间最大水平位移与层高之比 $\Delta u/h$ 宜符合下列规定：

1）高度不大于 150m 的高层建筑，其楼层层间最大位移与层高之比 $\Delta u/h$ 不宜大于表 3-1 的限值。

楼层层间最大位移与层高之比的限值　　　　　　　　　　　　　表 3-1

结构体系	$\Delta u/h$ 限值
框架	1/550
框架-剪力墙、框架-核心筒、板柱-剪力墙	1/800

结构体系	$\Delta u/h$ 限值
筒中筒、剪力墙	1/1000
除框架结构外的转换层	1/1000

2）高度不小于 250m 的高层建筑，其楼层层间最大位移与层高之比 $\Delta u/h$ 不宜大于 1/500。

3）高度在 150～250m 之间的高层建筑，其楼层层间最大位移与层高之比 $\Delta u/h$ 的限值可按 1）和 2）的限值线性插入取用。

注：楼层层间最大位移 Δu 以楼层竖向构件最大的水平位移差计算，不扣除整体弯曲变形。抗震设计时，本条规定的楼层位移计算可不考虑偶然偏心的影响。

（2）结构薄弱层（部位）层间弹塑性位移应符合下式规定：

$$\Delta u_{\mathrm{p}} \leqslant [\theta_{\mathrm{p}}]h \tag{3-1}$$

式中　Δu_{p}——层间弹塑性位移；

　　$[\theta_{\mathrm{p}}]$——层间弹塑性位移角限值，可按表 3-2 采用；对框架结构，当轴压比小于 0.40 时，可提高 10%；当柱子全高的箍筋构造采用比框架柱箍筋最小配箍特征值大 30% 时，可提高 20%，但累计提高不宜超过 25%；

　　h——层高。

层间弹塑性位移角限值　　　　表 3-2

结构体系	$[\theta_{\mathrm{p}}]$
框架结构	1/50
框架-剪力墙结构、框架-核心筒结构、板柱-剪力墙结构	1/100
剪力墙结构和筒中筒结构	1/120
除框架结构外的转换层	1/120

2.《高层民用建筑钢结构技术规程》JGJ 99—2015

（1）在风荷载或多遇地震标准值作用下，按弹性方法计算的楼层层间最大水平位移与层高之比不宜大于 1/250。

（2）高层民用建筑钢结构薄弱层或薄弱部位弹塑性层间位移不应大于层高的 1/50。

（3）房屋高度不小于 150m 的高层民用钢结构应满足风振舒适度要求。在现行国家标准《建筑结构荷载规范》GB 50009—2012 规定的 10 年一遇的风荷载标准值作用下，结构顶点的顺风向和横风向振动最大加速度计算值不应大于表 3-3 的限值。结构顶点的顺风向和横风向振动最大加速度，可按现行国家标准《建筑结构荷载规范》GB 50009—2012 的有关规定计算，也可通过风洞试验结果判断确定。计算时，钢结构阻尼比宜取 0.010～0.015。

结构顶点的顺风向和横风向风振加速度限值　　　　表 3-3

使用功能	$a_{\lim}$
住宅、公寓	0.20m/s²
办公、旅馆	0.28m/s²

（4）楼盖结构应具有适宜的舒适度。楼盖结构的竖向振动频率不宜小于 3Hz，竖向振动加速度峰值不应大于表 3-4 的限值。楼盖结构竖向振动加速度可按现行行业标准《高层建筑混凝土结构技术规程》JGJ 3—2010 的有关规定计算。

楼盖竖向振动加速度限值　　　　　　　　　　　　　　　表 3-4

人员活动环境	峰值加速度限值（m/s^2）	
	竖向自振频率不大于 2Hz	竖向自振频率不小于 4Hz
住宅、办公	0.07	0.05
商场及室内连廊	0.22	0.15

注：楼盖结构竖向频率为 2～4Hz 时，峰值加速度限值可按线性插值选取。

3.《轻型钢结构住宅技术规程》JGJ 209—2010

（1）轻型钢结构住宅在风荷载和多遇地震作用下，楼层内最大弹性层间位移分别不应超过楼层高度的 1/400 和 1/300。

（2）层间位移计算可不计梁柱节点域剪切变形的影响。

问 15：钢结构的形式有哪些？如何布置？

1. 结构形式

（1）非抗震设计和抗震设防烈度为 6 度至 9 度的乙类和丙类高层民用建筑钢结构适用的最大高度应符合表 3-5 的规定。

高层民用建筑钢结构选用的最大高度（m）　　　　　　　表 3-5

结构体系	6 度、7 度 (0.10g)	7 度 (0.15g)	8 度		9 度 (0.40g)	非抗震设计
			(0.20g)	(0.30g)		
框架	110	90	90	70	50	110
框架-中心支撑	220	200	180	150	120	240
框架-偏心支撑、框架-屈曲约束支撑、框架-延性墙板	240	220	200	180	160	260
筒体（框筒、筒中筒、桁架筒、束筒）、巨型框架	300	280	260	240	180	360

注：1. 房屋高度指室外地面到主要屋面板板顶的高度（不包括局部突出屋顶部分）；

　　2. 超过表内高度的房屋，应进行专门研究和论证，采取有效的加强措施；

　　3. 表内筒体不包括混凝土筒；

　　4. 框架柱包括全钢柱和钢管混凝土柱；

　　5. 甲类建筑 6、7、8 度时宜按本地区抗震设防烈度提高 1 度后符合本表要求，9 度时应做专门研究。

（2）高层民用建筑钢结构的高宽比不宜大于表 3-6 的规定。

高层民用建筑钢结构适用的最大高宽比　　　　　　　　表 3-6

烈度	6、7	8	9
最大高宽比	6.5	6.0	5.5

注：1. 计算高宽比的高度从室外地面算起；

　　2. 当塔形建筑底部有大底盘时，计算高宽比的高度从大底盘顶部算起。

（3）房屋高度不超过 50m 的高层民用建筑可采用框架、框架-中心支撑或其他体系的结构；超过 50m 的高层民用建筑，8、9 度时宜采用框架-偏心支撑、框架-延性墙板或屈曲约束支撑等结构。高层民用建筑钢结构不应采用单跨框架结构。

2. 结构布置

（1）钢支撑-混凝土框架结构的结构布置，应符合下列要求：

1）钢支撑框架应在结构的两个主轴方向同时设置。

2）钢支撑宜上下连续布置，当受建筑方案影响无法连续布置时，宜在邻跨延续布置。

3）钢支撑宜采用交叉支撑，也可采用人字支撑或 V 形支撑；采用单支撑时，两方向的斜杆应基本对称布置。

4）钢支撑在平面内的布置应避免导致扭转效应；钢支撑之间无大洞口的楼、屋盖的长宽比，宜符合《建筑抗震设计规范》GB 50011—2010 第 6.1.6 条对抗震墙间距的要求；楼梯间宜布置钢支撑。

5）底层的钢支撑框架按刚度分配的地震倾覆力矩应大于结构总地震倾覆力矩的 50%。

（2）钢框架-钢筋混凝土核心筒结构房屋的结构布置，尚应符合下列要求：

1）钢框架-核心筒结构的钢外框架梁、柱的连接应采用刚接；楼面梁宜采用钢梁。混凝土墙体与钢梁刚接的部位宜设置连接用的构造型钢。

2）钢框架部分按刚度计算分配的最大楼层地震剪力，不宜小于结构总地震剪力的 10%。当小于 10% 时，核心筒的墙体承担的地震作用应适当增大；墙体构造的抗震等级宜提高一级，一级时应适当提高。

3）钢框架-核心筒结构的楼盖应具有良好的刚度并确保罕遇地震作用下的整体性。楼盖应采用压型钢板组合楼盖或现浇钢筋混凝土楼板，并采取措施加强楼盖与钢梁的连接。当楼面有较大开口或属于转换层楼面时，应采用现浇实心楼盖等措施加强。

4）当钢框架柱下部采用型钢混凝土柱时，不同材料的框架柱连接处应设置过渡层，避免刚度和承载力突变。过渡层钢柱计入外包混凝土后，其截面刚度可按过渡层下部型钢混凝土柱和过渡层上部钢柱二者截面刚度的平均值设计。

（3）混合结构高层建筑适用的最大高度应符合表 3-7 的规定。

混合结构高层建筑适用的最大高度（m）　　表 3-7

结构体系		非抗震设计	抗震设防烈度				
			6 度	7 度	8 度		9 度
					0.2g	0.3g	
框架-核心筒	钢框架-钢筋混凝土核心筒	210	200	160	120	100	70
	型钢（钢管）混凝土框架-钢筋混凝土核心筒	240	220	190	150	130	70
筒中筒	钢外筒-钢筋混凝土核心筒	280	260	210	160	140	80
	型钢（钢管）混凝土外筒-钢筋混凝土核心筒	300	280	230	170	150	90

注：平面和竖向均不规则的结构，最大适用高度应适当降低。

（4）混合结构高层建筑的高宽比不宜大于表 3-8 的规定。

混合结构高层建筑适用的最大高宽比 表 3-8

结构体系	非抗震设计	抗震设防烈度		
		6 度、7 度	8 度	9 度
框架—核心筒	8	7	6	4
筒中筒	8	8	7	5

（5）轻型钢结构住宅的结构体系应根据建筑层数和抗震设防烈度选用轻型钢框架结构体系或轻型钢框架—支撑结构体系。

（6）轻型钢结构住宅框架结构体系，宜利用镶嵌填充的轻质墙体侧向刚度对整体结构抗侧移的作用，墙体的侧向刚度应根据墙体的材料和连接方式的不同由试验确定，并应符合下列要求：

1）应通过足尺墙片试验确定填充墙对钢框架侧向刚度的贡献，按位移等效原则将墙体等效成交叉支撑构件，并应提供支撑构件截面尺寸的计算公式；

2）抗侧力试验应满足：当钢框架层间相对侧移角达到 1/300 时，墙体不得出现任何开裂破坏；当达到 1/200 时，墙体在接缝处可出现修补的裂缝；当达到 1/50 时，墙体不应出现断裂或脱落。

问 16：结构分析法包括哪些内容？

多高层钢结构、钢-混凝土混合结构建筑在竖向荷载、风荷载以及多遇地震作用下可采用弹性分析方法，在罕遇地震作用下可采用弹塑性分析方法。

《钢管混凝土结构技术规范》GB 50936—2014 对各类钢管混凝土结构，包括框架、框架支撑、框架-剪力墙、框架-筒体结构的结构分析和分析结果控制做出了具体的要求。《型钢混凝土组合结构技术规程》JGJ 138—2001 和《钢骨混凝土结构技术规程》YB 9082—2006 中少量内容规定了在计算中合理考虑钢骨混凝土构件的方法，其他计算参数和计算结果控制参数索引到《建筑抗震设计规范》GB 50011—2010、《高层民用建筑钢结构技术规程》JGJ 99—2015 和《高层建筑混凝土结构技术规程》JGJ 3—2010 的相关部分。

当钢结构住宅采用钢框架结构，墙体所用的不同形式填充墙、墙板的抗侧移刚度会影响钢框架结构的整体抗侧刚度，从而影响结构的自振周期大小。当内墙、外墙较多，对结构侧向变形限制较明显时，应对钢框架结构自振周期进行合理的折减。钢结构住宅类建筑多采用外挂墙板，内隔墙墙板或砌块，结构计算阻尼比可能会比《建筑抗震设计规范》GB 50011—2010 和《高层民用建筑钢结构技术规程》JGJ 99—2015 的规定偏大。如纯钢结构在 50～200m 之间，规范规定阻尼比是 0.03，如采用外墙挂板和填充墙内墙，计算阻尼比 0.03 宜根据实际情况适度增大。

（1）计算高层民用建筑钢结构的内力和变形时，可假定楼盖在其自身平面内为无限刚性，设计时应采取相应措施保证楼盖平面内的整体刚度。当楼盖可能产生较明显的面内变形时，计算时应采用楼盖平面内的实际刚度，考虑楼盖的面内变形的影响。

（2）高层民用建筑钢结构弹性计算时，钢筋混凝土楼板与钢梁间有可靠连接，可计入钢筋混凝土楼板对钢梁刚度的增大作用，两侧有楼板的钢梁其惯性矩可取为 $1.5 I_b$，仅一侧有楼板的钢梁其惯性矩可取为 $1.2I_b$，I_b 为钢梁截面惯性矩。弹塑性计算时，不应考虑楼板对钢梁惯性矩的增大作用。

（3）高层民用建筑钢结构的弹性计算模型应根据结构的实际情况确定，应能较准确地反映结构的刚度和质量分布以及各结构构件的实际受力状况；可选择空间杆系、空间杆-墙板元及其他组合有限元等计算模型；延性墙板的计算模型，可按《高层民用建筑钢结构技术规程》JGJ 99—2015 附录 B、附录 C、附录 D 的有关规定执行。

（4）高层民用建筑钢结构弹性分析时，应计入重力二阶效应的影响。

（5）梁柱刚性连接的钢框架计入节点域剪切变形对侧移的影响时，可将节点域作为一个单独的剪切单元进行结构整体分析，也可按下列规定作近似计算：

1）对于箱形截面柱框架，可按结构轴线尺寸进行分析，但应将节点域作为刚域，梁柱刚域的总长度，可取柱截面宽度和梁截面高度的一半两者的较小值。

2）对于 H 形截面柱框架，可按结构轴线尺寸进行分析，不考虑刚域。

3）当结构弹性分析模型不能计算节点域的剪切变形时，可将框架分析得到的楼层最大层间位移角与该楼层柱下端的节点域在梁端弯矩设计值作用下的剪切变形角平均值相加，得到计入节点域剪切变形影响的楼层最大层间位移角。任一楼层节点域在梁端弯矩设计值作用下的剪切变形角平均值可按下式计算：

$$\theta_m = \frac{1}{n}\sum_{i=1}^{n}\frac{M_i}{GV_{p,i}} \qquad (i=1,2,\cdots,n) \tag{3-2}$$

式中　θ_m——楼层节点域的剪切变形角平均值；

$\quad\quad M_i$——该楼层第 i 个节点域在所考虑的受弯平面内的不平衡弯矩（N·mm），由框架分析得出，即 $M_i = M_{b1} + M_{b2}$，M_{b1}、M_{b2} 分别为受弯平面内该楼层第 i 个节点左、右梁端同方向的地震作用组合下的弯矩设计值；

$\quad\quad n$——该楼层的节点域总数；

$\quad\quad G$——钢材的剪切模量（N/mm²）；

$\quad\quad V_{p,i}$——第 i 个节点域的有效体积（mm³），按《高层民用建筑钢结构技术规程》JGJ 99—2015 第 7.3.6 条的规定计算。

（6）钢框架-支撑结构、钢框架-延性墙板结构的框架部分按刚度分配计算得到的地震层剪力应乘以调整系数，达到不小于结构总地震剪力的 25% 和框架部分计算最大层剪力 1.8 倍二者的较小值。

（7）高层民用建筑钢结构弹塑性变形计算应符合下列规定：

1）房屋高度不超过 100m 时，可采用静力弹塑性分析方法；高度超过 150m 时，应采用弹塑性时程分析法；高度为 100～150m 时，可视结构不规则程度选择静力弹塑性分析法或弹塑性时程分析法；高度超过 300m 时，应有两个独立的计算。

2）复杂结构应首先进行施工模拟分析，应以施工全过程完成后的状态作为弹塑性分析的初始状态。

3）结构构件上应作用重力荷载代表值，其效应应与水平地震作用产生的效应组合，分项系数可取 1.0。

4）钢材强度可取屈服强度 f_y。

5）应计入重力荷载二阶效应的影响。

（8）采用静力弹塑性分析法进行罕遇地震作用下的变形计算时，应符合下列规定：

1）可在结构的两个主轴方向分别施加单向水平力进行静力弹塑性分析；

2）水平力可作用在各层楼盖的质心位置，可不考虑偶然偏心的影响；

3）结构的每个主轴方向宜采用不少于两种水平力沿高度分布模式，其中一种可与振型分解反应谱法得到的水平力沿高度分布模式相同；

4）采用能力谱法时，需求谱曲线可由现行国家标准《建筑抗震设计规范》GB 50011—2010 的地震影响系数曲线得到，或由建筑场地的地震安全性评价提出的加速度反应谱曲线得到。

问 17：如何进行构件设计？

多高层钢结构建筑、钢—混凝土混合结构建筑的结构构件设计主要包括一般规定、构件设计限值、构件计算、其他要求等内容。

1. 一般规定

（1）当梁上设有符合现行国家标准《钢结构设计规范》GB 50017—2003 中规定的整体式楼板时，可不计算梁的整体稳定性。

（2）梁设有侧向支撑体系，并符合现行国家标准《钢结构设计规范》GB 50017—2003 规定的受压翼缘自由长度与其宽度之比的限值时，可不计算整体稳定。按三级及以上抗震等级设计的高层民用建筑钢结构，梁受压翼缘在支撑连接点间的长度与其宽度之比，应符合现行国家标准《钢结构设计规范》GB 50017—2003 关于塑性设计时的长细比要求。在罕遇地震作用下可能出现塑性铰处，梁的上下翼缘均应设侧向支撑点。

（3）与梁刚性连接并参与承受水平作用的框架柱，应按《高层民用建筑钢结构技术规程》JGJ 99—2015 第 6 章的规定计算内力，并应按现行国家标准《钢结构设计规范》GB 50017—2003 的有关规定及本节的规定计算其强度和稳定性。

（4）高层民用建筑钢结构的中心支撑宜采用：十字交叉斜杆（图 3-6a），单斜杆（图 3-6b），人字形斜杆（图 3-6c）或 V 形斜杆体系。中心支撑斜杆的轴线应交汇于框架梁柱的轴线上。抗震设计的结构不得采用 K 形斜杆体系（图 3-6d）。当采用只能受拉的单斜杆体系时，应同时设不同倾斜方向的两组单斜杆（图 3-7），且每层不同方向单斜杆的截面面积在水平方向的投影面积之差不得大于 10%。

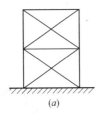 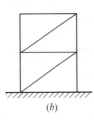 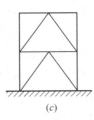 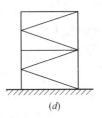

(a) (b) (c) (d)

图 3-6　中心支撑类型
(a) 十字交叉斜杆；(b) 单斜杆；(c) 人字形斜杆；(d) K 形斜杆

（5）偏心支撑框架中的支撑斜杆，应至少有一端与梁连接，并在支撑与梁交点和柱之间或支撑同一跨内另一支撑与梁交点之间形成消能梁段（图 3-8）。超过 50m 的钢结构采用偏心支撑框架时，顶层可采用中心支撑。

（6）伸臂桁架及腰桁架的布置应符合下列规定：

1）在需要提高结构整体侧向刚度时，在框架－支撑组成的筒中筒结构或框架－核心筒结构的适当楼层（加强层）可设置伸臂桁架，必要时可同时在外框柱之间设置腰桁架。伸臂桁架设置在外框架柱与核心构架或核心筒之间，宜在全楼层对称布置。

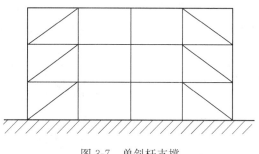

图 3-7　单斜杆支撑

2）抗震设计结构中设置加强层时，宜采用延性较好、刚度及数量适宜的伸臂桁架及（或）腰桁架，避免加强层范围产生过大的层刚度突变。

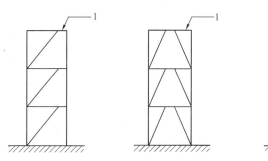

图 3-8　偏心支撑框架立面图
1—消能梁段

3）巨型框架中设置的伸臂桁架应能承受和传递主要的竖向荷载及水平荷载，应与核心构架或核心筒墙体及外框巨柱有同等的抗震性能要求。

4）9 度抗震设防时不宜使用伸臂桁架及腰桁架。

（7）轻型钢结构住宅框架柱可采用钢异形柱。用 H 型钢可拼接成的异形截面如图 3-9 所示。其中 L 形截面柱的承载力可按《轻型钢结构住宅技术规程》JGJ 209—2010 附录 A 计算。

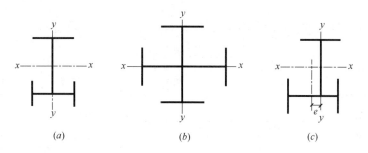

图 3-9　钢异形柱
（a）T 形截面；（b）十字形截面；（c）L 形截面

2. 构件设计限值

（1）轴心受压柱的长细比不宜大于 $120\sqrt{235/f_y}$，f_y 为钢材的屈服强度。

（2）柱与梁连接处，在梁上下翼缘对应位置应设置柱的水平加劲肋或隔板。加劲肋（隔板）与柱翼缘所包围的节点域的稳定性，应满足下式要求：

$$t_p \geqslant (h_{0b} + h_{0c})/90 \qquad (3-3)$$

式中 t_p——柱节点域的腹板厚度（mm），箱形柱时为一块腹板的厚度（mm）；

h_{0b}、h_{0c}——分别为梁腹板、柱腹板的高度（mm）。

（3）框架柱的长细比，一级不应大于 $60\sqrt{235/f_y}$，二级不应大于 $70\sqrt{235/f_y}$，三级不应大于 $80\sqrt{235/f_y}$，四级及非抗震设计不应大于 $100\sqrt{235/f_y}$。

（4）钢框架梁、柱板件宽厚比限值，应符合表 3-9 的规定。

钢框架梁柱板件宽厚比限值　　　　　　　　表 3-9

板件名称		抗震等级				非抗震设计
		一级	二级	三级	四级	
柱	工字形截面翼缘外伸部分	10	11	12	13	13
	工字形截面腹板	43	45	48	52	52
	箱形截面壁板	33	36	38	40	40
	冷成型方管壁板	32	35	37	40	40
	圆管（径厚比）	50	55	60	70	70
梁	工字形截面和箱形截面翼缘外伸部分	9	9	10	11	11
	箱形截面翼缘在两腹板之间部分	30	30	32	36	36
	工字形截面和箱形截面腹板	$72-120\rho$ $\geqslant 30$	$72-100\rho$ $\geqslant 35$	$80-110\rho$ $\geqslant 40$	$85-120\rho$ $\geqslant 45$	$85-120\rho$

注：1. $\rho = N/(Af)$ 为梁轴压比；

2. 表列数值适用于 Q235 钢，采用其他牌号应乘以 $\sqrt{235/f_y}$，圆管应乘以 $235/f_y$；

3. 冷成型方管适用于 Q235GJ 或 Q345GJ 钢。

（5）中心支撑斜杆的长细比，按压杆设计时，不应大于 $120\sqrt{235/f_y}$，一、二、三级中心支撑斜杆不得采用拉杆设计，非抗震设计和四级采用拉杆设计时，其长细比不应大于 180。

（6）中心支撑斜杆的板件宽厚比，不应大于表 3-10 规定的限值。

钢结构中心支撑板件宽厚比限值　　　　　　　　表 3-10

板件名称	一级	二级	三级	四级、非抗震设计
翼缘外伸部分	8	9	10	13
工字型截面腹板	25	26	27	33
箱形截面壁板	18	20	25	30
圆管外径与壁厚之比	38	40	40	42

注：表列数值适用于 Q235 钢，采用其他牌号应乘以 $\sqrt{235/f_y}$，圆管应乘以 $235/f_y$。

（7）型钢混凝土构件中型钢板件（图 3-10）的宽厚比不宜超过表 3-11 的规定。

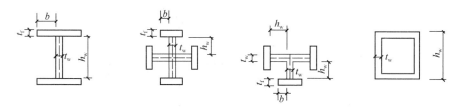

图 3-10　型钢板件示意

型钢板件宽厚比限值　　表 3-11

钢号	梁		柱		
			H、十、T 形截面		箱形截面
	b/t_f	h_w/t_w	b/t_f	h_w/t_w	h_w/t_w
Q235	23	107	23	96	72
Q345	19	91	19	81	61
Q390	18	83	18	75	56

（8）对于层数不超过 6 层的轻型钢结构住宅

1）框架柱和中心支撑的长细比限值见表 3-12。

轻型钢结构住宅框架柱和中心支撑长细比限值　　表 3-12

构件类型		设计条件	长细比限值
框架柱		低层轻型钢结构住宅或非抗震设防的多层轻型钢结构住宅	$\leqslant 150 \sqrt{235/f_y}$
		需进行抗震验算的多层轻型钢结构住宅	$\leqslant 120 \sqrt{235/f_y}$
中心支撑	按受压设计	低层轻型钢结构住宅或非抗震设防的多层轻型钢结构住宅	$\leqslant 180 \sqrt{235/f_y}$
		需进行抗震验算的多层轻型钢结构住宅	$\leqslant 150 \sqrt{235/f_y}$
	按拉杆设计	非张紧拉杆	$\leqslant 250 \sqrt{235/f_y}$
		张紧拉杆	无

2）框架柱构件的板件宽厚比限值应符合下列要求：

① 低层轻型钢结构住宅或非抗震设防的多层轻型钢结构住宅的框架柱，其板件宽厚比限值应按现行国家标准《钢结构设计规范》GB 50017—2003 有关受压构件局部稳定的规定确定；

② 需要进行抗震验算的多层轻型钢结构住宅中的 H 形截面框架柱，其板件宽厚比限值可按下列公式计算确定，但不应大于现行国家标准《钢结构设计规范》GB 50017—2003 规定的限值。

a. 当 $0 \leqslant \mu_N < 0.2$ 时：

$$\frac{b/t_{\mathrm{f}}}{15\sqrt{235/f_{\mathrm{yf}}}} + \frac{h_{\mathrm{w}}/t_{\mathrm{w}}}{650\sqrt{235/f_{\mathrm{yw}}}} \leqslant 1, \text{且} \frac{h_{\mathrm{w}}/t_{\mathrm{w}}}{\sqrt{235/f_{\mathrm{yw}}}} \leqslant 130 \tag{3-4}$$

b. 当 $0.2 \leqslant \mu_{\mathrm{N}} < 0.4$ 且 $\dfrac{h_{\mathrm{w}}/t_{\mathrm{w}}}{\sqrt{235/f_{\mathrm{yw}}}} \leqslant 90$ 时:

当 $\dfrac{h_{\mathrm{w}}/t_{\mathrm{w}}}{\sqrt{235/f_{\mathrm{yw}}}} \leqslant 70$ 时,

$$\frac{b/t_{\mathrm{f}}}{13\sqrt{235/f_{\mathrm{yf}}}} + \frac{h_{\mathrm{w}}/t_{\mathrm{w}}}{910\sqrt{235/f_{\mathrm{yw}}}} \leqslant 1 \tag{3-5}$$

当 $70 \dfrac{h_{\mathrm{w}}/t_{\mathrm{w}}}{\sqrt{235/f_{\mathrm{yw}}}} \leqslant 90$ 时,

$$\frac{b/t_{\mathrm{f}}}{19\sqrt{235/f_{\mathrm{yf}}}} + \frac{h_{\mathrm{w}}/t_{\mathrm{w}}}{190\sqrt{235/f_{\mathrm{yw}}}} \leqslant 1 \tag{3-6}$$

式中 μ_{N}——框架柱轴压比,柱轴压比为考虑地震作用组合的轴向压力设计值与柱截面面积和钢材强度设计值之积的比值;

b、t_{f}——翼缘板自由外伸宽度和板厚;

h_{w}、t_{w}——腹板净高和厚度;

f_{yf}——翼缘板屈服强度;

f_{yw}——腹板屈服强度。

c. 当 $\mu_{\mathrm{N}} \geqslant 0.4$ 时,应按现行国家标准《建筑抗震设计规范》GB 50011—2010 的有关规定执行。

③ 需要进行抗震验算的多层轻型钢结构住宅中的非 H 形截面框架柱,其板件宽厚比限值应按现行国家标准《建筑抗震设计规范》GB 50011—2010 的有关规定执行。

3)框架梁构件的板件宽厚比限值应符合下列要求:

① 对低层轻型钢结构住宅或非抗震设防的多层轻型钢结构住宅的框架梁,其板件宽厚比限值应符合现行国家标准《钢结构设计规范》GB 50017—2003 的有关规定;

② 需要进行抗震验算的多层轻型钢结构住宅中的 H 形截面梁,其板件宽厚比可按 2)中②的规定执行;

③ 需要进行抗震验算的多层轻型钢结构住宅中的非 H 形截面梁,其板件宽厚比应按现行国家标准《建筑抗震设计规范》GB 50011—2010 的有关规定执行。

3. 构件计算

(1)梁

1)梁的抗弯强度应满足下式要求:

$$\frac{M_{\mathrm{x}}}{\gamma_{\mathrm{x}} W_{\mathrm{nx}}} \leqslant f \tag{3-7}$$

式中 M_{x}——梁对 x 轴的弯矩设计值(N·mm);

W_{nx}——梁对 x 轴的净截面模量(mm³);

γ_{x}——截面塑性发展系数,非抗震设计时按现行国家标准《钢结构设计规范》GB 50017—2003 的规定采用,抗震设计时宜取 1.0;

f——钢材强度设计值(N/mm²),抗震设计时应按《高层民用建筑钢结构技规程》JGJ 99—2015 第 3.6.1 条的规定除以 γ_{RE}。

2）除设置刚性隔板情况外，梁的稳定应满足下式要求：

$$\frac{M_x}{\varphi_b W_x} \leqslant f \tag{3-8}$$

式中　W_x——梁的毛截面模量（mm^3）（单轴对称者以受压翼缘为准）；

　　　φ_b——梁的整体稳定系数，应按现行国家标准《钢结构设计规范》GB 50017—2003 的规定确定。当梁在端部仅以腹板与柱（或主梁）相连时，φ_b（或 φ_b >0.6 时的 φ_b'）应乘以降低系数 0.85；

　　　f——钢材强度设计值（N/mm^2），抗震设计时应按《高层民用建筑钢结构技术规程》JGJ 99—2015 第 3.6.1 条的规定除以 γ_{RE}。

3）在主平面内受弯的实腹构件，其抗剪强度应按下式计算：

$$\tau = \frac{VS}{It_w} \leqslant f_v \tag{3-9}$$

框架梁端部截面的抗剪强度，应按下式计算：

$$\tau = \frac{V}{A_{wn}} \leqslant f_v \tag{3-10}$$

式中　V——计算截面沿腹板平面作用的剪力设计值（N）；

　　　S——计算剪应力处以上毛截面对中性轴的面积矩（mm^3）；

　　　I——毛截面惯性矩（mm^4）；

　　　t_w——腹板厚度（mm）；

　　　A_{wn}——扣除焊接孔和螺栓孔后的腹板受剪面积（mm^2）；

　　　f_v——钢材抗剪强度设计值（N/mm^2），抗震设计时应按《高层民用建筑钢结构技术规程》JGJ 99—2015 第 3.6.1 条的规定除以 γ_{RE}。

4）当在多遇地震组合下进行构件承载力计算时，托柱梁地震作用产生的内力应乘以增大系数，增大系数不得小于 1.5。

（2）轴心受压柱

轴心受压柱的稳定性应满足下式要求：

$$\frac{N}{\varphi A} \leqslant f \tag{3-11}$$

式中　N——轴心压力设计值（N）；

　　　A——柱的毛截面面积（mm^2）；

　　　φ——轴心受压构件稳定系数，应按现行国家标准《钢结构设计规范》GB 50017—2003 的规定采用；

　　　f——钢材强度设计值（N/mm^2），抗震设计时应按《高层民用建筑钢结构技术规程》JGJ 99—2015 第 3.6.1 条的规定除以 γ_{RE}。

（3）框架柱

1）框架柱的稳定计算应符合下列规定：

① 结构内力分析可采用一阶线弹性分析或二阶线弹性分析。当二阶效应系数大于 0.1 时，宜采用二阶线弹性分析。二阶效应系数不应大于 0.2。框架结构的二阶效应系数应按下式确定：

$$\theta_i = \frac{\sum N \cdot \Delta u}{\sum H \cdot h_i} \tag{3-12}$$

式中 $\sum N$——所考虑楼层以上所有竖向荷载之和（kN），按荷载设计值计算；

$\quad\quad \sum H$——所考虑楼层的总水平力（kN），按荷载的设计值计算；

$\quad\quad \Delta u$——所考虑楼层的层间位移（m）；

$\quad\quad h_i$——第 i 楼层的层高（m）。

② 当采用二阶线弹性分析时，应在各楼层的楼盖处加上假想水平力，此时框架柱的计算长度系数取 1.0。

a. 假想水平力 H_{ni} 应按下式确定：

$$H_{ni} = \frac{Q_i}{250}\sqrt{\frac{f_y}{235}}\sqrt{0.2 + \frac{1}{n}} \tag{3-13}$$

式中 Q_i——第 i 楼层的总重力荷载设计值（kN）；

$\quad\quad n$——框架总层数，当 $\sqrt{0.2 + \frac{1}{n}} > 1$ 时，取此根号值为 1.0。

b. 内力采用放大系数法近似考虑二阶效应时，允许采用叠加原理进行内力组合。放大系数的计算应采用下列荷载组合下的重力：

$$1.2G + 1.4[\psi L + 0.5(1+\psi)L] = 1.2G + 1.4 \times 0.5(1+\psi)L \tag{3-14}$$

式中 G——永久荷载；

$\quad\quad L$——活荷载；

$\quad\quad \psi$——活荷载的准永久值系数。

③ 当采用一阶线弹性分析时，框架结构柱的计算长度系数应符合下列规定：

a. 框架柱的计算长度系数可按下式确定：

$$\mu = \sqrt{\frac{7.5K_1K_2 + 4(K_1+K_2) + 1.6}{7.5K_1K_2 + K_1 + K_2}} \tag{3-15}$$

式中 K_1、K_2——分别为交于柱上、下端的横梁线刚度之和与柱线刚度之和的比值。当梁的远端铰接时，梁的线刚度应乘以 0.5；当梁的远端固接时，梁的线刚度应乘以 2/3；当梁近端与柱铰接时，梁的线刚度为零。

b. 对底层框架柱：当柱下端铰接且具有明确转动可能时，$K_2 = 0$；柱下端采用平板式铰支座时，$K_2 = 0.1$；柱下端刚接时，$K_2 = 10$。

c. 当与柱刚接的横梁承受的轴力很大时，横梁线刚度应乘以按下列公式计算的折减系数。

当横梁远端与柱刚接时 $\quad\quad\quad \alpha = 1 - N_b/(4N_{Eb}) \tag{3-16}$

当横梁远端铰接时 $\quad\quad\quad\quad \alpha = 1 - N_b/N_{Eb} \tag{3-17}$

当横梁远端嵌固时 $\quad\quad\quad\quad \alpha = 1 - N_b/(2N_{Eb}) \tag{3-18}$

$$N_{Eb} = \pi^2 EI_b/l_b^2 \tag{3-19}$$

式中 α——横梁线刚度折减系数；

$\quad\quad N_b$——横梁承受的轴力（N）；

$\quad\quad I_b$——横梁的截面惯性矩（mm⁴）；

$\quad\quad l_b$——横梁的长度（mm）。

d. 框架结构当设有摇摆柱时，由式（3-15）计算得到的计算长度系数应乘以按下式计算的放大系数，摇摆柱本身的计算长度系数可取 1.0。

$$\eta = \sqrt{1 + \sum P_k / \sum N_j} \qquad (3-20)$$

式中　η——摇摆柱计算长度放大系数；

$\sum P_k$——本层所有摇摆柱的轴力之和（kN）；

$\sum N_j$——本层所有框架柱的轴力之和（kN）。

④ 支撑框架采用线性分析设计时，框架柱的计算长度系数应符合下列规定：

a. 当不考虑支撑对框架稳定的支承作用，框架柱的计算长度按式（3-15）计算。

b. 当框架柱的计算长度系数取 1.0，或取无侧移失稳对应的计算长度系数时，应保证支撑能对框架的侧向稳定提供支承作用，支撑构件的应力比 ρ 应满足下式要求：

$$\rho \leqslant 1 - 3\theta_i \qquad (3-21)$$

式中　θ_i——所考虑柱在第 i 楼层的二阶效应系数。

⑤ 当框架按无侧移失稳模式设计时，应符合下列规定：

a. 框架柱的计算长度系数可按下式确定：

$$\mu = \sqrt{\frac{(1 + 0.41K_1)(1 + 0.41K_2)}{(1 + 0.82K_1)(1 + 0.82K_2)}} \qquad (3-22)$$

式中　K_1、K_2——分别为交于柱上、下端的横梁线刚度之和与柱线刚度之和的比值。当梁的远端铰接时，梁的线刚度应乘以 1.5；当梁的远端固接时，梁的线刚度应乘以 2；当梁近端与柱铰接时，梁的线刚度为零。

b. 对底层框架柱：当柱下端铰接且具有明确转动可能时，$K_2 = 0$；柱下端采用平板式铰支座时，$K_2 = 0.1$；柱下端刚接时，$K_2 = 10$。

c. 当与柱刚接的横梁承受的轴力很大时，横梁线刚度应乘以折减系数。当横梁远端与柱刚接和横梁远端铰接时，折减系数应按式（3-16）和式（3-17）计算；当横梁远端嵌固时，折减系数应按式（3-18）计算。

2）钢框架柱的抗震承载力验算，应符合下列规定：

① 除下列情况之一外，节点左右梁端和上下柱端的全塑性承载力应满足式（3-23）、式（3-24）的要求：

a. 柱所在楼层的受剪承载力比相邻上一层的受剪承载力高出 25%；

b. 柱轴压比不超过 0.4；

c. 柱轴力符合 $N_2 \leqslant \varphi A_c f$ 时（N_2 为 2 倍地震作用下的组合轴力设计值）；

d. 与支撑斜杆相连的节点。

② 等截面梁与柱连接时：

$$\sum W_{pc}(f_{yc} - N/A_c) \geqslant \sum (\eta f_{yb} W_{pb}) \qquad (3-23)$$

③ 梁端加强型连接或骨式连接的端部变截面梁与柱连接时：

$$\sum W_{pc}(f_{yc} - N/A_c) \geqslant \sum (\eta f_{yb} W_{pb1} + M_v) \qquad (3-24)$$

式中　W_{pc}、W_{pb}——分别为计算平面内交汇于节点的柱和梁的塑性截面模量（mm³）；

W_{pb1}——梁塑性铰所在截面的梁塑性截面模量（mm³）；

f_{yc}、f_{yb}——分别为柱和梁钢材的屈服强度（N/mm²）；

N——按设计地震作用组合得出的柱轴力设计值（N）；

A_c——框架柱的截面面积（mm²）；

η——强柱系数，一级取 1.15，二级取 1.10，三级取 1.05，四级取 1.0；

M_v——梁塑性铰剪力对梁端产生的附加弯矩（N·mm），$M_v = V_{pb} \cdot x$；

V_{pb}——梁塑性铰剪力（N）；

x——塑性铰至柱面的距离（mm），塑性铰可取梁端部变截面翼缘的最小处。骨式连接取（0.5～0.75）b_f +（0.30～0.45）h_b，b_f 和 h_b 分别为梁翼缘宽度和梁截面高度。梁端加强型连接可取加强板的长度加四分之一梁高。如有试验依据时，也可按试验取值。

3）框筒结构柱应满足下式要求：

$$\frac{N_c}{A_c f} \leqslant \beta \tag{3-25}$$

式中　N_c——框筒结构柱在地震作用组合下的最大轴向压力设计值（N）；

A_c——框筒结构柱截面面积（mm²）；

f——框筒结构柱钢材的强度设计值（N/mm²）；

β——系数，一、二、三级时取 0.75，四级时取 0.80。

4）节点域的抗剪承载力应满足下式要求：

$$(M_{b1} + M_{b2})/V_p \leqslant (4/3)f_v \tag{3-26}$$

式中　M_{b1}、M_{b2}——分别为节点域左、右梁端作用的弯矩设计值（kN·m）；

V_p——节点域的有效体积，可按下列公式确定：

工字形截面柱（绕强轴）$V_p = h_{b1} h_{c1} t_p$ (3-27)

工字形截面柱（绕弱轴）$V_p = 2h_{b1} b t_f$ (3-28)

箱形截面柱 $V_p =$（16/9）$h_{b1} h_{c1} t_p$ (3-29)

圆管截面柱 $V_p =$（π/2）$h_{b1} h_{c1} t_p$ (3-30)

十字形截面柱（图 3-11）$V_p = \varphi h_{b1}$（$h_{c1} t_p +$

2bt_f) (3-31)

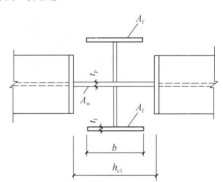

$$\varphi = \frac{\alpha^2 + 2.6(1 + 2\beta)}{\alpha^2 + 2.6} \tag{3-32}$$

$$\alpha = h_{b1}/b \tag{3-33}$$

$$\beta = A_f/A_w \tag{3-34}$$

$$A_f = bt_f \tag{3-35}$$

图 3-11　十字形柱的节点域体积

$$A_w = h_{c1} t_p \tag{3-36}$$

h_{b1}——梁翼缘中心间的距离（mm）；

h_{c1}——工字形截面柱翼缘中心间的距离、箱形截面壁板中心间的距离和圆管截面柱管壁中线的直径（mm）；

t_p——柱腹板和节点域补强板厚度之和，或局部加厚时的节点域厚度（mm），箱形柱为一块腹板的厚度（mm），圆管柱为壁厚（mm）；

t_f——柱的翼缘厚度（mm）；

b——柱的翼缘宽度（mm）。

5）抗震设计时节点域的屈服承载力应满足下式要求，当不满足时应进行补强或局部改用较厚柱腹板。

$$\psi(M_{pb1} + M_{pb2})/V_p \leqslant (4/3)f_{yv} \tag{3-37}$$

式中　　ψ——折减系数，三、四级时取 0.75，一、二级时取 0.85；

M_{pb1}、M_{pb2}——分别为节点域两侧梁段截面的全塑性受弯承载力（N·mm）；

　　f_{yv}——钢材的屈服抗剪强度，取钢材屈服强度的 0.58 倍。

（4）中心支撑框架

1）在多遇地震效应组合作用下，支撑斜杆的受压承载力应满足下式要求：

$$N/(\varphi A_{br}) \leqslant \psi f/\gamma_{RE} \tag{3-38}$$

$$\varphi = 1/(1 + 0.35\lambda_n) \tag{3-39}$$

$$\lambda_n = (\lambda/\pi)\sqrt{f_y/E} \tag{3-40}$$

式中　　N——支撑斜杆的轴压力设计值（N）；

　　A_{br}——支撑斜杆的毛截面面积（mm²）；

　　φ——按支撑长细比 λ 确定的轴心受压构件稳定系数，按现行国家标准《钢结构设计规范》GB 50017—2003 确定；

　　ψ——受循环荷载时的强度降低系数；

λ、λ_n——支撑斜杆的长细比和正则化长细比；

　　E——支撑杆件钢材的弹性模量（N/mm²）；

f、f_y——支撑斜杆钢材的抗压强度设计值（N/mm²）和屈服强度（N/mm²）；

　　γ_{RE}——中心支撑屈曲稳定承载力抗震调整系数，按《高层民用建筑钢结构技术规程》JGJ 99—2015 第 3.6.1 条采用。

2）一、二、三级抗震等级的钢结构，可采用带有耗能装置的中心支撑体系。支撑斜杆的承载力应为耗能装置滑动或屈服时承载力的 1.5 倍。

（5）偏心支撑框架

1）消能梁段的受剪承载力应符合下列公式规定：

① $N \leqslant 0.15Af$ 时

$$V \leqslant \phi V_l \tag{3-41}$$

② $N > 0.15Af$ 时

$$V \leqslant \phi V_{lc} \tag{3-42}$$

式中　　N——消能梁段的轴力设计值（N）；

　　V——消能梁段的剪力设计值（N）；

　　ϕ——系数，可取 0.9；

V_l、V_{lc}——分别为消能梁段不计入轴力影响和计入轴力影响的受剪承载力，可按 2）的规定计算；有地震作用组合时，应按《高层民用建筑钢结构技术规程》JGJ 99—2015 第 3.6.1 条规定除以 γ_{RE}。

2）消能梁段的受剪承载力可按下列公式计算：

① $N \leqslant 0.15Af$ 时

$$\left.\begin{aligned}
&V_l = 0.58A_w f_y \text{ 或 } V_l = 2M_{lp}/a,\text{取较小值}\\
&A_w = (h - 2t_f)t_w\\
&M_{lp} = fW_{np}
\end{aligned}\right\} \tag{3-43}$$

② $N>0.15Af$ 时

$$V_{lc} = 0.58A_w f_y \sqrt{1 - [N/(fA)]^2} \qquad (3-44)$$

或 $$V_{lc} = 2.4M_{lp}[1 - N/(fA)]/a， 取较小值 \qquad (3-45)$$

式中 V_l——消能梁段不计入轴力影响的受剪承载力（N）；

       V_{lc}——消能梁段计入轴力影响的受剪承载力（N）；

       M_{lp}——消能梁段的全塑性受弯承载力（N·mm）；

a、h、t_w、t_f——分别为消能梁段的净长（mm）、截面高度（mm）、腹板厚度和翼缘厚度（mm）；

       A_w——消能梁段腹板截面面积（mm^2）；

       A——消能梁段的截面面积（mm^2）；

       W_{np}——消能梁段对其截面水平轴的塑性净截面模量（mm^3）；

   f、f_y——分别为消能梁段钢材的抗压强度设计值和屈服强度值（N/mm^2）。

3）消能梁段的受弯承载力应符合下列公式的规定：

① $N \leqslant 0.15Af$ 时

$$\frac{M}{W} + \frac{N}{A} \leqslant f \qquad (3-46)$$

② $N>0.15Af$ 时

$$\left(\frac{M}{h} + \frac{N}{2}\right)\frac{1}{b_f t_f} \leqslant f \qquad (3-47)$$

式中 M——消能梁段的弯矩设计值（N·mm）；

       N——消能梁段的轴力设计值（N）；

       W——消能梁段的截面模量（mm^3）；

       A——消能梁段的截面面积（mm^2）；

h、b_f、t_f——分别为消能梁段的截面高度（mm）、翼缘宽度（mm）和翼缘厚度（mm）；

       f——消能梁段端钢材的抗压强度设计值（N/mm^2），有地震作用组合时，应按《高层民用建筑钢结构技术规程》JGJ 99—2015 第 3.6.1 条的规定除以 γ_{RE}。

4）有地震作用组合时，偏心支撑框架中除消能梁段外的构件内力设计值应按下列规定调整：

① 支撑的轴力设计值

$$N_{br} = \eta_{br} \frac{V_l}{V} N_{br,com} \qquad (3-48)$$

② 位于消能梁段同一跨的框架梁的弯矩设计值

$$M_b = \eta_b \frac{V_l}{V} M_{b,com} \qquad (3-49)$$

③ 柱的弯矩、轴力设计值

$$M_c = \eta_c \frac{V_l}{V} M_{c,com} \qquad (3-50)$$

$$N_c = \eta_c \frac{V_l}{V} N_{c,com} \qquad (3-51)$$

式中　　N_{br}——支撑的轴力设计值（kN）；

　　　　M_b——位于消能梁段同一跨的框架梁的弯矩设计值（kN·m）；

M_c、N_c——分别为柱的弯矩（kN·m）、轴力设计值（kN）；

　　　　V_l——消能梁段不计入轴力影响的受剪承载力（kN），取式（3-43）中的较大值；

　　　　V——消能梁段的剪力设计值（kN）；

　　$N_{br,com}$——对应于消能梁段剪力设计值 V 的支撑组合的轴力计算值（kN）；

　　$M_{b,com}$——对应于消能梁段剪力设计值 V 的位于消能梁段同一跨框架梁组合的弯矩计算值（kN·m）；

$M_{c,com}$、$N_{c,com}$——分别为对应于消能梁段剪力设计值 V 的柱组合的弯矩计算值（kN·m）、轴力计算值（kN）；

　　　η_{br}——偏心支撑框架支撑内力设计值增大系数，其值在一级时不应小于 1.4，二级时不应小于 1.3，三级时不应小于 1.2，四级时不应小于 1.0；

η_b、η_c——分别为位于消能梁段同一跨的框架梁的弯矩设计值增大系数和柱的内力设计值增大系数，其值在一级时不应小于 1.3，二、三、四级时不应小于 1.2。

5）偏心支撑斜杆的轴向承载力应符合下式要求：

$$\frac{N_{br}}{\varphi A_{br}} \leqslant f \qquad (3-52)$$

式中　N_{br}——支撑的轴力设计值（N）；

　　　A_{br}——支撑截面面积（mm²）；

　　　φ——由支撑长细比确定的轴心受压构件稳定系数；

　　　f——钢材的抗拉、抗压强度设计值（N/mm²），有地震作用组合时，应按《高层民用建筑钢结构技术规程》JGJ 99—2015 第 3.6.1 条的规定除以 γ_{RE}。

4. 其他要求

（1）人字形和 V 形支撑框架应符合下列规定：

1）与支撑相交的横梁，在柱间应保持连续。

2）在确定支撑跨的横梁截面时，不应考虑支撑在跨中的支承作用。横梁除应承受大小等于重力荷载代表值的竖向荷载外，尚应承受跨中节点外两根支撑斜杆分别受拉屈服、受压屈曲所引起的不平衡竖向分力和水平分力的作用。在该不平衡力中，支撑的受压屈曲承载力和受拉屈服承载力应分别按 $0.3\varphi A f_y$ 及 $A f_y$ 计算。为了减小竖向不平衡力引起的梁截面过大，可采用跨层 X 形支撑（图 3-12a）或采用拉链柱（图 3-12b）。

3）在支撑与横梁相交处，

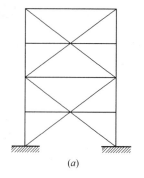
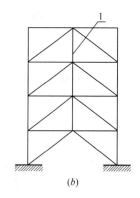

图 3-12　人字支撑的加强

（a）跨层 X 形支撑；（b）拉链柱

1—拉链柱

梁的上下翼缘应设置侧向支承，该支承应设计成能承受在数值上等于 0.02 倍的相应翼缘承载力 $f_y b_f t_f$ 的侧向力的作用，f_y、b_f、t_f 分别为钢材的屈服强度、翼缘板的宽度和厚度。当梁上为组合楼盖时，梁的上翼缘可不必验算。

（2）伸臂桁架及腰桁架的设计应符合下列规定：

1）伸臂桁架、腰桁架宜采用钢桁架。伸臂桁架应与核心构架柱或核心筒转角部或有 T 形墙相交部位连接。

2）对抗震设计的结构，加强层及其上、下各一层的竖向构件和连接部位的抗震构造措施，应按规定的结构抗震等级提高一级采用。

3）伸臂桁架与核心构架或核心筒之间的连接应采用刚接，且宜将其贯穿核心筒或核心构架，与另一边的伸臂桁架相连，锚入核心筒剪力墙或核心构架中的桁架弦杆、腹杆的截面面积不小于外部伸臂桁架构件相应截面面积的 1/2。腰桁架与外框架柱之间应采用刚性连接。

4）在结构施工阶段，应考虑内筒与外框的竖向变形差。对伸臂结构与核心筒及外框柱之间的连接应按施工阶段受力状况采取临时连接措施，当结构的竖向变形差基本消除后再进行刚接。

5）当伸臂桁架或腰桁架兼作转换层构件时，应调整内力并验算其竖向变形及承载能力；对抗震设计的结构尚应按性能目标要求采取措施提高其抗震安全性。

6）伸臂桁架上、下楼层在计算模型中宜按弹性楼板假定。

7）伸臂桁架上、下层楼板厚度不宜小于 160mm。

（3）型钢混凝土柱设计应符合下列构造要求：

1）型钢混凝土柱的长细比不宜大于 80。

2）房屋的底层、顶层以及型钢混凝土与钢筋混凝土交接层的型钢混凝土柱宜设置栓钉，型钢截面为箱形的柱子也宜设置栓钉，栓钉水平间距不宜大于 250mm。

3）混凝土粗骨料的最大直径不宜大于 25mm。型钢柱中型钢的保护厚度不宜小于 150mm；柱纵向钢筋净间距不宜小于 50mm，且不应小于柱纵向钢筋直径的 1.5 倍；柱纵向钢筋与型钢的最小净距不应小于 30mm，且不应小于粗骨料最大粒径的 1.5 倍。

4）型钢混凝土柱的纵向钢筋最小配筋率不宜小于 0.8%，且在四角应各配置一根直径不小于 16mm 的纵向钢筋。

5）柱中纵向受力钢筋的间距不宜大于 300mm；当间距大于 300mm 时，宜附加配置直径不小于 14mm 的纵向构造钢筋。

6）型钢混凝土柱的型钢含钢率不宜小于 4%。

（4）圆形钢管混凝土柱尚应符合下列构造要求：

1）钢管直径不宜小于 400mm。

2）钢管壁厚不宜小于 8mm。

3）钢管外径与壁厚的比值 D/t 宜在 $(20 \sim 100)\sqrt{235/f_y}$ 之间，f_y 为钢材的屈服强度。

4）圆钢管混凝土柱的套箍指标 $\dfrac{f_a A_a}{f_c A_c}$，不应小于 0.5，也不宜大于 2.5。

5）柱的长细比不宜大于 80。

6）轴向压力偏心率 e_0/r_c 不宜大于 1.0，e_0 为偏心距，r_c 为核心混凝土横截面半径。

7）钢管混凝土柱与框架梁刚性连接时，柱内或柱外应设置与梁上、下翼缘位置对应的加劲肋；加劲肋设置于柱内时，应留孔以利混凝土浇筑；加劲肋设置于柱外时，应形成加劲环板。

8）直径大于 2m 的圆形钢管混凝土构件应采取有效措施减小钢管内混凝土收缩对构件受力性能的影响。

（5）矩形钢管混凝土柱应符合下列构造要求：

1）钢管截面短边尺寸不宜小于 400mm。

2）钢管壁厚不宜小于 8mm。

3）钢管截面的高宽比不宜大于 2，当矩形钢管混凝土柱截面最大边尺寸不小于 800mm 时，宜采取在柱子内壁上焊接栓钉、纵向加劲肋等构造措施。

4）钢管管壁板件的边长与其厚度的比值不应大于 $60\sqrt{235/f_y}$。

5）柱的长细比不宜大于 80。

6）矩形钢管混凝土柱的轴压比应按下式计算，并不宜大于表 3-13 的限值。

$$\mu_N = N/(f_c A_c + f_a A_a) \tag{3-53}$$

式中　μ_N——型钢混凝土柱的轴压比；

　　　N——考虑地震组合的柱轴向力设计值；

　　　A_c——扣除型钢后的混凝土截面面积；

　　　f_c——混凝土的轴心抗压强度设计值；

　　　f_a——型钢的抗压强度设计值；

　　　A_a——型钢的截面面积。

矩形钢管混凝土柱轴压比限值　　　　　表 3-13

一级	二级	三级
0.70	0.80	0.90

问 18：钢结构连接设计包括哪些内容，如何设计？

高层钢结构建筑的连接主要包括：梁与柱的连接、支撑与框架的连接、柱脚的连接以及构件拼接。

（1）钢框架抗侧力构件的梁与柱连接应符合下列规定：

1）梁与 H 形柱（绕强轴）刚性连接以及梁与箱形柱或圆管柱刚性连接时，弯矩由梁翼缘和腹板受弯区的连接承受，剪力由腹板受剪区的连接承受。

2）梁与柱的连接宜采用翼缘焊接和腹板高强度螺栓连接的形式。一、二级时梁与柱宜采用加强型连接或骨式连接。三、四级和非抗震设计时，梁与柱的连接可采用全焊接连接。

3）梁腹板用高强度螺栓连接时，应先确定腹板受弯区的高度，并应对设置于连接板上的螺栓进行合理布置，再分别计算腹板连接的受弯承载力和受剪承载力。

（2）钢框架抗侧力结构构件的连接系数 α 应按表 3-14 的规定采用。

钢构件连接的连接系数 α　　　　　　　　　表 3-14

母材牌号	梁柱连接		支撑连接/构件拼接		柱脚	
	母材断裂	螺栓断裂	母材断裂	螺栓断裂		
Q235	1.40	1.45	1.25	1.30	埋入式	1.2 (1.0)
Q345	1.35	1.40	1.20	1.25	外包式	1.2 (1.0)
Q345GJ	1.25	1.30	1.10	1.15	外露式	1.0

注：1. 屈服强度高于 Q345 的钢材，按 Q345 的规定采用；

2. 屈服强度高于 Q345GJ 的 GJ 钢材，按 Q345GJ 的规定采用；

3. 括号内的数字用于箱形柱和圆管柱；

4. 外露式柱脚是指刚接柱脚，只适用于房屋高度 50m 以下。

问 19：如何进行地震作用分析？

(1) 高层民用建筑钢结构的地震作用计算除应符合现行国家标准《建筑抗震设计规范》GB 50011—2010 的有关规定外，尚应符合下列规定：

1) 扭转特别不规则的结构，应计入双向水平地震作用下的扭转影响；其他情况，应计算单向水平地震作用下的扭转影响；

2) 9 度抗震设计时应计算竖向地震作用；

3) 高层民用建筑中的大跨度、长悬臂结构，7 度（0.15g）、8 度抗震设计时应计入竖向地震作用。

(2) 高层民用建筑钢结构的抗震计算，应采用下列方法：

1) 高层民用建筑钢结构宜采用振型分解反应谱法；对质量和刚度不对称、不均匀的结构以及高度超过 100m 的高层民用建筑钢结构应采用考虑扭转耦联振动影响的振型分解反应谱法；

2) 高度不超过 40m、以剪切变形为主且质量和刚度沿高度分布比较均匀的高层民用建筑钢结构，可采用底部剪力法；

3) 7～9 度抗震设防的高层民用建筑，下列情况应采用弹性时程分析进行多遇地震下的补充计算：

① 甲类高层民用建筑钢结构；

② 表 3-15 所列的乙、丙类高层民用建筑钢结构；

采用时程分析的房屋高度范围　　　　　　　　表 3-15

烈度、场地类别	房屋高度范围（m）
8 度 Ⅰ、Ⅱ 类场地和 7 度	＞100
8 度 Ⅲ、Ⅳ 类场地	＞80
9 度	＞60

③ 不满足《高层民用建筑钢结构技术规程》JGJ 99—2015 第 3.3.2 条规定的特殊不规则的高层民用建筑钢结构。

4) 计算罕遇地震下的结构变形，应按现行国家标准《建筑抗震设计规范》GB 50011—2010 的规定，采用静力弹塑性分析方法或弹塑性时程分析法。

5) 计算安装有消能减震装置的高层民用建筑的结构变形，应按现行国家标准《建筑抗震设计规范》GB 50011—2010 的规定，采用静力弹塑性分析方法或弹塑性时程分析法。

（3）混合结构在多遇地震作用下的阻尼比可取为 0.04。风荷载作用下楼层位移验算和构件设计时，阻尼比可取为 0.02～0.04。

（4）钢支撑-混凝土框架结构的抗震计算，尚应符合下列要求：

1）结构的阻尼比不应大于 0.045，也可按混凝土框架部分和钢支撑部分在结构总变形能所占的比例折算为等效阻尼比。

2）钢支撑框架部分的斜杆，可按端部铰接杆计算。当支撑斜杆的轴线偏离混凝土柱轴线超过柱宽 1/4 时，应考虑附加弯矩。

3）混凝土框架部分承担的地震作用，应按框架结构和支撑框架结构两种模型计算，并宜取二者的较大值。

4）钢支撑-混凝土框架的层间位移限值，宜按框架和框架—抗震墙结构内插。

（5）钢框架-钢筋混凝土核心筒结构的抗震计算，尚应符合下列要求：

1）结构的阻尼比不应大于 0.045，也可按钢筋混凝土筒体部分和钢框架部分在结构总变形能所占的比例折算为等效阻尼比。

2）钢框架部分除伸臂加强层及相邻楼层外的任一楼层按计算分配的地震剪力应乘以增大系数，达到不小于结构底部总地震剪力的 20％和框架部分计算最大楼层地震剪力 1.5 倍二者的较小值，且不少于结构底部地震剪力的 15％。由地震作用产生的该楼层框架各构件的剪力、弯矩、轴力计算值均应进行相应调整。

3）结构计算宜考虑钢框架柱和钢筋混凝土墙体轴向变形差异的影响。

4）结构层间位移限值，可采用钢筋混凝土结构的限值。

3.2　构件制作、运输与储存

问 20：零部件加工包括哪些步骤，如何进行？

1. 放样和号料

放样和号料要着眼于产品的结构特点和整个制造工艺，充分考虑设计要求和工艺要求以达到合理用料的目的。

（1）放样和号料应根据施工详图和工艺文件进行，并应按要求预留余量。

（2）放样和样板（样杆）的允许偏差应符合表 3-16 的规定。

放样和样板（样杆）的允许偏差　　　　　　　　　表 3-16

项目	允许偏差
平行线距离与分段尺寸	±0.5mm
样板长度	±0.5mm
样板宽度	±0.5mm
样板对角线差	1.0mm
样杆长度	±1.0mm
样板的角度	±20′

（3）号料的允许偏差应符合表 3-17 的规定。

号料的允许偏差

表 3-17

项目	允许偏差（mm）
零件外形尺寸	±1.0
孔距	±0.5

（4）主要零件应根据构件的受力特点和加工状况，按工艺规定的方向进行号料。

（5）号料后，零件和部件应按施工详图和工艺要求进行标识。

2. 切割

钢材切割下料有多种方法，具体采用哪一种应根据切割对象、切割设备能力、切割精度、切割表面质量要求以及经济性等因素综合考虑。

（1）钢材切割可采用气割、机械切割、等离子切割等方法，选用的切割方法应满足工艺文件的要求。切割后的飞边、毛刺应清理干净。

（2）钢材切割面应无裂纹、夹渣、分层等缺陷和大于 1mm 的缺棱。

（3）气割前钢材切割区域表面应清理干净。切割时，应根据设备类型、钢材厚度、切割气体等因素选择适合的工艺参数。

（4）气割的允许偏差应符合表 3-18 的规定。

气割的允许偏差

表 3-18

项 目	允许偏差（mm）
零件宽度、长度	±3.0
切割面平面度	0.05t，且不应大于 2.0
割纹深度	0.3
局部缺口深度	1.0

注：t 为切割面厚度。

（5）机械剪切的零件厚度不宜大于 12.0mm，剪切面应平整。碳素结构钢在环境温度低于 −20℃、低合金结构钢在环境温度低于 −15℃时，不得进行剪切、冲孔。

（6）机械剪切的允许偏差应符合表 3-19 的规定。

机械剪切的允许偏差

表 3-19

项 目	允许偏差（mm）
零件宽度、长度	±3.0
边缘缺棱	1.0
型钢端部垂直度	2.0

（7）钢网架（桁架）用钢管杆件宜用管子车床或数控相贯线切割机下料，下料时应预放加工余量和焊接收缩量，焊接收缩量可由工艺试验确定。钢管杆件加工的允许偏差应符合表 3-20 的规定。

钢管杆件加工的允许偏差（mm）

表 3-20

项目	允许偏差
长度	±1.0
端面对管轴的垂直度	0.005r
管口曲线	1.0

注：r 为管半径。

3. 矫正和成型

（1）矫正可采用机械矫正、加热矫正、加热与机械联合矫正等方法。

（2）碳素结构钢在环境温度低于-16℃、低合金结构钢在环境温度低于12℃时，不应进行冷矫正和冷弯曲。碳素结构钢和低合金结构钢在加热矫正时，加热温度应为700～800℃，最高温度严禁超过900℃，最低温度不得低于600℃。

（3）当零件采用热加工成型时，可根据材料的含碳量，选择不同的加热温度。加热温度应控制在900～1000℃，也可控制在1100～1300℃；碳素结构钢和低合金结构钢在温度分别下降到700℃和800℃前，应结束加工；低合金结构钢应自然冷却。

（4）热加工成型温度应均匀，同一构件不应反复进行热加工；温度冷却到200～400℃时，严禁捶打、弯曲和成型。

（5）工厂冷成型加工钢管，可采用卷制或压制工艺。

（6）矫正后的钢材表面，不应有明显的凹痕或损伤，划痕深度不得大于0.5mm，且不应超过钢材厚度允许负偏差的1/2。

（7）型钢冷矫正和冷弯曲的最小曲率半径和最大弯曲矢高，应符合表3-21的规定。

冷矫正和冷弯曲的最小曲率半径和最大弯曲矢高（mm）　　　　表 3-21

项次	钢材类型	示意图	对于轴线	矫正		弯曲	
				r	f	r	f
1	钢板、扁钢		$x-x$	$50t$	$\dfrac{l^2}{400t}$	$25t$	$\dfrac{l^2}{200t}$
			$y-y$（仅对扁钢轴线）	$100b$	$\dfrac{l^2}{800b}$	$50b$	$\dfrac{l^2}{400b}$
2	角钢		$x-x$	$90b$	$\dfrac{l^2}{720b}$	$45b$	$\dfrac{l^2}{360b}$
3	槽钢		$x-x$	$50h$	$\dfrac{l^2}{400h}$	$25h$	$\dfrac{l^2}{200h}$
			$y-y$	$90b$	$\dfrac{l^2}{720b}$	$45b$	$\dfrac{l^2}{360b}$
4	工字钢		$x-x$	$50h$	$\dfrac{l^2}{400h}$	$25h$	$\dfrac{l^2}{200h}$
			$y-y$	$50b$	$\dfrac{l^2}{400b}$	$25b$	$\dfrac{l^2}{200b}$

注：r 为曲率半径；f 为弯曲矢高；l 为弯曲弦长；t 为板厚；b 为宽度；h 为高度。

（8）钢材矫正后的允许偏差应符合表 3-22 的规定。

钢材矫正后的允许偏差（mm）

表 3-22

项目		允许偏差	图例
钢板的局部平面度	$t \leqslant 14$	1.5	
	$t > 14$	1.0	
型钢弯曲矢高		$l/1000$ 且不应大于 5.0	
角钢肢的垂直度		$b/100$ 且双肢栓接角钢的角度不得大于 90°	
槽钢翼缘对腹板的垂直度		$b/80$	
工字钢、H 型钢翼缘对腹板的垂直度		$b/100$ 且不大于 2.0	

（9）钢管弯曲成型的允许偏差应符合表 3-23 的规定。

钢管弯曲成型的允许偏差（mm）

表 3-23

项目	允许偏差
直径	$\pm d/200$ 且 $\leqslant \pm 5.0$
构件长度	± 3.0
管口圆度	$d/200$ 且 $\leqslant 5.0$
管中间圆度	$d/100$ 且 $\leqslant 8.0$
弯曲矢高	$l/1500$ 且 $\leqslant 5.0$

注：d 为钢管直径。

4. 边缘加工

在建筑钢结构构件加工中，下列部位一般需要进行边缘加工：①吊车梁翼缘板；②支座支承面；③焊接坡口；④尺寸要求严格的加劲板、隔板、腹板和有孔眼的节点板等；⑤有配合要求的部位；⑥设计有要求的部位。

（1）边缘加工可采用气割和机械加工方法，对边缘有特殊要求时宜采用精密切割。

（2）气割或机械剪切的零件，需要进行边缘加工时，其刨削量不应小于 2.0mm。

（3）边缘加工的允许偏差应符合表 3-24 的规定。

边缘加工的允许偏差 表 3-24

项目	允许偏差
零件宽度、长度	±1.0mm
加工边直线度	$l/3000$，且不应大于 2.0mm
相邻两边夹角	±6′
加工面垂直度	$0.025t$，且不应大于 0.5mm
加工面表面粗糙度	$Ra \leqslant 50\,\mu m$

（4）焊缝坡口可采用气割、铲削、刨边机加工等方法，焊缝坡口的允许偏差应符合表 3-25 的规定。

焊缝坡口的允许偏差 表 3-25

项目	允许偏差
坡口角度	±5°
钝边	±1.0mm

（5）零部件采用铣床进行铣削加工边缘时，加工后的允许偏差应符合表 3-26 的规定。

零部件铣削加工后的允许偏差（mm） 表 3-26

项目	允许偏差
两端铣平时零件长度、宽度	±1.0
铣平面的平面度	0.3
铣平面的垂直度	$l/1500$

5. 制孔

孔加工在钢结构制造中占有一定比例，尤其是高强度螺栓的采用，使孔加工不仅在数量上而且在精度要求上都有了很大的提高。

（1）制孔可采用钻孔、冲孔、铣孔、铰孔、镗孔和锪孔等方法，对直径较大或长形孔也可采用气割制孔。

（2）利用钻床进行多层板钻孔时，应采取有效的防止窜动措施。

（3）机械或气割制孔后，应清除孔周边的毛刺、切屑等杂物；孔壁应圆滑，应无裂纹和大于 1.0mm 的缺棱。

6. 摩擦面处理

对于高强度螺栓连接，连接板接触摩擦面的处理是影响连接承载力的重要因素。

（1）高强度螺栓摩擦面对因板厚公差、制造偏差或安装偏差等产生的接触面间隙，应按表 3-27 规定进行处理。

接触面间隙处理 表 3-27

示意图	处理方法
	$\Delta < 1.0mm$ 时不予处理

续表

示意图	处理方法
磨斜面	Δ＝（1.0～3.0）mm 时将厚板一侧磨成 1：10 缓坡，使间隙小于 1.0mm
	Δ＞3.0mm 时加垫板，垫板厚度不小于 3mm，最多不超过 3 层，垫板材质和摩擦面处理方法应与构件相同

（2）高强度螺栓连接处的摩擦面可根据设计抗滑移系数的要求选择处理工艺，抗滑移系数应符合设计要求。采用手工砂轮打磨时，打磨方向应与受力方向垂直，且打磨范围不应小于螺栓孔径的 4 倍。

（3）经表面处理后的高强度螺栓连接摩擦面，应符合下列规定：

1）连接摩擦面应保持干燥、清洁，不应有飞边、毛刺、焊接飞溅物、焊疤、氧化铁皮、污垢等。

2）经处理后的摩擦面应采取保护措施，不得在摩擦面上作标记。

3）摩擦面采用生锈处理方法时，安装前应以细钢丝刷垂直于构件受力方向除去摩擦面上的浮锈。

问 21：如何进行零部件与半成品的组装？

组装上靠加工质量，下连焊接质量，把加工完成的半成品和零件按图纸规定的运输单元装配成构件或者部件，是钢结构制作中最重要的工序之一。

1. 一般规定

（1）构件组装前，组装人员应熟悉施工详图、组装工艺及有关技术文件的要求，检查组装用的零部件的材质、规格、外观、尺寸、数量等均应符合设计要求。

（2）组装焊接处的连接接触面及沿边缘 30～50mm 范围内的铁锈、毛刺、污垢等，应在组装前清除干净。

（3）板材、型材的拼接应在构件组装前进行；构件的组装应在部件组装、焊接、校正并经检验合格后进行。

（4）构件组装应根据设计要求、构件形式、连接方式、焊接方法和焊接顺序等确定合理的组装顺序。

（5）构件的隐蔽部位应在焊接和涂装检查合格后封闭；完全封闭的构件内表面可不涂装。

（6）构件应在组装完成并经检验合格后再进行焊接。

（7）焊接完成后的构件应根据设计和工艺文件要求进行端面加工。

（8）构件组装的尺寸偏差，应符合设计文件和现行国家标准《钢结构工程施工质量验收规范》GB 50205—2001 的有关规定。

2. 部件拼接

（1）焊接 H 型钢的翼缘板拼接缝和腹板拼接缝的间距，不宜小于 200mm。翼缘板拼接长度不应小于 600mm；腹板拼接宽度不应小于 300mm，长度不应小于 600mm。

（2）箱形构件的侧板拼接长度不应小于 600mm，相邻两侧板拼接缝的间距不宜小于 200mm；侧板在宽度方向不宜拼接，当宽度超过 2400mm 确需拼接时，最小拼接宽度不宜小于板宽的 1/4。

（3）设计无特殊要求时，用于次要构件的热轧型钢可采用直口全熔透焊接拼接，其拼接长度不应小于 600mm。

（4）钢管接长时每个节间宜为一个接头，最短接长长度应符合下列规定：

1）当钢管直径 $d \leqslant 500mm$ 时，不应小于 500mm。

2）当钢管直径 $500mm < d \leqslant 1000mm$，不应小于直径 d。

3）当钢管直径 $d > 1000mm$ 时，不应小于 1000mm。

4）当钢管采用卷制方式加工成型时，可有若干个接头，但最短接长长度应符合 1）～3）的要求。

（5）钢管接长时，相邻管节或管段的纵向焊缝应错开，错开的最小距离（沿弧长方向）不应小于钢管壁厚的 5 倍，且不应小于 200mm。

（6）部件拼接焊缝应符合设计文件的要求，当设计无要求时，应采用全熔透等强对接焊缝。

3. 构件组装

（1）构件组装宜在组装平台、组装支承架或专用设备上进行，组装平台及组装支承架应有足够的强度和刚度，并应便于构件的装卸、定位。在组装平台或组装支承架上宜画出构件的中心线、端面位置线、轮廓线和标高线等基准线。

（2）构件组装可采用地样法、仿形复制装配法、胎模装配法和专用设备装配法等方法；组装时可采用立装、卧装等方式。

（3）构件组装间隙应符合设计和工艺文件要求，当设计和工艺文件无规定时，组装间隙不宜大于 2.0mm。

（4）焊接构件组装时应预设焊接收缩量，并应对各部件进行合理的焊接收缩量分配。重要或复杂构件宜通过工艺性试验确定焊接收缩量。

（5）设计要求起拱的构件，应在组装时按规定的起拱值进行起拱，起拱允许偏差为起拱值的 0～10%，且不应大于 10mm。设计未要求但施工工艺要求起拱的构件，起拱允许偏差不应大于起拱值的 ±10%，且不应大于 ±10mm。

（6）桁架结构组装时，杆件轴线交点偏移不应大于 3mm。

（7）吊车梁和吊车桁架组装、焊接完成后不应允许下挠。吊车梁的下翼缘和重要受力构件的受拉面不得焊接工装夹具、临时定位板、临时连接板等。

（8）拆除临时工装夹具、临时定位板、临时连接板等，严禁用锤击落，应在距离构件表面 3～5mm 处采用气割切除，对残留的焊疤应打磨平整，且不得损伤母材。

（9）构件端部铣平后顶紧接触面应有 75% 以上的面积密贴，应用 0.3mm 的塞尺检查，其塞入面积应小于 25%，边缘最大间隙不应大于 0.8mm。

4. 构件端部加工

（1）构件端部加工应在构件组装、焊接完成并经检验合格后进行。构件的端面铣平加工可用端铣床加工。

（2）构件的端部铣平加工应符合下列规定：

1）应根据工艺要求预先确定端部铣削量，铣削量不宜小于 5mm。

2）应按设计文件及现行国家标准《钢结构工程施工质量验收规范》GB 50205—2001 的有关规定，控制铣平面的平面度和垂直度。

5. 构件矫正

（1）构件外形矫正宜采取先总体后局部、先主要后次要、先下部后上部的顺序。

（2）构件外形矫正可采用冷矫正和热矫正。当设计有要求时，矫正方法和矫正温度应符合设计文件要求；当设计文件无要求时，矫正方法和矫正温度应符合相关规定。

问 22：焊接有哪些要求，如何检测？

1. 焊接要求

（1）焊接施工前，施工单位应制定焊接工艺文件用于指导焊接施工，工艺文件可依据《钢结构焊接规范》GB 50661—2011 第 6 章规定的焊接工艺评定结果进行制定，也可依据《钢结构焊接规范》GB 50661—2011 第 6 章对符合免除工艺评定条件的工艺直接制定焊接工艺文件。焊接工艺文件应至少包括下列内容：

1）焊接方法或焊接方法的组合；

2）母材的规格、牌号、厚度及适用范围；

3）填充金属的规格、类别和型号；

4）焊接接头形式、坡口形式、尺寸及其允许偏差；

5）焊接位置；

6）焊接电源的种类和电流极性；

7）清根处理；

8）焊接工艺参数，包括焊接电流、焊接电压、焊接速度、焊层和焊道分布等；

9）预热温度及道间温度范围；

10）焊后消除应力处理工艺；

11）其他必要的规定。

（2）对于焊条电弧焊、实心焊丝气体保护焊、药芯焊丝气体保护焊和埋弧焊（SAW）焊接方法，每一道焊缝的宽深比不应小于 1.1。

（3）除用于坡口焊缝的加强角焊缝外，如果满足设计要求，应采用最小角焊缝尺寸，最小角焊缝尺寸应符合表 3-28 的规定。

角焊缝最小焊脚尺寸（mm） 表 3-28

母材厚度 t[①]	角焊缝最小焊脚尺寸 h_f[②]
$t \leqslant 6$	3[③]
$6 < t \leqslant 12$	5
$12 < t \leqslant 20$	6
$t > 20$	8

① 采用不预热的非低氢焊接方法进行焊接时，t 等于焊接接头中较厚件厚度，宜采用单道焊缝；采用预热的非低氢焊接方法或低氢焊接方法进行焊接时，t 等于焊接接头中较薄件厚度。

② 焊缝尺寸不要求超过焊接接头中较薄件厚度的情况除外。

③ 承受动荷载的角焊缝最小焊脚尺寸为 5mm。

（4）对于焊条电弧焊、半自动实心焊丝气体保护焊、半自动药芯焊丝气体保护焊、药芯焊丝自保护焊和自动埋弧焊焊接方法，其单道焊最大缝尺寸宜符合表 3-29 的规定。

单道焊最大焊缝尺寸　　　　　　　　　　表 3-29

焊道类型	焊接位置	焊缝类型	焊接方法		
			焊条电弧焊	气体保护焊和药芯焊丝自保护焊	单丝埋弧焊
根部焊道最大厚度	平焊	全部	10mm	10mm	
	横焊		8mm	8mm	
	立焊		12mm	12mm	
	仰焊		8mm	8mm	
填充焊道最大厚度	全部	全部	5mm	6mm	6mm
单道角焊缝最大焊脚尺寸	平焊	角焊缝	10mm	12mm	12mm
	横焊		8mm	10mm	8mm
	立焊		12mm	12mm	—
	仰焊		8mm	8mm	—

（5）多层焊时应连续施焊，每一焊道焊接完成后应及时清理焊渣及表面飞溅物，遇有中断施焊的情况，应采取适当的保温措施，必要时应进行后热处理，再次焊接时重新预热温度应高于初始预热温度。

（6）塞焊和槽焊可采用焊条电弧焊、气体保护电弧焊及药芯焊丝自保护焊等焊接方法。平焊时，应分层焊接，每层熔渣冷却凝固后必须清除再重新焊接；立焊和仰焊时，每道焊缝焊完后，应待熔渣冷却并清除再施焊后续焊道。

（7）在调质钢上严禁采用塞焊和槽焊焊缝。

2. 焊接检查

焊接质量检查主要包含三方面内容：焊缝内部质量检查（无损检测）、焊缝外观质量检查和焊缝尺寸偏差检测。

（1）焊缝的外观质量应无裂纹、未熔合、夹渣、弧坑未填满及超过表 3-30 规定的缺欠。

焊缝外观质量要求　　　　　　　　　　表 3-30

检验项目 ＼ 焊缝质量等级	一级	二级	三级
裂纹	不允许		
未焊满	不允许		≤0.2mm+0.02t 且≤1mm，每 100mm 长度焊缝内未焊满累积长度≤25mm
根部收缩	不允许		≤0.2mm+0.02t 且≤1mm，长度不限
咬边	不允许	深度≤0.05t 且≤0.3mm，连续长度≤100mm，且焊缝两侧咬边总长≤10%焊缝全长	深度≤0.1t 且≤0.5mm，长度不限
电弧擦伤	不允许		允许存在个别电弧擦伤

续表

检验项目 \ 焊缝质量等级	一级	二级	三级
接头不良	不允许		缺口深度 ≤ 0.05t 且 ≤ 0.5mm，每 1000mm 长度焊缝内不得超过 1 处
表面气孔	不允许		直径小于 1.0mm，每米不多于 3 个，间距不小于 20mm
表面夹渣	不允许		深 ≤ 0.2t，长 ≤ 0.5t 且 ≤ 20mm

注：1. t 为母材厚度。

2. 桥面板与弦杆角焊缝、桥面板侧的桥面板与 U 形肋角焊缝、腹板侧受拉区竖向加劲肋角焊缝的咬边缺陷应满足一级焊缝的质量要求。

（2）焊缝的外观尺寸应符合表 3-31 的规定。

焊缝外观尺寸要求（mm）　　　　　　表 3-31

项目		焊缝种类	允许偏差
焊脚尺寸		主要角焊缝① （包括对接与角接组合焊缝）	$h_f \begin{array}{c} +2.0 \\ 0 \end{array}$
		其他角焊缝	$h_f \begin{array}{c} +2.0 \\ -1.0 \end{array}$②
焊缝高低差		角焊缝	任意 25mm 范围高低差 ≤ 2.0mm
余高		对接焊缝	焊缝宽度 b ≤ 20mm 时 ≤ 2.0mm 焊缝宽度 b > 20mm 时 ≤ 3.0mm
余高铲磨后	表面高度	横向对接焊缝	高于母材表面不大于 0.5mm 低于母材表面不大于 0.3mm
	表面粗糙度		不大于 50μm

① 主要角焊缝是指主要杆件的盖板与腹板的连接焊缝。

② 手工焊角焊缝全长的 10% 允许 $h_f \begin{array}{c} +3.0 \\ -1.0 \end{array}$。

（3）无损检测应符合下列规定：

1）无损检测应在外观检查合格后进行。Ⅰ、Ⅱ类钢材及焊接难度等级为 A、B 级时，应以焊接完成 24h 后检测结果作为验收依据，Ⅲ、Ⅳ类钢材及焊接难度等级为 C、D 级时，应以焊接完成 48h 后的检查结果作为验收依据。

2）板厚不大于 30mm（不等厚对接时，按较薄板计）的对接焊缝除按超声波检测外，还应采用射线检测抽检其接头数量的 10% 且不少于一个焊接接头。

3）板厚大于 30mm 的对接焊缝除按超声波检测外，还应增加接头数量的 10% 且不少于一个焊接接头，按检验等级为 C 级、质量等级为不低于一级的超声波检测，检测时焊缝余高应磨平，使用的探头折射角应有一个为 45°，探伤范围应为焊缝两端各 500mm。焊缝长度大于 1500mm 时，中部应加探 500mm。当发现超标缺欠时应加倍检验。

4）用射线和超声波两种方法检验同一条焊缝，必须达到各自的质量要求，该焊缝方可判定为合格。

（4）超声波检测应符合下列规定：

1）超声波检测设备和工艺要求应符合现行国家标准《焊缝无损检测 超声检测 技术、检测等级和评定》GB/T 11345—2013 的有关规定。

2）检测范围和检验等级应符合表 3-32 的规定。距离—波幅曲线及缺欠等级评定应符合表 3-33、表 3-34 的规定。

焊缝超声波检测范围和检验等级 表 3-32

焊缝质量级别	探伤部位	探伤比例	板厚 t（mm）	检验等级
一、二级横向对接焊缝	全长	100%	$10{\leqslant}t{\leqslant}46$	B
	—	—	$46{<}t{\leqslant}80$	B（双面双侧）
二级纵向对接焊缝	焊缝两端各 1000mm	100%	$10{\leqslant}t{\leqslant}46$	B
	—	—	$46{<}t{\leqslant}80$	B（双面双侧）
二级角焊缝	两端螺栓孔部位并延长 500mm，板梁主梁及纵、横梁跨中加探 1000mm	100%	$10{\leqslant}t{\leqslant}46$	B（双面单侧）
	—	—	$46{<}t{\leqslant}80$	B（双面单侧）

超声波检测距离-波幅曲线灵敏度 表 3-33

焊缝质量等级		板厚（mm）	判废线	定量线	评定线
对接焊缝一、二级		$10{\leqslant}t{\leqslant}46$	$\phi3{\times}40{-}6dB$	$\phi3{\times}40{-}14dB$	$\phi3{\times}40{-}20dB$
		$46{<}t{\leqslant}80$	$\phi3{\times}40{-}2dB$	$\phi3{\times}40{-}10dB$	$\phi3{\times}40{-}16dB$
全焊透对接与角接组合焊缝一级		$10{\leqslant}t{\leqslant}80$	$\phi3{\times}40{-}4dB$	$\phi3{\times}40{-}10dB$	$\phi3{\times}40{-}16dB$
			$\phi6$	$\phi3$	$\phi2$
角焊缝二级	部分焊透对接与角接组合焊缝	$10{\leqslant}t{\leqslant}80$	$\phi3{\times}40{-}4dB$	$\phi3{\times}40{-}10dB$	$\phi3{\times}40{-}16dB$
	贴角焊缝	$10{\leqslant}t{\leqslant}25$	$\phi1{\times}2$	$\phi1{\times}2{-}6dB$	$\phi1{\times}2{-}12dB$
		$25{<}t{\leqslant}80$	$\phi1{\times}2{+}4dB$	$\phi1{\times}2{-}4dB$	$\phi1{\times}2{-}10dB$

注：1. 角焊缝超声波检测采用铁路钢桥制造专用柱孔标准试块或与其校准过的其他孔形试块。

2. $\phi6$、$\phi3$、$\phi2$ 表示纵波探伤的平底孔参考反射体尺寸。

超声波检测缺欠等级评定 表 3-34

焊缝质量等级	板厚 t（mm）	单个缺欠指示长度	多个缺欠的累计指示长度
对接焊缝一级	$10{\leqslant}t{\leqslant}80$	$t/4$，最小可为 8mm	在任意 $9t$，焊缝长度范围不超过 t
对接焊缝二级	$10{\leqslant}t{\leqslant}80$	$t/2$，最小可为 10mm	在任意 $4.5t$，焊缝长度范围不超过 t
全焊透对接与角接组合焊缝一级	$10{\leqslant}t{\leqslant}80$	$t/3$，最小可为 10mm	—
角焊缝二级	$10{\leqslant}t{\leqslant}80$	$t/2$，最小可为 10mm	—

注：1. 母材板厚不同时，按较薄板评定。

2. 缺欠指示长度小于 8mm 时，按 5mm 计。

问 23：如何进行表面除锈处理？

在生产过程、储运过程及加工过程中，钢材表面会产生氧化铁皮、铁锈和污染物，如不认真清除，会影响涂料的附着力和涂层的使用寿命。

（1）构件采用涂料防腐涂装时，表面除锈等级可按设计文件及现行国家标准《涂覆涂料前钢材表面处理　表面清洁度的目视评定　第 1 部分：未涂覆过的钢材表面和全面清除原有涂层后的钢材表面的锈蚀等级和处理等级》GB/T 8923.1—2011 的有关规定，采用机械除锈和手工除锈方法进行处理。

（2）构件的表面粗糙度可根据不同底涂层和除锈等级按表 3-35 进行选择，并应按现行国家标准《涂覆涂料前钢材表面处理　喷射清理后的钢材表面粗糙度特性　第 2 部分：磨料喷射清理后钢材表面粗糙度等级的测定方法　比较样块法》GB/T 13288.2—2011 的有关规定执行。

构件的表面粗糙度 表 3-35

钢材底涂层	除锈等级	表面粗糙度 Ra（μm）
热喷锌/铝	Sa3 级	$60\sim100$
无机富锌	Sa2 $\frac{1}{2}$ ～Sa3 级	$50\sim80$
环氧富锌	Sa2 $\frac{1}{2}$ 级	$30\sim75$
不便喷砂的部位	St3 级	

（3）经处理的钢材表面不应有焊渣、焊疤、灰尘、油污、水和毛刺等；对于镀锌构件，酸洗除锈后，钢材表面应露出金属色泽，并应无污渍、锈迹和残留酸液。

问 24：如何进行防腐涂装？

钢结构防腐涂装的目的是通过涂层的保护作用防止钢结构腐蚀，延长其使用寿命。

（1）钢结构涂装时的环境温度和相对湿度，除应符合涂料产品说明书的要求外，还应符合下列规定：

1）当产品说明书对涂装环境温度和相对湿度未作规定时，环境温度宜为 5～38℃，相对湿度不应大于 85％，钢材表面温度应高于露点温度 3℃，且钢材表面温度不应超过 40℃。

2）被施工物体表面不得有凝露。

3）遇雨、雾、雪、强风天气时应停止露天涂装，应避免在强烈阳光照射下施工。

4）涂装后 4h 内应采取保护措施，避免淋雨和沙尘侵袭。

5）风力超过 5 级时，室外不宜喷涂作业。

（2）涂料调制应搅拌均匀，应随拌随用，不得随意添加稀释剂。

（3）不同涂层间施工应有适当的重涂间隔时间，最大及最小重涂间隔时间应符合涂料产品说明书的规定，应超过最小重涂间隔再施工，超过最大重涂间隔时应按涂料说明书的指导进行施工。

（4）表面除锈处理与涂装的间隔时间宜在 4h 之内，在车间内作业或湿度较低的晴天不应超过 12h。

（5）工地焊接部位的焊缝两侧宜留出暂不涂装的区域，应符合表 3-36 的规定，焊缝及焊缝两侧也可涂装不影响焊接质量的防腐涂料。

焊缝暂不涂装的区域（mm）　　　　　　　　　　　表 3-36

图示	钢板厚度 t	暂不涂装的区域宽度 b
	$t<50$	50
	$50 \leqslant t \leqslant 90$	70
	$t>90$	100

（6）构件油漆补涂应符合下列规定：

1）表面涂有工厂底漆的构件，因焊接、火焰校正、曝晒和擦伤等造成重新锈蚀或附有白锌盐时，应经表面处理后再按原涂装规定进行补漆。

2）运输、安装过程的涂层碰损、焊接烧伤等，应根据原涂装规定进行补涂。

（7）钢结构金属热喷涂方法可采用气喷涂或电喷涂，并应按现行国家标准《热喷涂金属和其他无机覆盖层　锌、铝及其合金》GB/T 9793—2012 的有关规定执行。

（8）钢结构表面处理与热喷涂施工的间隔时间，晴天或湿度不大的气候条件下应在 12h 以内，雨天、潮湿、有盐雾的气候条件下不应超过 2h。

（9）金属热喷涂施工应符合下列规定：

1）采用的压缩空气应干燥、洁净。

2）喷枪与表面宜成直角，喷枪的移动速度应均匀，各喷涂层之间的喷枪方向应相互垂直、交叉覆盖。

3）一次喷涂厚度宜为 $25\sim80\mu m$，同一层内各喷涂带间应有 1/3 的重叠宽度。

4）当大气温度低于 5℃ 或钢结构表面温度低于露点 3℃ 时，应停止热喷涂操作。

问 25：防火涂装措施有哪些？

钢结构防火涂装的目的是利用防火涂料使钢结构在遭遇火灾时，能在构件所要求的耐火极限内不倒塌。

（1）防火涂料作业时，须检查环境温度、相对湿度和构件表面结露等技术要求是否满足涂料说明书。基层在施工前应清洁和填平。

（2）薄涂型防火涂料的底涂层（或主涂层）宜采用重力式喷枪喷涂，局部修补和小面积施工时宜用手工抹涂，面层装饰涂料宜涂刷，喷涂或滚涂。厚涂型防火涂料宜采用压送式喷涂机喷涂，喷涂遍数、涂层厚度应根据施工要求确定，且须在前一遍干燥后喷涂。

（3）施工下一道防火涂料前应对上一道涂膜检查合格，并应对上一道涂膜表面进行清理，去除油、水、灰尘、漆雾颗粒等污染物。

（4）薄涂型防火涂料操作要求可参考油漆施工。

（5）涂装施工中，应经常检测涂层厚度，直到干膜厚度符合设计要求和国家现行标准的规定。超薄型和薄型防火涂料的干膜厚度可使用电磁式测厚仪检测，厚型防火涂料的干膜厚度可使用测厚针检测。

（6）防火涂料不应有误涂、漏涂，涂层应闭合无脱层、空鼓、明显凹陷、粉化松散和浮浆等缺陷。下列情况应加以修补：

1）涂层干燥固化不良，粘结不牢或粉化、空鼓、脱落，应铲除重涂；

2）钢结构的接头、节点、转角处的涂层有明显凹陷，应铲除重涂；

3）涂层干膜厚度小于设计规定厚度较多时，且厚度偏低的涂层其连续面积的长度较长时，应补涂到合格的干膜厚度。合格的干膜厚度范围以当地消防部门验收处的规定为准。

问 26：装配式构件存放场地应符合哪些条件？

存放场地应为钢筋混凝土地坪，并应有排水措施。

（1）预制构件的堆放要符合吊装位置的要求，要事先规划好不同区位的构件的堆放地点。尽量放置能吊装区域，避免吊车移位，造成工期的耽误。

（2）堆放构件的场地应保持排水良好，以免雨天积水后不能及时排泄，导致预制构件浸泡在水中，污染预制构件。

（3）堆放构件的场地应平整坚实并避免地面凹凸不平。

（4）在规划储存场地的地基承载力时要根据不同预制构件堆垛层数和构件的重量。

（5）按照文明施工要求，现场裸露的土体（含脚手架区域）场地需进行场地硬化处理；对于预制构件堆放场地，路基压实度不小于 90％，面层建议采用 15cmC30 钢筋混凝土，钢筋采用 ϕ12@150 双向布置。

问 27：钢吊车梁如何安装？

（1）钢吊车梁安装前，将两端的钢垫板先安装在钢柱牛腿上，并标出吊车梁安装的中心位置。

（2）钢吊车梁的吊装常用自行式起重机，钢吊车梁绑扎一般采用两点对称绑扎，在两端各拴一根溜绳，以牵引就位和防止吊装时碰撞钢柱。

（3）钢吊车梁起吊后，旋转起重机臂杆使吊车梁中心对准就位中心，在距支承面100mm 左右时应缓慢落钩，用人工扶正使吊车梁的中心线与牛腿的定位轴线对准，并将与柱子连接的螺栓全部连接后，方准卸钩。

（4）钢吊车梁的校正，可按厂房伸缩缝分区、分段进行校正，或在全部吊车梁安装完毕后进行一次总体校正。

（5）校正包括：标高、平面位置（中心轴线）、垂直度和跨距。一般除标高外，应在钢柱校正和屋面吊装完毕并校正固定后进行，以免因屋架吊装校正引起钢柱跨间移位。

1）标高的校正。

用水准仪对每根吊车梁两端标高进行测量，用千斤顶或倒链将吊车梁一端吊起，用调整吊车梁垫板厚度的方法，使标高满足设计要求。

2）平面位置的校正。

平面位置的校正有以下两种方法：

通线校正法：用经纬仪在吊车梁两端定出吊车梁的中心线，用一根 16～18 号钢丝在两端中心点间拉紧，钢丝两端用 20mm 小钢板垫高，松动安装螺栓，用千斤顶或撬杠拨动偏移的吊车梁，使吊车梁中心线与通线重合。

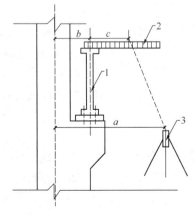

图 3-13　钢吊车梁仪器校正法
1—钢吊车梁；2—木尺；3—经纬仪

仪器校正法：从柱轴线量出一定的距离 a（图3-13），

将经纬仪放在该位置上，根据吊车梁中心至轴线的距离 b，标出仪器放置点至吊车梁中心线距离 c（$c=a-b$）。松动安装螺栓，用撬杠或千斤顶拨动偏移的吊车梁，使吊车梁中心线至仪器观测点的读数均为 c，平面即得到校正。

3）垂直度的校正。

在平面位置校正的同时用线坠和钢尺校正其垂直度。当一侧支承面出现空隙，应用楔形铁片塞紧，以保证支承贴紧面不少于 70%。

4）跨距校正。

在同一跨吊车梁校正好之后，应用拉力计数器和钢尺检查吊车梁的跨距，其偏差值不得大于 10mm，如偏差过大，应按校正吊车梁中心轴线的方法进行纠正。

（6）吊车梁校正后，应将全部安装螺栓上紧，并将支承面垫板焊接固定。

（7）制动桁架（板）一般在吊车梁校正后安装就位，经校正后随即分别与钢柱和吊车梁用高强度螺栓连接或焊接固定。

（8）吊车梁的受拉翼缘或吊车桁架的受拉弦杆上，不得焊接悬挂物和卡具等。

（9）吊车梁安装的允许偏差应满足表 3-37 的要求。

钢吊车梁安装的允许偏差（mm）　　　　　　　　　　　表 3-37

项目		允许偏差	图例	检验方法
梁的跨中垂直度 △		$h/500$		用吊线和钢尺检查
侧向弯曲矢高		$l/1500$ 且不大于 10.0	—	用拉线和钢尺检查
垂直上拱矢高		10.0		
两端支座中心位移 △	安装在钢柱上时，对牛腿中心的偏移	5.0		
	安装在混凝土柱上时，对定位轴线的偏移	5.0		
吊车梁支座加劲板中心与柱子承压加劲中心的偏移 △		$t/2$		用吊线和钢尺检查

项目		允许偏差	图例	检验方法
同跨间内同一横截面吊车梁顶面高差 Δ	支座处	10.0		用经纬仪、水准仪和钢尺检查
	其他处	15.0		
同跨间内同一横截面下挂式吊车梁底面高差 Δ		10.0		
同列相邻两柱间吊车梁顶面高差 Δ		$l/1500$ 且不大于 10.0		用水准仪和钢尺检查
相邻两吊车梁接头部位 Δ	中心错位	3.0		用钢尺检查
	上承式顶面高差	1.0		
	下承式顶面高差	1.0		
同跨间任一截面的吊车梁中心跨距 Δ		±10.0		用经纬仪和光电测距仪检查小；跨度小时，可用钢尺检查
轨道中心对吊车梁腹板轴线的偏移 Δ		$t/2$		用吊线和钢尺检查

问 28：钢屋架（盖）如何安装？

1. 安装顺序

（1）屋架（盖）安装一般采用综合安装法，从一端开始向另一端安装两榀屋架之间全部的构件，形成稳定的、具有空间刚度的单元。

（2）一般安装顺序。

屋架→天窗架→垂直、水平支撑系统→檩条→屋面板

2. 安装方法及要求

（1）钢屋架的吊装通常采用两点，跨度大于 21m，多采用三点或四点，吊点应位于屋架的重心线上，并在屋架一端或两端绑溜绳。由于屋架平面外刚度较差，一般在侧向绑二道杉木杆或方木进行加固。钢丝绳的水平夹角不小于 45°。

（2）屋架多用高空旋转法吊装，即将屋架从摆放垂直位置吊起至超过柱顶 200mm 以上后，再旋转臂杆转向安装位置，此时起重机边回转、工人边拉溜绳，使屋架缓慢下降，平稳地落在柱头设计位置上，使屋架端部中心线与柱头中心轴线对准。

（3）第一榀屋架就位并初步校正垂直度后，应在两侧设置缆风绳临时固定，方可卸钩。

（4）第二榀屋架用同样方法吊装就位后，先用杉杆或木方与第一榀屋架临时连接固定，卸钩后，随即安装支撑系统和部分檩条进行最后校正固定，以形成一个具有空间刚度和整体稳定的单元体系。以后安装屋架则采取在上弦绑水平杉木杆或木方，与已安装的前榀屋架连系，保持稳定。

（5）钢屋架的校正。垂直度可用线坠、钢尺对支座和跨中进行检查；屋架的弯曲度用拉紧测绳进行检查，如不符合要求，可推动屋架上弦进行校正。

（6）屋架临时固定，如需用临时螺栓，则每个节点穿入数量不少于安装孔数的 1/3，且至少穿入两个临时螺栓；冲钉穿入数量不宜多于临时螺栓的 30%。当屋架与钢柱的翼缘连接时，应保证屋架连接板与柱翼缘板接触紧密，否则应垫入垫板使之紧密。如屋架的支承反力靠钢柱上的承托板传递时，屋架端节点与承托板的接触要紧密，其接触面积不小于承压面积的 70%，边缘最大间隙不应大于 0.8mm，较大缝隙应用钢板垫实。

（7）钢支撑系统，每吊装一榀屋架经校正后，随即将与前一榀屋架间的支撑系统吊上，每一节间的钢构件经校正、检查合格后，即可用电焊、高强螺栓或普通螺栓进行最后固定。

（8）天窗架安装一般采取两种方式：

1）将天窗架单榀组装，屋架吊装校正、固定后，随即将天窗架吊上，校正并固定。

2）当起重机起吊高度满足要求时，将单榀天窗架与单榀屋架在地面上组合（平拼或立拼），并按需要进行加固后，一次整体吊装。每吊装一榀，随即将与前一榀天窗架间的支撑系统及相应构件安装上。

（9）檩条重量较轻，为发挥起重机效率，多采用一钩多吊逐根就位，间距用样杆顺着檩条来回移动检查，如有误差，可放松或扭紧檩条之间的拉杆螺栓进行校正；平直度用拉线和长靠尺或钢尺检查，校正后，用电焊或螺栓最后固定。

（10）屋盖构件安装连接时，如螺栓孔眼不对，不得用气割扩孔或改为焊接，具体做法见"细节：制孔"。每个螺栓不得用两个以上垫圈；螺栓外露丝扣长度不得少于 2～3

扣，并应防止螺母松动；更不得用螺母代替垫圈。精制螺栓孔不准使用冲钉，亦不得用气割扩孔。构件表面有斜度时，应采用相应斜度的垫圈。

（11）支撑系统安装就位后，应立即校正并固定，不得以定位点焊来代替安装螺栓或安装焊缝，以防遗漏，造成结构失稳。

（12）钢屋盖构件的面漆，一般均在安装前涂好，以减少高空作业。安装后节点的焊缝或螺栓经检查合格，应及时涂底漆和面漆。设计要求用油漆腻子封闭的缝隙，应及时封好腻子后，再涂刷油漆。高强度螺栓连接的部位，经检查合格，也应及时涂漆；油漆的颜色应与被连接的构件相同。安装时构件表面被损坏的油漆涂层，应补涂。

（13）不准随意在已安装的屋盖钢构件上开孔或切断任何杆件，不得任意割断已安装好的永久螺栓。

（14）利用已安装好的钢屋盖构件悬吊其他构件和设备时，应经设计同意，并采取措施防止损坏结构。

（15）屋架安装的允许偏差应符合表 3-38 的规定。檩条、墙架安装的允许偏差应符合表 3-39 的规定。

钢屋（托）架、桁架、梁及受压杆件垂直度和侧向弯曲矢高的允许偏差（mm） 表 3-38

项目	允许偏差		图 例
跨中的垂直度	$h/250$，且不大于 15.0		
侧向弯曲矢高 f	$l \leqslant 30m$	$l/1000$，且不应大于 10.0	
	$30m < l \leqslant 60m$	$l/1000$，且不应大于 30.0	
	$l > 60m$	$l/1000$，且不应大于 50.0	

檩条、墙架等次要构件安装的允许偏差（mm） 表 3-39

	项 目	允许偏差	检验方法
墙架立柱	中心线对定位轴线的偏移	10.0	用钢尺检查
	垂直度	$H/1000$，且不大于 10.0	
	弯曲矢高	$H/1000$，且不大于 15.0	用经纬仪或吊线和钢尺检查
抗风桁架的垂直度		$h/250$，且不大于 15.0	用吊线和钢尺检查
檩条、墙梁的间距		±5.0	用钢尺检查
檩条的弯曲矢高		$L/750$，且不应大于 12.0	用拉线和钢尺检查
墙梁的弯曲矢高		$L/750$，且不应大于 10.0	用拉线和钢尺检查

问 29：如何进行预拼装？

为保证施工现场顺利拼装，应根据构件或结构的复杂程度、设计要求或合同协议规定，对结构在工厂内进行整体或部分预拼装。

（1）预拼装前，单个构件应检查合格；当同一类型构件较多时，可选择一定数量的代表性构件进行预拼装。

（2）构件可采用整体预拼装或累积连续预拼装。当采用累积连续预拼装时，两相邻单元连接的构件应分别参与两个单元的预拼装。

（3）预拼装场地应平整、坚实；预拼装所用的临时支承架、支承凳或平台应经测量准确定位，并应符合工艺文件要求。重型构件预拼装所用的临时支承结构应进行结构安全验算。

（4）采用螺栓连接的节点连接件，必要时可在预拼装定位后进行钻孔。

（5）当多层板叠采用高强度螺栓或普通螺栓连接时，宜先使用不少于螺栓孔总数 10% 的冲钉定位，再采用临时螺栓紧固。临时螺栓在一组孔内不得少于螺栓孔数量的 20%，且不应少于 2 个；预拼装时应使板层密贴。螺栓孔应采用试孔器进行检查，并应符合下列规定：

1）当采用比孔公称直径小 1.0mm 的试孔器检查时，每组孔的通过率不应小于 85%；

2）当采用比螺栓公称直径大 0.3mm 的试孔器检查时，通过率应为 100%。

（6）钢构件预拼装的允许偏差应符合表 3-40 的规定。

钢构件预拼装的允许偏差（mm） 表 3-40

构件类型	项 目		允许偏差	检验方法
多节柱	预拼装单元总长		±5.0	用钢尺检查
	预拼装单元弯曲矢高		$l/1500$，且不大于 10.0	用拉线和钢尺检查
	接口错边		2.0	用焊缝量规检查
	预拼装单元柱身扭曲		$h/200$，且不应大于 5.0	用拉线、吊线和钢尺检查
	顶紧面至任一牛腿距离		±2.0	
梁、桁架	跨度最外两端安装孔或两端支承面最外侧距离		+5.0 −10.0	用钢尺检查
	接口截面错位		2.0	用焊缝量规检查
	拱度	设计要求起拱	±$l/5000$	用拉线和钢尺检查
		设计未要求起拱	$l/2000$ 0	
	节点处杆件轴线错位		4.0	划线后用钢尺检查

构件类型	项　目	允许偏差	检验方法
管构件	预拼装单元总长	±5.0	用钢尺检查
	预拼装单元弯曲矢高	$l/1500$，且不应大于 10.0	用拉线和钢尺检查
	对口错边	$t/10$，且不应大于 3.0	用焊缝量规检查
	坡口间隙	$+2.0$ -1.0	
构件平面总体预拼装	各楼层柱距	±4.0	用钢尺检查
	相邻楼层梁与梁之间距离	±3.0	
	各层间框架两对角线之差	$H/2000$，且不应大于 5.0	
	任意两对角线之差	$\sum H/2000$，且不应大于 8.0	

问 30：如何进行拼装变形预防？

拼装时应选择合理的装配顺序，一般原则是先将整体构件适当的分成几个部件，分别进行小单元部件的拼装，然后将这些拼装和焊完的部件予以矫正后，再拼成大单元整体。这样某些不对称或收缩大的构件焊缝能自由收缩和进行矫正，而不影响整体结构的变形。

拼装时，应注意下列事项：

（1）拼装前，应按设计图的规定尺寸，认真检查拼装零件的尺寸是否正确。

（2）拼装底样的尺寸一定要符合拼装半成品构件的尺寸要求，构件焊接点的收缩量应接近焊后实际变化尺寸要求。

（3）拼装时，为避免构件在拼装过程中产生过大的应力变形，应使零件的规格或形状均符合规定的尺寸和样板要求。同时在拼装时不应采用较大的外力强制组对，避免构件焊后产生过大的拘束应力而发生变形。

（4）构件组装时，为使焊接接头均匀受热以消除应力和减少变形，应做到对接间隙、坡口角度、搭接长度和 T 形贴角连接的尺寸正确，其形状和尺寸的要求，应按设计及确保质量的经验做法进行。

（5）坡口加工的形式、角度、尺寸应按设计施工图要求进行。

3.3　装配式钢结构施工

问 31：施工现场材料复验应注意哪些方面？

（1）钢材的进场验收，除应符合本规范的规定外，尚应符合现行国家标准《钢结构工程施工质量验收规范》GB 50205 的有关规定。对属于下列情况之一的钢材，应进行抽样复验：

1）国外进口钢材；

2）钢材混批；

3）板厚等于或大于 40mm，且设计有 Z 向性能要求的厚板；

4）建筑结构安全等级为一级，大跨度钢结构中主要受力构件所采用的钢材；

5）设计有复验要求的钢材；

6）对质量有疑义的钢材。

（2）钢材复验内容应包括力学性能试验和化学成分分析，其取样、制样及试验方法可按表 3-41 中所列的标准执行。

钢材试验标准 表 3-41

标准编号	标准名称
GB/T 2975—1998	《钢及钢产品　力学性能试验取样位置及试样制备》
GB/T 228.1—2010	《金属材料　拉伸试验　第 1 部分：室温试验方法》
GB/T 229—2007	《金属材料　夏比摆锤冲击试验方法》
GB/T 232—2010	《金属材料　弯曲试验方法》
GB/T 20066—2006	《钢和铁　化学成分测定用试样的取样和制样方法》
GB/T 222—2006	《钢的成品化学成分允许偏差》
GB/T 223	《钢铁及合金化学分析方法》

（3）当设计文件无特殊要求时，钢结构工程中常用牌号钢材的抽样复验检验批宜按下列规定执行：

1）牌号为 Q235、Q345 且板厚小于 40mm 的钢材，应按同一生产厂家、同一牌号、同一质量等级的钢材组成检验批，每批重量不应大于 150t；同一生产厂家、同一牌号的钢材供货重量超过 600t 且全部复验合格时，每批的组批重量可扩大至 400t；

2）牌号为 Q235、Q345 且板厚大于或等于 40mm 的钢材，应按同一生产厂家、同一牌号、同一质量等级的钢材组成检验批，每批重量不应大于 60t；同一生产厂家、同一牌号的钢材供货重量超过 600t 且全部复验合格时，每批的组批重量可扩大至 400t；

3）牌号为 Q390 的钢材，应按同一生产厂家、同一质量等级的钢材组成检验批，每批重量不应大于 60t；同一生产厂家的钢材供货重量超过 600t 且全部复验合格时，每批的组批重量可扩大至 300t；

4）牌号为 Q235GJ、Q345GJ、Q390GJ 的钢板，应按同一生产厂家、同一牌号、同一质量等级的钢材组成检验批，每批重量不应大于 60t；同一生产厂家、同一牌号的钢材供货重量超过 600t 且全部复验合格时，每批的组批重量可扩大至 300t；

5）牌号为 Q420、Q460、Q420GJ、Q460GJ 的钢材，每个检验批应由同一牌号、同一质量等级、同一炉号、同一厚度、同一交货状态的钢材组成，每批重量不应大于 60t；

6）有厚度方向要求的钢板，宜附加逐张超声波无损探伤复验。

（4）进口钢材复验的取样、制作及试验方法应按设计文件和合同规定执行。海关商检结果经监理工程师认可后，可作为有效的材料复验结果。

问 32：施工现场的计量器具使用有哪些要求？

施工计量是保证建筑工程质量的重要手段，而计量器具是影响施工测量的主要因素。

（1）钢结构制作、安装、验收及土建施工用的量具，应按同一计量标准进行鉴定，并应具有相同的精度等级。

（2）安装用的专用机具和工具，应满足施工要求，并定期进行检验，保证合格。

（3）安装使用的钢尺，应符合（1）的要求。土建施工、钢结构制作、钢结构安装应使用同一标准检验的钢尺。

问 33：施工阶段设计有哪些要求？

1. 一般规定

（1）进行施工阶段设计时，选用的设计指标应符合设计文件、现行国家标准《钢结构设计规范》GB 50017—2003 等的有关规定。

（2）施工阶段的结构分析和验算时，荷载应符合下列规定：

1）恒荷载应包括结构自重、预应力等，其标准值应按实际计算；

2）施工活荷载应包括施工堆载、操作人员和小型工具重量等，其标准值可按实际计算；

3）风荷载可根据工程所在地和实际施工情况，按不小于 10 年一遇风压取值，风荷载的计算应按现行国家标准《建筑结构荷载规范》GB 50009—2012 的有关规定执行；当施工期间可能出现大于 10 年一遇风压取值时，应制定应急预案；

4）雪荷载的取值和计算应按现行国家标准《建筑结构荷载规范》GB 50009—2012 的有关规定执行；

5）覆冰荷载的取值和计算应按现行国家标准《高耸结构设计规范》GB 50135—2006 的有关规定执行；

6）起重设备和其他设备荷载标准值宜按设备产品说明书取值；

7）温度作用宜按当地气象资料所提供的温差变化计算；结构由日照引起向阳面和背阳面的温差，宜按现行国家标准《高耸结构设计规范》GB 50135—2006 的有关规定执行；

8）本条第 1）～7）款未规定的荷载和作用，可根据工程的具体情况确定。

2. 施工阶段结构分析

（1）当钢结构工程施工方法或施工顺序对结构的内力和变形产生较大影响，或设计文件有特殊要求时，应进行施工阶段结构分析，并应对施工阶段结构的强度、稳定性和刚度进行验算，其验算结果应满足设计要求。

（2）施工阶段结构分析的荷载效应组合和荷载分项系数取值，应符合现行国家标准《建筑结构荷载规范》GB 50009—2012 等的有关规定。

（3）施工阶段分析结构重要性系数不应小于 0.9，重要的临时支承结构其重要性系数不应小于 1.0。

（4）施工阶段的荷载作用、结构分析模型和基本假定应与实际施工状况相符合。施工阶段的结构宜按静力学方法进行弹性分析。

（5）施工阶段的临时支承结构和措施应按施工状况的荷载作用，对构件应进行强度、稳定性和刚度验算，对连接节点应进行强度和稳定验算。当临时支承结构作为设备承载结构时，应进行专项设计；当临时支承结构或措施对结构产生较大影响时，应提交原设计单位确认。

（6）临时支承结构的拆除顺序和步骤应通过分析和计算确定，并应编制专项施工方案，必要时应经专家论证。

（7）对吊装状态的构件或结构单元，宜进行强度、稳定性和变形验算，动力系数宜取 1.1～1.4。

（8）索结构中的索安装和张拉顺序应通过分析和计算确定，并应编制专项施工方案，计算结果应经原设计单位确认。

（9）支承移动式起重设备的地面或楼面，应进行承载力和变形验算。当支承地面处于边坡或临近边坡时，应进行边坡稳定验算。

3. 结构预变形

（1）当在正常使用或施工阶段因自重及其他荷载作用，发生超过设计文件或国家现行有关标准规定的变形限值，或设计文件对主体结构提出预变形要求时，应在施工期间对结构采取预变形。

（2）结构预变形计算时，荷载应取标准值，荷载效应组合应符合现行国家标准《建筑结构荷载规范》GB 50009—2012 的有关规定。

（3）结构预变形值应结合施工工艺，通过结构分析计算，并应由施工单位与原设计单位共同确定。结构预变形的实施应进行专项工艺设计。

4. 施工详图设计

（1）钢结构施工详图应根据结构设计文件和有关技术文件进行编制，并应经原设计单位确认；当需要进行节点设计时，节点设计文件也应经原设计单位确认。

（2）施工详图设计应满足钢结构施工构造、施工工艺、构件运输等有关技术要求。

（3）钢结构施工详图应包括图纸目录、设计总说明、构件布置图、构件详图和安装节点详图等内容；图纸表达应清晰、完整，空间复杂构件和节点的施工详图，宜增加三维图形表示。

（4）构件重量应在钢结构施工详图中计算列出，钢板零部件重量宜按矩形计算，焊缝重量宜以焊接构件重量的 1.5% 计算。

问 34：如何进行施工现场测量？

1. 一般规定

（1）施工测量前，应根据设计施工图和钢结构安装要求，编制测量专项方案。

（2）钢结构安装前应设置施工控制网。

2. 平面控制网

（1）平面控制网，可根据场区地形条件和建筑物的结构形式，布设十字轴线或矩形控制网，平面布置为异形的建筑可根据建筑物形状布设多边形控制网。

（2）建筑物的轴线控制桩应根据建筑物的平面控制网测定，定位放线可选择直角坐标法、极坐标法、角度（方向）交会法、距离交会法等方法。

（3）建筑物平面控制网，四层以下宜采用外控法，四层及以上宜采用内控法。上部楼层平面控制网，应以建筑物底层控制网为基础，通过仪器竖向垂直接力投测。竖向投测宜以每 50～80m 设一转点，控制点竖向投测的允许误差应符合表 3-42 的规定。

控制点竖向投测的允许误差　　　　　　　　　　表 3-42

项　　目		测量允许误差（mm）
每层		3
总高度 H	$H \leqslant 30m$	5
	$30m < H \leqslant 60m$	8
	$60m < H \leqslant 90m$	13
	$90m < H \leqslant 150m$	18
	$H > 150m$	20

（4）轴线控制基准点投测至中间施工层后，应进行控制网平差校核。调整后的点位精度应满足边长相对误差达到 1/20000 和相应的测角中误差±10″的要求。设计有特殊要求时应根据限差确定其放样精度。

3. 高程控制网

（1）首级高程控制网应按闭合环线、附合路线或结点网形布设。高程测量的精度，不宜低于三等水准的精度要求。

（2）钢结构工程高程控制点的水准点，可设置在平面控制网的标桩或外围的固定地物上，也可单独埋设。水准点的个数不应少于 3 个。

（3）建筑物标高的传递宜采用悬挂钢尺测量方法进行，钢尺读数时应进行温度、尺长和拉力修正。标高向上传递时宜从两处分别传递，面积较大或高层结构宜从三处分别传递。当传递的标高误差不超过±3.0mm 时，可取其平均值作为施工楼层的标高基准；超过时，则应重新传递。标高竖向传递投测的测量允许误差应符合表 3-43 的规定。

标高竖向传递投测的测量允许误差　　　　　　　　　　表 3-43

项　　　目		测量允许误差（mm）
每　　　层		±3
总高度 H	H≤30m	±5
	30m<H≤60m	±10
	H>60m	±12

注：表中误差不包括沉降和压缩引起的变形值。

4. 单层钢结构施工测量

（1）钢柱安装前，应在柱身四面分别画出中线或安装线，弹线允许误差为 1mm。

（2）竖直钢柱安装时，应在相互垂直的两轴线方向上采用经纬仪，同时校测钢柱垂直度。当观测面为不等截面时，经纬仪应安置在轴线上；当观测面为等截面时，经纬仪中心与轴线间的水平夹角不得大于 15°。

（3）钢结构厂房吊车梁与轨道安装测量应符合下列规定：

1）应根据厂房平面控制网，用平行借线法测定吊车梁的中心线；吊车梁中心线投测允许误差为±3mm，梁面垫板标高允许偏差为±2mm；

2）吊车梁上轨道中心线投测的允许误差为±2mm，中间加密点的间距不得超过柱距的两倍，并应将各点平行引测到牛腿顶部靠近柱的侧面，作为轨道安装的依据；

3）应在柱牛腿面架设水准仪按三等水准精度要求测设轨道安装标高。标高控制点的允许误差为±2mm，轨道跨距允许误差为±2mm，轨道中心线投测允许误差为±2mm，轨道标高点允许误差为±1mm。

（4）钢屋架（桁架）安装后应有垂直度、直线度、标高、挠度（起拱）等实测记录。

（5）复杂构件的定位可由全站仪直接架设在控制点上进行三维坐标测定，也可由水准仪对标高、全站仪对平面坐标进行共同测控。

5. 多层、高层钢结构施工测量

（1）多层及高层钢结构安装前，应对建筑物的定位轴线、底层柱的轴线、柱底基础标高进行复核，合格后再开始安装。

（2）每节钢柱的控制轴线应从基准控制轴线的转点引测，不得从下层柱的轴线引出。

（3）安装钢梁前，应测量钢梁两端柱的垂直度变化，还应监测邻近各柱因梁连接而产生的垂直度变化；待一区域整体构件安装完成后，应进行结构整体复测。

（4）钢结构安装时，应分析日照、焊接等因素可能引起构件的伸缩或弯曲变形，并应采取相应措施。安装过程中，宜对下列项目进行观测，并应作记录：

1）柱、梁焊缝收缩引起柱身垂直度偏差值；

2）钢柱受日照温差、风力影响的变形；

3）塔吊附着或爬升对结构垂直度的影响。

（5）主体结构整体垂直度的允许偏差为 $H/2500+10mm$（H 为高度），但不应大于 50.0mm；整体平面弯曲允许偏差为 $L/1500$（L 为宽度），且不应大于 25.0mm。

（6）高度在 150m 以上的建筑钢结构，整体垂直度宜采用 GPS 或相应方法进行测量复核。

6. 高耸钢结构施工测量

（1）高耸钢结构的施工控制网宜在地面布设成田字形、圆形或辐射形。

（2）由平面控制点投测到上部直接测定施工轴线点，应采用不同测量法校核，其测量允许误差为 4mm。

（3）标高 ±0.000m 以上塔身铅垂度的测设宜使用激光铅垂仪，接收靶在标高 100m 处收到的激光仪旋转 360° 划出的激光点轨迹圆直径应小于 10mm。

（4）高耸钢结构标高低于 100m 时，宜在塔身中心点设置铅垂仪；标高为 100～200m 时，宜设置四台铅垂仪；标高为 200m 以上时，宜设置包括塔身中心点在内的五台铅垂仪。铅垂仪的点位应从塔的轴线点上直接测定，并应用不同的测设方法进行校核。

（5）激光铅垂仪投测到接收靶的测量允许误差应符合表 3-44 的要求。有特殊要求的高耸钢结构，其允许误差应由设计和施工单位共同确定。

激光铅垂仪投测到接收靶的测量允许误差　　　　表 3-44

塔高（m）	50	100	150	200	250	300	350
高耸结构验收允许偏差（mm）	57	85	110	127	143	165	—
测量允许误差（mm）	10	15	20	25	30	35	40

（6）高耸钢结构施工到 100m 高度时，宜进行日照变形观测，并绘制出日照变形曲线，列出最小日照变形区间。

（7）高耸钢结构标高的测定，宜用钢尺沿塔身铅垂方向往返测量，并宜对测量结果进行尺长、温度和拉力修正，精度应高于 1/10000。

（8）高度在 150m 以上的高耸钢结构，整体垂直度宜采用 GPS 进行测量复核。

问 35：如何进行普通紧固件连接？

（1）普通螺栓可采用普通扳手紧固，螺栓紧固应使被连接件接触面、螺栓头和螺母与构件表面密贴。普通螺栓紧固应从中间开始，对称向两边进行，大型接头宜采用复拧。

（2）普通螺栓作为永久性连接螺栓时，紧固连接应符合下列规定：

1）螺栓头和螺母侧应分别放置平垫圈，螺栓头侧放置的垫圈不应多于 2 个，螺母侧放置的垫圈不应多于 1 个。

2）承受动力荷载或重要部位的螺栓连接，设计有防松动要求时，应采取有防松动装置的螺母或弹簧垫圈，弹簧垫圈应放置在螺母侧。

3）对工字钢、槽钢等有斜面的螺栓连接，宜采用斜垫圈。

4）同一个连接接头螺栓数量不应少于 2 个。

5）螺栓紧固后外露丝扣不应少于 2 扣，紧固质量检验可采用锤敲检验。

（3）连接薄钢板采用的拉铆钉、自攻钉、射钉等，其规格尺寸应与被连接钢板相匹配，其间距、边距等应符合设计文件的要求。钢拉铆钉和自攻螺钉的钉头部分应靠在较薄的板件一侧。自攻螺钉、钢拉铆钉、射钉等与连接钢板应紧固密贴，外观应排列整齐。

（4）自攻螺钉（非自攻自钻螺钉）连接板上的预制孔径 d_0，可按下列公式计算：

$$d_0 = 0.7d + 0.2t_t \tag{3-54}$$

$$d_0 \leqslant 0.9d \tag{3-55}$$

式中　d——自攻螺钉的公称直径（mm）；

　　　t_t——连接板的总厚度（mm）。

（5）射钉施工时，穿透深度不应小于 10.0mm。

问 36：焊接接头包括哪些内容?

1. 全熔透和部分熔透焊接

（1）T 形接头、十字接头、角接接头等要求全熔透的对接和角接组合焊缝，其加强角焊缝的焊脚尺寸不应小于 $t/4$ ［图 3-14 (a) ~ (c)］，设计有疲劳验算要求的吊车梁或类似构件的腹板与上翼缘连接焊缝的焊脚尺寸应为 $t/2$，且不应大于 10mm ［图 3-14 (d)］。焊脚尺寸的允许偏差为 0~4mm。

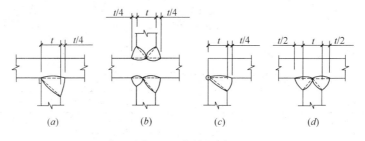

(a)　　　　　(b)　　　　　(c)　　　　　(d)

图 3-14　焊脚尺寸

（2）全熔透坡口焊缝对接接头的焊缝余高，应符合表 3-45 的规定。

对接接头的焊缝余高　　　　　　　　　　　　　　表 3-45

设计要求焊缝等级	焊缝宽度（mm）	焊缝余高（mm）
一、二级焊缝	<20	0~3
	≥20	0~4
三级焊缝	<20	0~3.5
	≥20	0~5

（3）全熔透双面坡口焊缝可采用不等厚的坡口深度，较浅坡口深度不应小于接头厚度的 1/4。

（4）部分熔透焊接应保证设计文件要求的有效焊缝厚度。T 形接头和角接接头中部分熔透坡口焊缝与角焊缝构成的组合焊缝，其加强角焊缝的焊脚尺寸应为接头中最薄板厚的1/4，且不应超过10mm。

2. 角焊缝接头

（1）由角焊缝连接的部件应密贴，根部间隙不宜超过2mm；当接头的根部间隙超过2mm时，角焊缝的焊脚尺寸应根据根部间隙值增加，但最大不应超过5mm。

（2）当角焊缝的端部在构件上时，转角处宜连续包角焊，起弧和熄弧点距焊缝端部宜大于10.0mm；当角焊缝端部不设置引弧和引出板的连续焊缝，起熄弧点（图3-15）距焊缝端部宜大于10.0mm，弧坑应填满。

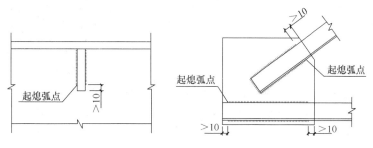

图3-15 起熄弧点位置

（3）间断角焊缝每焊段的最小长度不应小于40mm，焊段之间的最大间距不应超过较薄焊件厚度的24倍，且不应大于300mm。

3. 塞焊与槽焊

（1）塞焊和槽焊可采用手工电弧焊、气体保护电弧焊及自保护电弧焊等焊接方法。平焊时，应分层熔敷焊接，每层熔渣应冷却凝固并清除后再重新焊接；立焊和仰焊时，每道焊缝焊完后，应待熔渣冷却并清除后再施焊后续焊道。

（2）塞焊和槽焊的两块钢板接触面的装配间隙不得超过1.5mm。塞焊和槽焊焊接时严禁使用填充板材。

4. 电渣焊

（1）电渣焊应采用专用的焊接设备，可采用熔化嘴和非熔化嘴方式进行焊接。电渣焊采用的衬垫可使用钢衬垫和水冷铜衬垫。

（2）箱形构件内隔板与面板T形接头的电渣焊焊接宜采取对称方式进行焊接。

（3）电渣焊衬垫板与母材的定位焊宜采用连续焊。

5. 栓钉焊

（1）栓钉应采用专用焊接设备进行施焊。首次栓钉焊接时，应进行焊接工艺评定试验，并应确定焊接工艺参数。

（2）每班焊接作业前。应至少试焊3个栓钉，并应检查合格后再正式施焊。

（3）当受条件限制而不能采用专用设备焊接时，栓钉可采用焊条电弧焊和气体保护电弧焊焊接，并应按相应的工艺参数施焊，其焊缝尺寸应通过计算确定。

问37：如何进行焊接操作？

1. 焊接工艺评定及方案

（1）施工单位首次采用的钢材、焊接材料、焊接方法、接头形式、焊接位置、焊后热处理等各种参数及参数的组合，应在钢结构制作及安装前进行焊接工艺评定试验。焊接工艺评定试验方法和要求，以及免予工艺评定的限制条件，应符合现行国家标准《钢结构焊接规范》GB 50661—2011 的有关规定。

（2）焊接施工前，施工单位应以合格的焊接工艺评定结果或采用符合免除工艺评定条件为依据，编制焊接工艺文件，并应包括下列内容：

1）焊接方法或焊接方法的组合。

2）母材的规格、牌号、厚度及覆盖范围。

3）填充金属的规格、类别和型号。

4）焊接接头形式、坡口形式、尺寸及其允许偏差。

5）焊接位置。

6）焊接电源的种类和极性。

7）清根处理。

8）焊接工艺参数（焊接电流、焊接电压、焊接速度、焊层和焊道分布）。

9）预热温度及道间温度范围。

10）焊后消除应力处理工艺。

11）其他必要的规定。

2. 焊接作业条件

（1）焊接时，作业区环境温度、相对湿度和风速等应符合下列规定，当超出本条规定且必须进行焊接时，应编制专项方案：

1）作业环境温度不应低于−10℃。

2）焊接作业区的相对湿度不应大于 90%。

3）当手工电弧焊和自保护药芯焊丝电弧焊时，焊接作业区最大风速不应超过 8m/s；当气体保护电弧焊时，焊接作业区最大风速不应超过 2m/s。

（2）现场高空焊接作业应搭设稳固的操作平台和防护棚。

（3）焊接前，应采用钢丝刷、砂轮等工具清除待焊处表面的氧化皮、铁锈、油污等杂物，焊缝坡口宜按现行国家标准《钢结构焊接规范》GB 50661—2011 的有关规定进行检查。

（4）焊接作业应按工艺评定的焊接工艺参数进行。

（5）当焊接作业环境温度低于 0℃且不低于−10℃时，应采取加热或防护措施，应将焊接接头和焊接表面各方向大于或等于钢板厚度的 2 倍且不小于 100mm 范围内的母材，加热到规定的最低预热温度且不低于 20℃后再施焊。

3. 定位焊

（1）定位焊焊缝的厚度不应小于 3mm，不宜超过设计焊缝厚度的 2/3；长度不宜小于 40mm 和接头中较薄部件厚度的 4 倍；间距宜为 300～600mm。

（2）定位焊缝与正式焊缝应具有相同的焊接工艺和焊接质量要求。多道定位焊焊缝的端部应为阶梯状。采用钢衬垫板的焊接接头，定位焊宜在接头坡口内进行。定位焊焊接时预热温度宜高于正式施焊预热温度 20～50℃。

4. 引弧板、引出板和衬垫板

（1）当引弧板、引出板和衬垫板为钢材时，应选用屈服强度不大于被焊钢材标称强度的钢材，且焊接性应相近。

（2）焊接接头的端部应设置焊缝引弧板、引出板。焊条电弧焊和气体保护电弧焊焊缝引出长度应大于 25mm，埋弧焊缝引出长度应大于 80mm。焊接完成并完全冷却后，可采用火焰切割、碳弧气刨或机械等方法除去引弧板、引出板，并应修磨平整，严禁用锤击落。

（3）钢衬垫板应与接头母材密贴连接，其间隙不应大于 1.5mm，并应与焊缝充分熔合。手工电弧焊和气体保护电弧焊时，钢衬垫板厚度不应小于 4mm；埋弧焊接时，钢衬垫板厚度不应小于 6mm；电渣焊时钢衬垫板厚度不应小于 25mm。

5. 预热和道间温度控制

（1）预热和道间温度控制宜采用电加热、火焰加热和红外线加热等加热方法，并应采用专用的测温仪器测量。预热的加热区域应在焊接坡口两侧，宽度应为焊件施焊处板厚的 1.5 倍以上，且不应小于 100mm。温度测量点，当为非封闭空间构件时，宜在焊件受热面的背面离焊接坡口两侧不小于 75mm 处；当为封闭空间构件时，宜在正面离焊接坡口两侧不小于 100mm 处。

（2）焊接接头的预热温度和道间温度，应符合现行国家标准《钢结构焊接规范》GB 50661—2011 的有关规定；当工艺选用的预热温度低于现行国家标准《钢结构焊接规范》GB 50661—2011 的有关规定时，应通过工艺评定试验确定。

6. 焊接变形的控制

（1）采用的焊接工艺和焊接顺序应使构件的变形和收缩最小，可采用下列控制变形的焊接顺序：

1）对接接头、T 形接头和十字接头，在构件放置条件允许或易于翻转的情况下，宜双面对称焊接；有对称截面的构件，宜对称于构件中性轴焊接；有对称连接杆件的节点，宜对称于节点轴线同时对称焊接。

2）非对称双面坡口焊缝，宜先焊深坡口侧部分焊缝，然后焊满浅坡口侧，最后完成深坡口侧焊缝。特厚板宜增加轮流对称焊接的循环次数。

3）长焊缝宜采用分段退焊法、跳焊法或多人对称焊接法。

（2）构件焊接时，宜采用预留焊接收缩余量或预置反变形方法控制收缩和变形，收缩余量和反变形值宜通过计算或试验确定。

（3）构件装配焊接时，应先焊收缩量较大的接头、后焊收缩量较小的接头，接头应在拘束较小的状态下焊接。

7. 焊后消除应力处理

（1）设计文件或合同文件对焊后消除应力有要求时，需经疲劳验算的结构中承受拉应力的对接接头或焊缝密集的节点或构件，宜采用电加热器局部退火和加热炉整体退火等方法进行消除应力处理；仅为稳定结构尺寸时，可采用振动法消除应力。

（2）焊后热处理应符合现行行业标准《碳钢、低合金钢焊接构件焊后热处理方法》JB/T 6046—1992 的有关规定。当采用电加热器对焊接构件进行局部消除应力热处理时，应符合下列规定：

1）使用配有温度自动控制仪的加热设备，其加热、测温、控温性能应符合使用要求。

2）构件焊缝每侧面加热板（带）的宽度应至少为钢板厚度的 3 倍，且不应小于 200mm。

3）加热板（带）以外构件两侧宜用保温材料覆盖。

（3）用锤击法消除中间焊层应力时，应使用圆头手锤或小型振动工具进行，不应对根部焊缝、盖面焊缝或焊缝坡口边缘的母材进行锤击。

（4）采用振动法消除应力时，振动时效工艺参数选择及技术要求，应符合现行行业标准《焊接构件振动时效工艺参数选择及技术要求》JB/T 10375—2002 的有关规定。

问 38：高强度螺栓连接应注意哪些事项？

（1）高强度大六角头螺栓连接副应由一个螺栓、一个螺母和两个垫圈组成，扭剪型高强度螺栓连接副应由一个螺栓、一个螺母和一个垫圈组成，使用组合应符合表 3-46 的规定。

高强度螺栓连接副的使用组合　　　　　表 3-46

螺栓	螺母	垫圈
10.9S	10H	（35～45）HRC
8.8S	8H	（35～45）HRC

（2）高强度螺栓长度应以螺栓连接副终拧后外露 2～3 扣丝为标准计算，可按下列公式计算。选用的高强度螺栓公称长度应取修约后的长度，应根据计算出的螺栓长度 l 按修约间隔 5mm 进行修约。

$$l=l'+\Delta l \tag{3-56}$$

$$\Delta l=m+ns+3p \tag{3-57}$$

式中　l'——连接板层总厚度；

Δl——附加长度，或按表 3-47 选取；

m——高强度螺母公称厚度；

n——垫圈个数，扭剪型高强度螺栓为 1，高强度大六角头螺栓为 2；

s——高强度垫圈公称厚度，当采用大圆孔或槽孔时，高强度垫圈公称厚度按实际厚度取值；

p——螺纹的螺距。

高强度螺栓附加长度 Δl（mm）　　　　　表 3-47

螺栓公称直径	M12	M16	M20	M22	M24	M27	M30
高强度大六角头螺栓	23	30	35.5	39.5	43	46	50.5
扭剪型高强度螺栓	—	26	31.5	34.5	38	41	45.5

注：本表附加长度 Δl 由标准圆孔垫圈公称厚度计算确定。

（3）高强度螺栓安装时应先使用安装螺栓和冲钉。在每个节点上穿入的安装螺栓和冲钉数量，应根据安装过程所承受的荷载计算确定，并应符合下列规定：

1）不应少于安装孔总数的 1/3。

2）安装螺栓不应少于 2 个。

3）冲钉穿入数量不宜多于安装螺栓数量的 30%。

4）不得用高强度螺栓兼做安装螺栓。

（4）高强度螺栓应在构件安装精度调整后进行拧紧。高强度螺栓安装应符合下列规定：

1）扭剪型高强度螺栓安装时，螺母带圆台面的一侧应朝向垫圈有倒角的一侧。

2）大六角头高强度螺栓安装时，螺栓头下垫圈有倒角的一侧应朝向螺栓头，螺母带圆台面的一侧应朝向垫圈有倒角的一侧。

（5）高强度螺栓现场安装时应能自由穿入螺栓孔，不得强行穿入。螺栓不能自由穿入时，可采用铰刀或锉刀修整螺栓孔，不得采用气割扩孔，扩孔数量应征得设计单位同意，修整后或扩孔后的孔径不应超过螺栓直径的1.2倍。

（6）高强度大六角头螺栓连接副施拧可采用扭矩法或转角法，施工时应符合下列规定：

1）施工用的扭矩扳手使用前应进行校正，其扭矩相对误差不得大于±5%；校正用的扭矩扳手，其扭矩相对误差不得大于±3%。

2）施拧时，应在螺母上施加扭矩。

3）施拧应分为初拧和终拧，大型节点应在初拧和终拧间增加复拧。初拧扭矩可取施工终拧扭矩的50%，复拧扭矩应等于初拧扭矩。终拧扭矩应按下式计算：

$$T_c = kP_c d \tag{3-58}$$

式中　T_c——施工终拧扭矩（N·m）；

　　　k——高强度螺栓连接副的扭矩系数平均值，取0.110～0.150；

　　　P_c——高强度大六角头螺栓施工预拉力，可按表3-48选用（kN）；

　　　d——高强度螺栓公称直径（mm）。

高强度大六角头螺栓施工预拉力（kN）　　表3-48

螺栓性能等级	螺栓公称直径						
	M12	M16	M20	M22	M24	M27	M30
8.8s	50	90	140	165	195	255	310
10.9s	60	110	170	210	250	320	390

4）采用转角法施工时，初拧（复拧）后连接副的终拧转角度应符合表3-49的要求。

初拧（复拧）后连接副的终拧转角度　　表3-49

螺栓长度 l	螺母转角	连接状态
$l \leq 4d$	1/3圈（120°）	连接形式为一层芯板加两层盖板
$4d < l \leq 8d$ 或 200mm 及以下	1/2圈（180°）	
$8d < l \leq 12d$ 或 200mm 以上	2/3力度（240°）	

注：1. d 为螺栓公称直径。

　　2. 螺母的转角为螺母与螺栓杆之间的相对转角。

　　3. 当螺栓长度 l 超过螺栓公称直径 d 的12倍时，螺母的终拧角度应由试验确定。

5）初拧或复拧后应对螺母涂画颜色标记。

（7）扭剪型高强度螺栓连接副应采用专用电动扳手施拧，施工时应符合下列规定：

1）施拧应分为初拧和终拧，大型节点宜在初拧和终拧间增加复拧。

2）初拧扭矩值应取公式（3-58）中 T_c 计算值的 50%，其中 k 应取 0.13，也可按表 3-50 选用；复拧扭矩应等于初拧扭矩。

扭剪型高强度螺栓初拧（复拧）扭矩值　　　表 3-50

螺栓公称直径（mm）	M16	M20	M22	M24	M27	M30
初拧（复拧）扭矩（N·m）	115	220	300	390	560	760

3）终拧应以拧掉螺栓尾部梅花头为准，少数不能用专用扳手进行终拧的螺栓，可按（6）规定的方法进行终拧，扭矩系数 k 应取 0.13。

4）初拧或复拧后应对螺母涂画颜色标记。

（8）高强度螺栓连接节点螺栓群初拧、复拧和终拧，应采用合理的施拧顺序。

（9）高强度螺栓和焊接混用的连接节点，当设计文件无规定时，宜按先螺栓紧固后焊接的施工顺序。

（10）高强度螺栓连接副的初拧、复拧、终拧，宜在 24h 内完成。

（11）高强度大六角头螺栓连接用扭矩法施工紧固时，应进行下列质量检查：

1）应检查终拧颜色标记，并应用 0.3kg 重小锤敲击螺母对高强度螺栓进行逐个检查。

2）终拧扭矩应按节点数 10% 抽查，且不应少于 10 个节点；对每个被抽查节点应按螺栓数 10% 抽查，且不应少于 2 个螺栓。

3）检查时应先在螺杆端面和螺母上画一直线，然后将螺母拧松约 60°；再用扭矩扳手重新拧紧，使两线重合，测得此时的扭矩应为 $0.9\sim1.1T_{ch}$。T_{ch} 可按下式计算：

$$T_{ch}=kPd \tag{3-59}$$

式中　T_{ch}——检查扭矩（N·m）；

P——高强度螺栓设计预拉力（kN）；

k——扭矩系数。

4）发现有不符合规定时，应再扩大 1 倍检查；仍有不合格者时，则整个节点的高强度螺栓应重新施拧。

5）扭矩检查宜在螺栓终拧 1h 以后、24h 之前完成，检查用的扭矩扳手，其相对误差不得大于 ±3%。

（12）高强度大六角头螺栓连接转角法施工紧固，应进行下列质量检查：

1）应检查终拧颜色标记，同时应用约 0.3kg 重小锤敲击螺母对高强度螺栓进行逐个检查。

2）终拧转角应按节点数抽查 10%，且不应少于 10 个节点；对每个被抽查节点应按螺栓数抽查 10%，且不应少于 2 个螺栓。

3）应在螺杆端面和螺母相对位置画线，然后全部卸松螺母，应再按规定的初拧扭矩和终拧角度重新拧紧螺栓，测量终止线与原终止线画线间的角度，应符合表 3-49 的要求，误差在 ±30° 者应为合格。

4）发现有不符合规定时，应再扩大 1 倍检查；仍有不合格者时，则整个节点的高强度螺栓应重新施拧。

5）转角检查宜在螺栓终拧 1h 以后、24h 之前完成。

（13）扭剪型高强度螺栓终拧检查，应以目测尾部梅花头拧断为合格。不能用专用扳手拧紧的扭剪型高强度螺栓，应按（11）的规定进行质量检查。

（14）螺栓球节点网架总拼完成后，高强度螺栓与球节点应紧固连接，螺栓拧入螺栓球内的螺纹长度不应小于螺栓直径的 1.1 倍，连接处不应出现有间隙、松动等未拧紧情况。

问 39：钢结构吊装安装有哪些要求？

（1）构件吊装前应清除表面上的油污、冰雪、泥沙和灰尘等杂物，并应做好轴线和标高标记。

（2）钢结构吊装宜在构件上设置专门的吊装耳板或吊装孔。设计文件无特殊要求时，吊装耳板和吊装孔可保留在构件上，需去除耳板时，可采用气割或碳弧气刨方式在离母材 3～5mm 位置切除，严禁采用锤击方式去除。

问 40：起重吊具和设备有哪些要求？

（1）钢结构安装宜采用塔式起重机、履带吊、汽车吊等定型产品。选用非定型产品作为起重设备时，应编制专项方案，并应经评审后再组织实施。

（2）起重设备应根据起重设备性能、结构特点、现场环境、作业效率等因素综合确定。

（3）起重设备需要附着或支承在结构上时，应得到设计单位的同意，并应进行结构安全验算。

（4）钢结构吊装作业必须在起重设备的额定起重量范围内进行。

（5）钢结构吊装不宜采用抬吊。当构件重量超过单台起重设备的额定起重量范围时，构件可采用抬吊的方式吊装。采用抬吊方式时，应符合下列规定：

1）起重设备应进行合理的负荷分配，构件重量不得超过两台起重设备额定起重量总和的 75%，单台起重设备的负荷量不得超过额定起重量的 80%；

2）吊装作业应进行安全验算并采取相应的安全措施，应有经批准的抬吊作业专项方案；

3）吊装操作时应保持两台起重设备升降和移动同步，两台起重设备的吊钩、滑车组均应基本保持垂直状态。

（6）用于吊装的钢丝绳、吊装带、卸扣、吊钩等吊具应经检查合格，并应在其额定许用荷载范围内使用。

问 41：构件安装包括哪些内容？

（1）钢柱安装应符合下列规定：

1）柱脚安装时，锚栓宜使用导入器或护套；

2）首节钢柱安装后应及时进行垂直度、标高和轴线位置校正，钢柱的垂直度可采用经纬仪或线锤测量；校正合格后钢柱应可靠固定，并应进行柱底二次灌浆，灌浆前应清除柱底板与基础面间杂物；

3）首节以上的钢柱定位轴线应从地面控制轴线直接引上，不得从下层柱的轴线引上；钢柱校正垂直度时，应确定钢梁接头焊接的收缩量，并应预留焊缝收缩变形值；

4）倾斜钢柱可采用三维坐标测量法进行测校，也可采用柱顶投影点结合标高进行测校，校正合格后宜采用刚性支撑固定。

（2）钢梁安装应符合下列规定：

1）钢梁宜采用两点起吊；当单根钢梁长度大于 21m，采用两点吊装不能满足构件强度和变形要求时，宜设置 3～4 个吊装点吊装或采用平衡梁吊装，吊点位置应通过计算确定；

2）钢梁可采用一机一吊或一机串吊的方式吊装，就位后应立即临时固定连接；

3）钢梁面的标高及两端高差可采用水准仪与标尺进行测量，校正完成后应进行永久性连接。

（3）支撑安装应符合下列规定：

1）交叉支撑宜按从下到上的顺序组合吊装；

2）无特殊规定时，支撑构件的校正宜在相邻结构校正固定后进行；

3）屈曲约束支撑应按设计文件和产品说明书的要求进行安装。

（4）桁架（屋架）安装应在钢柱校正合格后进行，并应符合下列规定：

1）钢桁架（屋架）可采用整榀或分段安装；

2）钢桁架（屋架）应在起扳和吊装过程中防止产生变形；

3）单榀钢桁架（屋架）安装时应采用缆绳或刚性支撑增加侧向临时约束。

（5）钢板剪力墙安装应符合下列规定：

1）钢板剪力墙吊装时应采取防止平面外的变形措施；

2）钢板剪力墙的安装时间和顺序应符合设计文件要求。

（6）关节轴承节点安装应符合下列规定：

1）关节轴承节点应采用专门的工装进行吊装和安装；

2）轴承总成不宜解体安装，就位后应采取临时固定措施；

3）连接销轴与孔装配时应密贴接触，宜采用锥形孔、轴，应采用专用工具顶紧安装；

4）安装完毕后应做好成品保护。

（7）钢铸件或铸钢节点安装应符合下列规定：

1）出厂时应标识清晰的安装基准标记；

2）现场焊接应严格按焊接工艺专项方案施焊和检验。

（8）由多个构件在地面组拼的重型组合构件吊装时，吊点位置和数量应经计算确定。

（9）后安装构件应根据设计文件或吊装工况的要求进行安装，其加工长度宜根据现场实际测量确定；当后安装构件与已完成结构采用焊接连接时，应采取减少焊接变形和焊接残余应力措施。

问 42：如何进行标高控制？

结构的楼层标高可按相对标高或设计标高进行控制，并符合下列规定：

（1）按相对标高安装时，建筑物高度的累积偏差不得大于各节柱制作、安装、焊接允许偏差的总和。

（2）按设计标高安装时，应以每节柱为单位进行柱标高的测量工作。

问 43：施工监测包括哪些内容？

（1）施工监测方法应根据工程监测对象、监测目的、监测频度、监测时长、监测精度要求等具体情况选定。

（2）钢结构施工期间，可对结构变形、结构内力、环境量等内容进行过程监测。钢结构工程具体的监测内容及监测部位可根据不同的工程要求和施工状况选取。

（3）采用的监测仪器和设备应满足数据精度要求，且应保证数据稳定和准确，宜采用灵敏度高、抗腐蚀性好、抗电磁波干扰强、体积小、重量轻的传感器。

问 44：施工中安全措施应有哪些？

（1）钢结构施工前，应编制施工安全、环境保护专项方案和安全应急预案。

（2）作业人员应进行安全生产教育和培训。

（3）新上岗的作业人员应经过三级安全教育。变换工种时，作业人员应先进行操作技能及安全操作知识的培训，未经安全生产教育和培训合格的作业人员不得上岗作业。

（4）施工时，应为作业人员提供符合国家现行有关标准规定的合格劳动保护用品，并应培训和监督作业人员正确使用。

（5）对易发生职业病的作业，应对作业人员采取专项保护措施。

（6）当高空作业的各项安全措施经检查不合格时，严禁高空作业。

问 45：如何保证吊装区安全？

（1）吊装区域应设置安全警戒线，非作业人员严禁入内。

（2）吊装物吊离地面 200～300mm 时，应进行全面检查，并应确认无误后再正式起吊。

（3）当风速达到 10m/s 时，宜停止吊装作业；当风速达到 15m/s 时，不得吊装作业。

（4）高空作业使用的小型手持工具和小型零部件应采取防止坠落措施。

（5）施工用电应符合现行行业标准《施工现场临时用电安全技术规范》JGJ 46—2005 的有关规定。

（6）施工现场应有专业人员负责安装、维护和管理用电设备和电线路。

（7）每天吊至楼层或屋面上的板材未安装完时，应采取牢靠的临时固定措施。

（8）压型钢板表面有水、冰、霜或雪时，应及时清除，并应采取相应的防滑保护措施。

问 46：施工现场应具备哪些消防措施？

（1）钢结构施工前，应有相应的消防安全管理制度。

（2）现场施工作业用火应经相关部门批准。

（3）施工现场应设置安全消防设施及安全疏散设施，并应定期进行防火巡查。

（4）气体切割和高空焊接作业时，应清除作业区危险易燃物，并应采取防火措施。

（5）现场油漆涂装和防火涂料施工时，应按产品说明书的要求进行产品存放和防火保护。

问 47：如何进行施工监测？

（1）施工监测应编制专项施工监测方案。

（2）施工监测点布置应根据现场安装条件和施工交叉作业情况，采取可靠的保护措施。应力传感器应根据设计要求和工况需要布置于结构受力最不利部位或特征部位。变形传感器或测点宜布置于结构变形较大部位。温度传感器宜布置于结构特征断面，宜沿四面和高程均匀分布。

（3）钢结构工程变形监测的等级划分及精度要求，应符合表 3-51 的规定。

钢结构工程变形监测的等级划分及精度要求　　　　表 3-51

| 等级 | 垂直位移监测 | | 水平位移监测 | 适用范围 |
	变形观测点的高程中误差（mm）	相邻变形观测点的高差中误差（mm）	变形观测点的点位中误差（mm）	
一等	0.3	0.1	1.5	变形特别敏感的高层建筑、空间结构、高耸构筑物、工业建筑等
二等	0.5	0.3	3.0	变形比较敏感的高层建筑、空间结构、高耸构筑物、工业建筑等
三等	1.0	0.5	6.0	一般性的高层建筑、空间结构、高耸构筑物、工业建筑等

注：1. 变形观测点的高程中误差和点位中误差，指相对于邻近基准的中误差。

2. 特定方向的位移中误差，可取表中相应点位中误差的 $1/\sqrt{2}$ 作为限值。

3. 垂直位移监测，可根据变形观测点的高程中误差或相邻变形观测点的高差中误差，确定监测精度等级。

（4）变形监测方法可按表 3-52 选用，也可同时采用多种方法进行监测。应力应变宜采用应力计、应变计等传感器进行监测。

变形监测方法的选择　　　　表 3-52

类　别	监　测　方　法
水平变形监测	三角形网、极坐标法、交会法、GPS 测量、正倒垂线法、视准线法、引张线法、激光准直法、精密测（量）距、伸缩仪法、多点位移法、倾斜仪等
垂直变形监测	水准测量、液体静力水准测量、电磁波测距三角高程测量等
三维位移监测	全站仪自动跟踪测量法、卫星实时定位测量法等
主体倾斜	经纬仪投点法、差异沉降法、激光准直法、垂线法、倾斜仪、电垂直梁法等
挠度观测	垂线法、差异沉降法、位移计、挠度计等

（5）监测数据应及时采集和整理，并应按频次要求采集，对漏测、误测或异常数据应及时补测或复测、确认或更正。

（6）应力应变监测周期，宜与变形监测周期同步。

（7）在进行结构变形和结构内力监测时，宜同时进行监测点的温度、风力等环境量监测。

（8）监测数据应及时进行定量和定性分析。监测数据分析可采用图表分析、统计分析、对比分析和建模分析等方法。

（9）需要利用监测结果进行趋势预报时，应给出预报结果的误差范围和适用条件。

问 48：施工验收应注意哪些事项？

1. 基本规定

钢结构在施工过程中不同的施工工序，对钢结构工程的质量影响程度不同，有些影响较小，有些却影响结构安全和使用功能。

2. 原材料及成品验收

钢结构工程基本是单一材料，原材料和成品件的质量直接影响工程的安全和质量。在钢结构工程施工质量控制程序中，第一个环节即是原材料和成品进场检验。

3. 焊接的检验

焊接作为钢结构构件的主要连接方式之一，其质量的好坏直接关系到整个工程建设的质量。焊后试验或检测，不可能充分验证出产品的质量是否满足标准要求，因此从设计阶段、材料选择、制造施工直到检验，必须始终进行全过程管理。而焊接从业人员，包括焊工、焊接技术人员、焊接作业指导人员、焊接检验人员、焊接热处理人员，是焊接实施的直接或间接参与者，是焊接质量控制环节中的重要组成部分，焊接从业人员的素质是关系到焊接质量的关键因素。

4. 紧固件连接工程验收

螺栓作为钢结构主要连接紧固件，通常用于钢结构构件间的连接、固定、定位等。钢结构中使用连接螺栓一般分为普通螺栓和高强度螺栓两种。选用普通螺栓作为连接的紧固件，或选用高强度螺栓但不施加紧固轴力，该连接即为普通螺栓连接，也即通常意义下的螺栓连接。

5. 涂装工程的验收

钢结构涂装工程主要是防火涂装和防腐涂装。钢材作为建筑材料在防火方面存在难以避免的缺陷，它的机械性能，如屈服点，抗拉及弹性模量等均会因温度的升高而急剧下降。钢结构通常在 $450 \sim 650℃$ 温度中就会失去承载能力、发生很大的形变，导致钢柱、钢梁弯曲，结果因过大的形变而不能继续使用。一般不加保护的钢结构的耐火极限为 $15min$ 左右，这一时间的长短还与构件吸热的速度有关，因此钢结构必须进行防火保护。

腐蚀是钢材在长期使用过程中不可避免的一种自然现象，是铁元素和空气中的水和氧化学反应的结果。腐蚀是钢材的主要缺陷，影响钢结构的寿命和安全。由腐蚀引起的经济损失在国民经济中占有一定的比例。因此，防止结构过早腐蚀，提高使用寿命是钢构件设计、施工、使用单位的共同使命。在钢结构表面涂装防腐涂层是防止腐蚀的重要手段之一。

4 装配式木结构

4.1 常用材料及配件

问 1：什么是木结构？

木结构是指以木材为主要受力体系的工程结构。木结构在房屋建筑、桥梁、道路等方面都有应用。在房屋建筑方面，木结构除大量用于住宅、学校和办公楼等中低层建筑之外，也大量存在于大跨度建筑，如体育场、机场、展览馆、图书馆、会议中心、商场和厂房等。与其他材料建造的结构相比，木结构具有资源再生、绿色环保、保温隔热、轻质、美观、建造方便、抗震和耐久等许多优点。与传统木结构相对应的现代木结构是集传统的建筑材料和现代先进的加工、建造技术为一体的结构形式。现代木结构材料不仅是天然木材，还有许多新型木产品，如结构胶合材、层板胶合木、工字型梁和木桁架等。

问 2：如何根据不同的结构体系选择结构材？

不同承重结构体系的木结构建筑应采用不同类型的结构材、木结构构件及工程木产品。在选择建造木结构时，先确定采取何种结构形式，并根据结构形式和功能需要，结合木结构形式和技术特点正确选取合适的材种。一般方木原木结构以方木和圆木为承重构件，轻型木结构无论是墙体、楼板和屋盖系统都基本是由规格材组成的，胶合木结构则是由各种胶合构件构成。另外，混合木结构如若遇到不同材料的衔接或同一部位混合使用时，应具体问题具体分析，木质材料木桶效应很明显，尽量合理使用、物尽其用，避免材料浪费。

问 3：木材材质等级如何划分？

（1）方木原木结构构件设计时，应根据构件的主要用途选用相应的材质等级。当采用现场分等时，应按表 4-1 的要求选用；当采用工厂分等用于梁柱构件时，应按表 4-2 的要求选用。

方木原木构件的材质等级　　　　　　　　　　　表 4-1

项次	主要用途	材质等级
1	受拉或拉弯构件	Ⅰ$_a$
2	受弯或压弯构件	Ⅱ$_a$
3	受压构件及次要受弯构件（如吊顶小龙骨等）	Ⅲ$_a$

工厂加工方木构件的材质等级　　　　　　　　　表 4-2

项次	主要用途	材质等级		
1	梁	Ⅱ$_{a1}$	Ⅱ$_{a2}$	Ⅱ$_{a3}$
2	柱	Ⅲ$_{a1}$	Ⅲ$_{a2}$	Ⅲ$_{a3}$

（2）当采用目测分级规格材设计轻型木结构构件时，应根据构件的用途按表 4-3 的规定选用相应的材质等级。

目测分级规格材的材质等级 　　表 4-3

项次	主要用途	材质等级
1	用于对强度、刚度和外观有较高要求的构件	I$_c$
2		II$_c$
3	用于对强度、刚度有较高要求而对外观只有一般要求的构件	III$_c$
4	用于对强度、刚度有较高要求而对外观无要求的普通构件	IV$_c$
5	用于墙骨柱	V$_c$
6	除上述用途外的构件	VI$_c$
7		VII$_c$

（3）胶合木结构构件设计时，应根据构件的主要用途和部位，按表 4-4 的要求选用相应的材质等级。

胶合木结构构件的木材材质等级 　　表 4-4

项次	主要用途	材质等级	木材等级配置图
1	受拉或拉弯构件	I$_b$	
2	受压构件（不包括桁架上弦和拱）	III$_b$	
3	桁架上弦或拱，高度不大于 500mm 的胶合梁 （1）构件上、下边缘各 0.1h 区域，且不少于两层板 （2）其余部分	II$_b$ III$_b$	
4	高度大于 500mm 的胶合梁 （1）梁的受拉边缘 0.1h 区域，且不少于两层板 （2）距受拉边缘 0.1h～0.2h 区域 （3）受压边缘 0.1h 区域，且不少于两层板 （4）其余部分	I$_b$ II$_b$ II$_b$ III$_b$	
5	侧立腹板工字梁 （1）受拉翼缘板 （2）受压翼缘板 （3）腹板	I$_b$ II$_b$ III$_b$	

问 4：如何进行构件选材？

在选材时，要注意木材天然缺陷的分布情况，避开不利因素设计使用木材。木结构用承重结构用材应根据构件主要用途和部位的要求合理选用材质等级，非承重结构用材应符合现行有关产品及建筑国家标准的规定。原木方木可采用目测分级；规格材可采用目测分级和机械分级；胶合木构件采用的层板分为普通胶合木层板、目测分级层板和机械分级层板三类。

问 5：关于木材含水率有哪些规定？

木结构用木材应根据用途、受力状况等确定含水率。规格材无论是窑干还是气干，在安装时的含水率不应大于 20%，木材将会达到平衡含水率，在施工过程中应避免规格材受潮。木材的含水率对于材料的强度以及耐久性都有很大的影响，当含水率在纤维饱和点以下时，含水率越高则强度越高。

制作构件时，木材含水率应符合下列要求：

（1）现场制作的方木或原木构件的木材含水率不应大于 25%；

（2）板材、规格材和工厂加工的方木不应大于 20%；

（3）方木原木受拉构件的连接板不应大于 18%；

（4）作为连接件时不应大于 15%；

（5）胶合木层板和正交胶合木层板就为 8%～15%，且同一构件各层木板间的含水率差别不应大于 5%；

（6）井干式木结构构件采用原木制作时不应大于 25%；采用方木制作时不应大于 20%；采用胶合木材制作时不应大于 18%。

问 6：规格材等级如何划分？

规格材是指按规定的标准尺寸加工而成的锯材，可以用来预制墙体骨柱、楼盖搁栅、屋盖椽条以及洞口过梁等不同的结构构件。根据材料分等方式的不同，规格材分为目测分级规格材和机械应力分级规格材两种。目测分级规格材的材质等级分为七级；机械分级规格材按强度等级分为八级，其等级应符合表 4-5 的规定。

机械分级规格材等级　　　　　　　　　　　　　　　　表 4-5

等级	M10	M14	M18	M22	M26	M30	M35	M40
弹性模量 E	8000	8800	9600	10000	11000	12000	13000	14000

问 7：什么是胶合材？

胶合材是指以木材为原料通过胶合压制而成的柱型材和各种板材的总称。胶合木构件采用的层板分为普通胶合木层板、目测分级层板和机械分级层板三类，用于制作胶合木的层板厚度不应大于 45mm，通常采用 20～45mm，胶合木构件宜采用同一树种的层板组成。

问 8：胶粘剂设计使用条件？

（1）木结构承重用胶粘剂应保证其胶合部位强度要求，胶结黏度不低于顺纹抗剪和横纹抗拉的强度，并符合国家有关环境保护等规定。

（2）胶粘剂防水性、耐久性应满足结构的使用条件和设计使用年限要求。

（3）胶合木结构用胶粘剂应根据木结构使用环境（气候、含水率、温度）、木材种类、防水和防腐要求、构件制造工艺及条件合理选用。

（4）承重结构用胶粘剂按其性能指标分为Ⅰ级胶和Ⅱ级胶。在室内条件下，普通建筑结构可采用Ⅰ级胶或Ⅱ级胶，对于下列情况则应采用Ⅰ级胶：

1）重要的建筑结构；

2）使用中可能处于潮湿环境的建筑结构；

3）使用温度经常大于 50℃ 的建筑结构；

4）完全暴露在大气条件下，以及使用温度小于 50℃，但是所处环境的空气相对湿度经常超过 85％ 的建筑结构。

问 9：如何选用连接件？

（1）普通螺栓应采用符合现行国家标准《六角头螺栓》GB/T 5782—2016 和《六角头螺栓 C 级》GB/T 5780—2016 的规定。

（2）高强度螺栓应符合现行国家标准《钢结构用高强度大六角头螺栓》GB/T 1228—2006、《钢结构用高强度大六角螺母》GB/T 1229—2006、《钢结构用高强度垫圈》GB/T 1230—2006、《钢结构用高强度大六角头螺栓、大六角螺母、垫圈技术条件》GB/T 1231—2006、《钢结构用扭剪型高强度螺栓连接副》GB/T 3632—2008 的有关规定。

（3）锚栓可采用现行国家标准《碳素结构钢》GB/T 700—2006 中规定的 Q235 钢或《低合金高强度结构钢》GB/T 1591—2008 中规定的 Q345 钢制成。

（4）齿板和连接件应由经镀锌处理后的 Q235 碳素结构钢和 Q345 低合金高强度结构钢薄钢板制作。镀锌应在齿板和连接件制作前进行，镀锌层重量不应低于 275g/m²。

（5）螺钉、螺栓应符合《紧固件机械性能螺栓、螺钉和螺柱》GB/T 3098.1—2010、《紧固件机械性能螺母》GB/T 3098.2—2015、《紧固件机械性能自攻螺钉》GB/T 3098.5—2016、《紧固件机械性能不锈钢螺栓、螺钉和螺柱》GB/T 3098.6—2014、《紧固件机械性能自钻自攻螺钉》GB/T 3098.11—2002、《紧固件机械性能不锈钢螺母》GB/T 3098.15—2014 等的规定。

（6）在轻型木结构建筑中钉的材料应符合《紧固件机械性能》GB/T 3098。为保证钉节点的强度，钉的屈服强度应满足以下要求：

1）当钉子直径在 2.34～2.84mm 时，屈服强度至少为 660MPa；

2）当钉子直径在 2.64～3.25mm 时，屈服强度至少为 635MPa；

3）当钉子直径在 2.95～3.66mm 时，屈服强度至少为 615MPa。

4.2　装配式木结构设计

问 10：气候区域如何划分？

根据《民用建筑设计通则》GB 50352—2005，划分了 7 个主要气候区：

第Ⅰ建筑气候区：

建筑物必须充分满足冬季防寒、保温、防冻等要求，夏季可不考虑防热。

总体规划、单体设计和构造处理应使建筑物满足冬季日照和防御寒风的要求；建筑物应采取减少外露面积，加强冬季密闭性，合理利用太阳能等节能措施；结构上应考虑气温年较差大及大风的不利影响；屋面构造应考虑积雪及冻融危害；施工应考虑冬季漫长严寒的特点，采取相应的措施。

第Ⅱ建筑气候区：

建筑物应满足冬季防寒、保温、防冻等要求，夏季部分地区应兼顾防热。

总体规划、单体设计和构造处理应满足冬季日照并防御寒风的要求，主要房间宜避西晒；应注意防暴雨；建筑物应采取减少外露面积，加强冬季密闭性且兼顾夏季通风和利用太阳能等节能措施；结构上应考虑气温年差较大、多大风的不利影响；建筑物宜有防冰雹和防雷措施；施工应考虑冬季寒冷期较长和夏季多暴雨的特点。

第Ⅲ建筑气候区：

建筑物必须满足夏季防热、通风降温要求，冬季应适当兼顾防寒。

总体规划、单体设计和构造处理应有利于良好的自然通风，建筑应避西晒，并满足防雨、防潮、防雷击要求；夏季施工应有防高温和防雨的措施

第Ⅳ建筑气候区：

该地区建筑物必须充分满足夏季防热、通风、防雨要求，冬季可不考虑防寒、保温。

总体规划、单体设计和构造处理宜开场通透，充分；利用自然通风；建筑物应避西晒，宜设遮阳；应注意防暴雨、防洪、防潮、防雷击；夏季施工应有防高温和暴雨的措施。

第Ⅴ建筑气候区：

建筑物应满足湿季防雨和通风要求，可不考虑防热；

总体规划、单体设计和构造处理宜使湿季有较好自然通风，主要房间应有良好朝向；建筑物应注意防潮、防雷击；施工应有防雨的措施。

第Ⅵ建筑气候区：

建筑物应充分满足防寒、保温、防冻的要求，夏天不需考虑防热。

总体规划、单体设计和构造处理应注意防寒风与风沙；建筑物应采取减少外露面积，加强密闭性，充分利用太阳能措施；结构上应注意大风的不利作用，地基及地下管道应考虑冻土影响，施工应注意冬季严寒的特点。

第Ⅶ建筑气候区：

建筑物必须充分满足防寒、保温、防冻要求，夏季部分地区应兼顾防热。

总体规划、单体设计和构造应以防寒风与风沙，争取冬季日照为主；建筑物应采取减少外露面积，加强密闭性，充分利用太阳能等节能措施；房屋外围护结构宜厚重；结构上应考虑气温年较差和日较差均大以及大风等不利作用；施工应注意冬季低温、干燥多风沙以及温差大的特点。

问 11：房屋方位与场地如何选择？

建筑物选址应考虑场地的环境、气候、地质等条件，便于获取必要的生活设施，如水、电、气、道路等。房屋建造要根据当地气候特点，充分考虑风向、日照等因素。

问 12：木结构房屋抗震应符合哪些规定？

(1) 抗震设防的木结构建筑，应按现行国家标准《建筑抗震设防分类标准》GB 50223—2008 确定其抗震设防类别和相应的抗震设防标准。

(2) 木结构建筑的结构体系应符合下列要求：

1) 平面布置宜简单、规则，减少偏心。楼层平面宜连续，不宜有较大凹凸或开洞；

2) 竖向布置宜规则、均匀，不宜有过大的外挑和内收。结构的侧向刚度沿竖向自下

而上宜均匀变化，竖向抗侧力构件宜上下对齐，并应可靠连接；

3）结构薄弱部位应采取措施提高抗震能力。当建筑物平面形状复杂、各部分高度差异大或楼层荷载相差较大时，可设置防震缝；防震缝两侧的上部结构应完全分离，防震缝的最小宽度不应小于100mm；

4）当有挑檐时，挑檐与主体结构应具有良好的连接。

（3）除木结构混合建筑外，木结构建筑中不宜出现表4-6中规定的一种或多种不规则类型。

表 4-6

木结构不规则结构类型表

序号	结构不规则类型	不规则定义
1	扭转不规则	楼层最大弹性水平位移（或层间位移）大于该楼层两端弹性水平位移（或层间位移）平均值的1.2倍
2	上下楼层抗侧力构件不连续	同一垂直平面内的上下层抗侧力单元错位较大
3	楼层抗侧力突变	抗侧力结构的层间抗剪承载力小于相邻上一楼层的65%

（4）当木结构建筑的结构不规则时，应进行地震作用计算和内力调整，并对薄弱部位应采取有效的抗震构造措施。

（5）当轻型木结构建筑进行抗震验算时，水平地震作用可采用底部剪力法计算。相应于结构基本自振周期的水平地震影响系数 α_1 可取水平地震影响系数最大值。

（6）对于扭转不规则或楼层抗侧力突变的轻型木结构，以及质量和刚度沿高度分布不均匀的胶合木结构或方木原木的抗震验算，宜采用振型分解反应谱法。

（7）木结构建筑的地震影响系数应根据烈度、场地类别、设计地震分组和结构自振周期以及阻尼比按现行国家标准《建筑抗震设计规范》GB 50011—2010 的相关规定确定。木结构建筑地震作用计算时的阻尼比可取为0.05。

（8）木结构建筑进行构件抗震验算时。承载力抗震调整系数 γ_{RE} 应符合表4-7的规定。当仅计算竖向地震作用时，各类构件的承载力抗震调整系数 γ_{RE} 均应取为1.0。

表 4-7

承载力抗震调整系数

构件名称	系数
柱，梁	0.80
各类构件（偏拉、受剪）	0.85
木基结构板剪力墙	0.85

（9）木结构建筑的楼层水平地震作用宜按抗侧力构件的从属面积上重力荷载代表值的比例进行分配。当木结构建筑为表4-6中规定的结构不规则建筑时，楼层水平力按抗侧力构件层间等效抗侧刚度的比例分配，并应同时计入扭转效应对各抗侧力构件的附加作用。

（10）对于抗震设防烈为8度、9度时的大跨度及长悬臂胶合木结构，应按现行国家标准《建筑抗震设计规范》GB 50011—2010 的相关要求和方法进行竖向地震作用下的验算。

（11）木结构建筑的水平层间位移不宜超过结构层高的1/250。

（12）木结构建筑进行构件抗震验算时，应符合下列规定：

1）对于支撑上下楼层不连续抗侧力单元的梁、柱或楼盖，其地震组合作用效应应乘以不小于 1.15 的增大系数；

2）对于具有薄弱层的木结构，薄弱层剪力应乘以不小于 1.15 的增大系数；

3）轻型木结构在验算屋盖与下部结构连接部位的连接强度及局部承压时，应对地震作用引起的侧向力乘以 1.2 倍的放大系数。

（13）对于楼、屋面结构上设置的围护墙、隔墙、幕墙、装饰贴面和附属机电设备系统等非结构构件，及其与结构主体的连接，应进行抗震设计。非结构构件抗震验算时，连接件的承载力抗震调整系数 γ_{RE} 取为 1.0。

（14）抗震设防烈度为 8 度和 9 度地区设计木结构建筑，根据需要，可采用隔震、消能设计。

问 13：木结构房屋的层数、面积有哪些规定？

现代木结构建筑主要适用于三层及三层以下的建筑。

（1）轻型木结构系指用规格材和木基结构板材制作的木构架墙、木楼盖和木屋盖组成的结构体系。轻型木结构的层数不宜超过 3 层。对于上部结构采用轻型木结构的组合建筑，木结构的层数不得超过 3 层，且该建筑总层数不得超过 7 层。

（2）甲、乙、丙类厂房（库房）不应采用木结构建筑或木结构组合建筑。丁、戊类厂房（库房）和民用建筑，当采用木结构建筑或木结构组合建筑时，其允许层数和允许建筑高度应符合表 4-8 的规定，木结构建筑中防火墙间的允许建筑长度和每层最大允许建筑面积应符合表 4-9 的规定。

木结构建筑或木结构组合建筑的允许层数和允许建筑高度　　　表 4-8

木结构建筑的形式	普通木结构建筑	轻型木结构建筑	胶合木结构建筑		木结构组合建筑
允许层数（层）	2	3	1	3	7
允许建筑高度（m）	10	10	不限	15	24

木结构建筑中防火墙间的允许建筑长度和每层最大允许建筑面积　　　表 4-9

层数（层）	防火墙间的允许建筑长度（m）	防火墙间的每层最大允许建筑面积（m²）
1	100	1800
2	80	900
3	60	600

注：1. 当设置自动喷水灭火系统时，防火墙间的允许建筑长度和每层最大允许建筑面积可按本表的规定增加 1.0 倍，对于丁、戊类地上厂房，防火墙间的每层最大允许建筑面积不限。

　　2. 体育场馆等高大空间建筑，其建筑高度和建筑面积可适当增加。

（3）老年人建筑的住宿部分，托儿所、幼儿园的儿童用房和活动场所设置在木结构建筑内时，应布置在首层或二层。

商店、体育馆和丁、戊类厂房（库房）应采用单层木结构建筑。

问 14：木结构隔声应符合那些要求？

1. 允许最大噪声级

住宅的卧室、书房及起居室的噪声等级应符合表 4-10 的规定。

室内允许噪声级 表 4-10

房间名称	允许噪声级（A 声级，dB）	
	白天	夜间
卧室、书房	≤45	≤35
起居室（厅）	≤50	≤40

2. 隔声标准

（1）分户墙、分户楼板或两户相邻房间之间的空气声隔声应符合表 4-11 的规定。

分户墙、分户楼板或两户相邻房间（烟囱、楼梯井道）之间的空气声隔声标准 表 4-11

围护结构部位或房间	空气声隔声单值评价量＋频谱修正量（dB）	
	计权隔声量＋频谱修正量 $R_w + C$	计权标准化声压级差＋频谱修正量 $D_{nT,w} + C$
分户墙、分户楼板	＞45	—
两户相邻房间（烟囱、楼梯井道）之间	—	≥45
分隔住宅和非居住用途空间的楼板	＞53	—

（2）分户墙以及分户楼板之间的撞击声隔声性能应符合表 4-12 中的规定。

分户楼板的撞击声隔声标准 表 4-12

楼板部位	撞击声隔声单值＋频谱修正量（dB）
	计权规范化撞击声压级 $L_{n,w}$
卧室、书房、起居室（厅）分户楼板	＜75

（3）住宅外墙、外窗、户（套）门、套内隔墙的空气声隔声性能应符合表 4-13 的规定。

外墙、外窗、户（套）门、分室墙的空气声隔声标准 表 4-13

结构部位	空气声隔声单值评价量＋频谱修正量（dB）	
外墙	计权隔声量＋频谱修正量 $R_w + C_{tr}$	≥45
外窗（包括阳台门）	计权隔声量＋频谱修正量 $R_w + C_{tr}$	≥30（主干道红线两侧 50m 内临街一侧居住空间）
		≥25（其他）
户（套）门	计权隔声量＋频谱修正量 $R_w + C$	≥25
套内分室墙	计权隔声量＋频谱修正量 $R_w + C$	≥35（与卧室相邻）
		≥30（其他）

3. 隔声减噪措施

（1）在住宅平面设计时，应使毗连分户墙的房间和分户楼板上下的房间属于同一类型，宜使卧室、书房、起居室（厅）布置在背噪声源的一侧。

（2）机房、垃圾槽、电梯井、中央空调系统、循环水泵和其他机械噪声设备不宜紧邻起居室（厅）和卧室。受条件限制需要紧邻起居室（厅）布置时，应采取有效的隔声和减振措施。

（3）当套内厨房或卫生间与居住空间相邻布置时，厨房或卫生间内的管道与设备等有可能传声的物体，不宜设在卧室、书房、起居室（厅）的墙上。对于可能影响居住空间的噪声源和振动源，应采取有效的隔声、减振措施。主卧室和其他房间的卫生间排水管道宜采用吸声材料包裹，按照要求减少传递到客厅区域的噪声。

（4）石膏板与石膏板、墙体与墙体的交接处、墙体与楼板的交接处以及墙体和天花板的交接处应采取密封隔声措施。

（5）水、暖、电、气管线穿过楼板或墙体时，宜尽可能减少与楼板或墙体的接触。孔洞周边应采取密封隔声措施。排烟、排气及给排水器具，宜采用低噪声设备。相邻两户间的排烟、排气通道，宜采取防止相互传声的措施。

（6）居住建筑的机电服务设备，均应选用低噪声产品，并应采取综合降噪措施。设置家用空调系统时热泵机组应采取减振和隔声措施，并尽可能远离卧室。空调外机不得对邻居造成噪声干扰。

4. 公用建筑隔声设计

（1）采用木结构的学校建筑，其室内允许噪声级、墙体及楼板的空气声隔声性能以及楼板的撞击声隔声性能必须满足现行国家标准《民用建筑隔声设计规范》GB 50118—2010 中学校建筑的隔声要求。

（2）采用木结构的医院建筑，其室内允许噪声级、墙体及楼板的空气声隔声性能以及楼板的撞击声隔声性能必须满足现行国家标准《民用建筑隔声设计规范》GB 50118—2010 中医院建筑隔声要求的二级标准。

（3）采用木结构的旅馆建筑，其室内允许噪声级、墙体及楼板的空气声隔声性能以及楼板的撞击声隔声性能必须满足现行国家标准《民用建筑隔声设计规范》GB 50118—2010 中旅馆建筑隔声要求的二级标准。对于五星级以上旅游饭店及同档次宾馆、饭店必须按照特级标准来进行隔声设计，对于三、四星级旅游饭店及同档次宾馆、饭店必须按照一级标准来进行隔声设计，对于二星级以下的旅游饭店及同档次宾馆、饭店必须按照二级标准来进行隔声设计。

问 15：木结构设计指标及参数有哪些？

（1）对于已经确定的目测分级规格材以及进口树种结构材的强度设计值和弹性模量，均应按《木结构设计规范》GB 50005—20××（送审稿）附录 F 的规定采用。

（2）工厂生产的结构复合材、国产树种规格材、工字形搁栅的强度特征值和设计值应按《木结构设计规范》GB 50005—20××（送审稿）附录 G 的规定确定。

（3）受弯构件的计算挠度，应满足表 4-14 的挠度限值。

受弯构件挠度限值 表 4-14

项次	构件类型		挠度限值 ω
1	檩条	$l \leqslant 3.3\text{m}$	$l/200$
		$l > 3.3\text{m}$	$l/250$
2	椽条		$l/150$

项次	构件类型			挠度限值 ω
3	吊顶中的受弯构件			$l/250$
4	楼板梁和搁栅			$l/250$
5	屋面大梁	工业建筑		$l/120$
		民用建筑	无粉刷吊顶	$l/180$
			有粉刷吊顶	$l/240$

注：表中 l 为受弯构件的计算跨度。

(4) 对于轻型木桁架的变形限值应符合现行行业标准《轻型木桁架技术规范》JGJ/T 265—2012 的规定。

(5) 受压构件的长细比应符合表 4-15 规定的长细比限值。

受压构件长细比限值

表 4-15

项次	构件类型	长细比限值 $[\lambda]$
1	结构的主要构件（包括桁架的弦杆、支座处的竖杆或斜杆，以及承重柱等）	$\leqslant 120$
2	一般构件	$\leqslant 150$
3	支撑	$\leqslant 200$

注：构件的长细比 λ 应按 $\lambda = l_0/i$ 计算，其中，l_0 为受压构件的计算长度（mm）；i 为构件截面的回转半径（mm）。

问 16：螺栓、钉连接如何设计？

螺栓和钉一般有单剪和双剪两种连接方式，当然也会有多个构件的连接，形成多个剪切面。

(1) 对于采用单剪或对称双剪连接的销轴类紧固件，每个剪面的抗剪承载力设计值 Z 应按下式进行计算：

$$Z' = C_m C_t k_g Z \tag{4-1}$$

式中　C_m——含水率调整系数，按表 4-16 中规定采用；

$\quad\quad C_t$——温度环境调整系数，按表 4-16 中规定采用；

$\quad\quad k_g$——组合作用系数，按《木结构设计规范》GB 50005—20××（送审稿）附录 L 确定；

$\quad\quad Z$——抗剪承载力参考设计值。

使用条件调整系数

表 4-16

序号	调整系数	采用条件	取值
1	含水率调整系数 C_m	使用中木构件含水率大于 15% 时	0.8
		1) 使用中木构件含水率小于 15% 时 2) 连接时仅有一个紧固件时 3) 两个或两个以上的紧固件沿顺纹方向排成一行时 4) 两行或两行以上的紧固件，每行紧固件分别用单独的连接板连接时	1.0
2	温度调整系数 C_t	长期生产性高温环境，木材表面温度达 40～50℃ 时	0.8
		其他温度环境时	1.0

（2）对于仅有木构件与木构件相连时，采用单剪或对称双剪连接的销轴类紧固件，每个剪面的抗剪承载力参考设计值 Z 可按《木结构设计规范》GB 50005—20××（送审稿）附录 M 进行计算。

（3）对于采用单剪或对称双剪连接的销轴类紧固件，每个剪面的抗剪承载力参考设计值 Z 应按下列 4 种破坏模式进行计算，并取各计算结果中的最小值作为每个剪面的抗剪承载力参考设计值：

1）销槽承压破坏模式时，应按下列规定计算抗剪承载力参考设计值 Z：

① 对于单剪连接或双剪连接时主构件销槽承压破坏应按下式计算：

$$Z = \frac{1.5dl_m f_{em}}{R_d} \tag{4-2}$$

② 对于侧构件销槽承压破坏应按下列公式计算：

单剪连接时

$$Z = \frac{1.5dl_s f_{es}}{R_d} \tag{4-3}$$

双剪连接时

$$Z = \frac{3dl_s f_{es}}{R_d} \tag{4-4}$$

注：单剪连接中的主构件为厚度较厚的构件；双剪连接中的主构件为中间构件。

式中　d——紧固件直径（mm）；对于有螺纹的销体，d 为有效直径；当螺纹部分的长度小于承压长度的 1/4 时，d 为公称直径；

l_m、l_s——主、次构件销槽承压面长度（mm）；

f_{em}、f_{es}——主、次构件销槽承压强度标准值（N/mm²）；

R_d——与紧固件直径、破坏模式及荷载与木纹间夹角有关的折减系数，按表 4-17 规定采用。

折减系数 R_d

表 4-17

破坏模式	折减系数 R_d
销槽承压破坏	$4K_\theta$
销槽局部挤压破坏	$3.6K_\theta$
单个或两个塑性铰破坏	$3.2K_\theta$

注：表中 $K_\theta = 1 + 0.25(\theta/90)$；$\theta$ 为荷载与木材顺纹方向的最大夹角（$0° \leqslant \theta \leqslant 90°$）。

2）销槽局部挤压破坏模式时，应按下列公式计算抗剪承载力参考设计值 Z：

$$Z = \frac{1.5k_1 dl_s f_{es}}{R_d} \tag{4-5}$$

$$k_1 = \frac{\sqrt{R_e + 2R_e^2(1 + R_t + R_t^2) + R_t^2 R_e^3} - R_e(1 + R_t)}{1 + R_e} \tag{4-6}$$

$$R_e = f_{em}/f_{es} \tag{4-7}$$

$$R_t = l_m/l_s \tag{4-8}$$

3）单个塑性铰破坏模式时，应按下列规定计算抗剪承载力参考设计值 Z：

① 对于单剪连接时，主构件单个塑性铰破坏应按下列公式计算：

$$Z = \frac{1.5k_2 dl_m f_{em}}{(1 + 2R_e)R_d} \tag{4-9}$$

$$k_2 = -1 + \sqrt{2(1+R_e) + \frac{2f_{yb}(1+2R_e)d^2}{3f_{em}l_m^2}} \tag{4-10}$$

式中 f_{yb}——销轴类紧固件抗弯强度标准值（N/mm²）；

② 对于侧构件单个塑性铰破坏时，应按下列公式计算：

单剪连接时： $$Z = \frac{1.5k_3 dl_s f_{em}}{(2+R_e)R_d} \tag{4-11}$$

双剪连接时： $$Z = \frac{3k_3 dl_s f_{em}}{(2+R_e)R_d} \tag{4-12}$$

$$k_3 = -1 + \sqrt{\frac{2(1+R_e)}{R_e} + \frac{2f_{yb}(2+R_e)d^2}{3f_{em}l_s^2}} \tag{4-13}$$

4) 主侧构件两个塑性铰破坏模式时，应按下列规定计算抗剪承载力参考设计值 Z：

① 单剪连接时，应按下式计算：

$$Z = \frac{1.5d^2}{R_d}\sqrt{\frac{2f_{em}f_{yb}}{3(1+R_e)}} \tag{4-14}$$

② 双剪连接时，应按下式计算：

$$Z = \frac{3d^2}{R_d}\sqrt{\frac{2f_{em}f_{yb}}{3(1+R_e)}} \tag{4-15}$$

（4）销槽承压强度标准值应按下列规定取值：

1) 销轴类紧固件销槽顺纹承压强度 $f_{e,0}$（N/mm²）应按下式确定：

$$f_{e,0} = 77G \tag{4-16}$$

2) 销轴类紧固件销槽横纹承压强度 $f_{e,90}$（N/mm²）应按下式确定：

$$f_{e,90} = \frac{212G^{1.45}}{\sqrt{d}} \tag{4-17}$$

3) 当采用钉连接时，销槽承压强度 $f_{e,d}$（N/mm²）应按下式确定：

$$f_{e,d} = 115G^{1.84} \tag{4-18}$$

4) 当作用在构件上的荷载与木纹呈夹角 θ 时，销槽承压强度 $f_{e\theta}$，应按下式确定：

$$f_{e\theta} = \frac{f_{e,0}f_{e,90}}{f_{e,0}\sin^2\theta + f_{e,90}\cos^2\theta} \tag{4-19}$$

式中 G——主构件材料的全干相对密度；常用树种木材的全干相对密度按《木结构设计规范》GB 50005—20××（送审稿）附录 N 的规定确定；

d——销轴类紧固件直径（mm）；

θ——荷载与木纹方向的夹角；

5) 当销轴类紧固件插入主构件端部并且与主构件木纹方向平行时，主构件上的销槽承压强度取 $f_{e,90}$；

6) 紧固件在钢材上的销槽承压强度按钢材的抗拉强度标准值计算。紧固件在混凝土构件上的销槽承压强度按混凝土立方抗压强度标准值的 2.37 倍计算。

（5）销轴类紧固件的抗弯强度标准值和销槽的承压长度应符合下列规定：

1) 销轴类紧固件抗弯强度标准值应取销轴屈服强度的 1.3 倍；

2) 当销轴的贯入深度小于 10 倍销轴直径时，承压面的长度不应包括销轴尖端部分的长度。

（6）互相不对称的三个构件连接时，剪面抗剪承载力设计值 Z 应按两个侧构件中销槽承压长度最小的侧构件作为计算标准，按对称连接计算得到的最小剪面抗剪承载力设计值作为连接的剪面抗剪承载力设计值。

（7）当四个或四个以上构件连接时，每一剪面按单剪连接计算。连接的剪面抗剪承载力设计值等于最小承载力乘以剪面数量。

（8）当单剪连接中的荷载与紧固件轴线呈一定角度时（除了 90°外），垂直于紧固件轴线方向作用的荷载分量不得超过紧固件剪面抗剪承载力设计值。平行于紧固件轴线方向的荷载分量，应采取可靠的措施，满足局部承压要求。

问 17：受压构件如何设计？

（1）轴心受压构件的承载能力，应按下列公式验算：

1）按强度验算时，应按下式验算：

$$\frac{N}{A_\text{n}} \leqslant f_\text{c} \tag{4-20}$$

2）按稳定验算时，应按下式验算：

$$\frac{N}{\varphi A_0} \leqslant f_\text{c} \tag{4-21}$$

式中　f_c——木材顺纹抗压强度设计值（N/mm²）；

　　　N——轴心受压构件压力设计值（N）；

　　　A_n——受压构件的净截面面积（mm²）；

　　　A_0——受压构件截面的计算面积（mm²）；

　　　φ——轴心受压构件稳定系数。

（2）按稳定验算时受压构件截面的计算面积，应按下列规定采用：

1）无缺口时，取 $A_0 = A$（A 为受压构件的全截面面积）；

2）缺口不在边缘时（图 4-1a），取 $A_0 = 0.9A$；

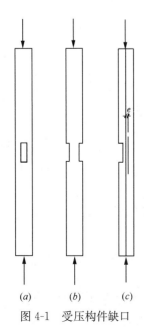

3）缺口在边缘且为对称时（图 4-1b），取 $A_0 = A_\text{n}$；

4）缺口在边缘但不对称时（图 4-1c），取 $A_0 = A_\text{n}$，且应按偏心受压构件计算；

5）验算稳定时，螺栓孔可不作为缺口考虑；

6）对于原木应取平均直径计算面积。平均直径：

$$d = d_0 + \frac{0.009l}{2} \tag{4-22}$$

式中　l——构件长度；

　　　d_0——原木构件小头直径。

（3）规格材构件、欧洲结构材构件、层板胶合木构件的轴心受压构件的稳定系数 φ 取值应符合下列规定：

1）轴心受压构件稳定系数应按下列公式计算：

$$\varphi = \frac{1 + (f_\text{cE}/f_\text{c})}{2C} - \sqrt{\left[\frac{1 + (f_\text{cE}/f_\text{c})}{2C}\right]^2 - \frac{f_\text{cE}/f_\text{c}}{C}} \tag{4-23}$$

$$f_\text{cE} = \frac{\alpha_\text{c} E}{(l_0/b)^2} \tag{4-24}$$

图 4-1　受压构件缺口

$$l_0 = k_l l \tag{4-25}$$

式中　f_c——考虑调整系数的构件材料的顺纹抗压强度设计值（N/mm²）；

　　　f_{cE}——受压构件抗压临界屈曲强度设计值（N/mm²）；

　　　E——弹性模量（N/mm²）；

　　　C——相关材料系数；规格材、欧洲结构材取 0.8，层板胶合木取 0.9；

　　　α_c——与构件材料变异系数相关的系数；目测分级木材、欧洲结构材为 0.32，机械分级木材为 0.41，层板胶合木为 0.47；

　　　b——矩形截面边长，其他截面，可用 $r\sqrt{12}$ 代替，（r 为截面的回转半径）；对于变截面矩形构件取有效边长 b_c，b_c 按《木结构设计规范》GB 50005—20××（送审稿）第 5.1.6 条计算；

　　　l_0——计算长度；

　　　l——构件实际长度；

　　　k_l——长度计算系数，取值应按表 4-18 的规定。

长度计算系数 k_l 的取值　　　　　　　表 4-18

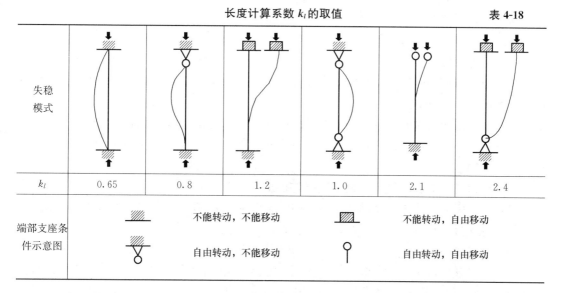

2）当沿受压构件长度方向布置有使构件不产生侧向位移的支撑时，轴心受压构件稳定系数 $\varphi = 1$。

问 18：受弯构件如何设计？

（1）受弯构件的抗弯承载能力，应按下式验算：

1）按强度验算

$$\frac{M}{W_n} \leqslant f_m \tag{4-26}$$

2）按稳定验算

$$\frac{M}{\varphi_l W_n} \leqslant f_m \tag{4-27}$$

式中　f_m——木材抗弯强度设计值（N/mm²）；

　　　M——受弯构件弯矩设计值（N·mm）；

W_n——受弯构件的净截面抵抗矩（mm³）；

φ_l——受弯构件的侧向稳定系数。

（2）受弯构件的抗剪承载能力，应按下式验算：

$$\frac{VS}{Ib} \leqslant f_v \tag{4-28}$$

式中 f_v——木材顺纹抗剪强度设计值（N/mm²）；

V——受弯构件剪力设计值（N）；

I——构件的全截面惯性矩（mm⁴）；

b——构件的截面宽度（mm）；

S——剪切面以上的截面面积对中性轴的面积矩（mm³）。

（3）受弯构件的挠度，应按下式验算：

$$\omega \leqslant [\omega] \tag{4-29}$$

式中 $[\omega]$——受弯构件的挠度限值（mm），按表 4-14 采用；

ω——构件按荷载效应的标准组合计算的挠度（mm）。

问 19：剪力墙有哪些构造要求？

剪力墙应符合下列构造要求：

（1）剪力墙骨架构件的宽度不应小于 38mm，骨架的中心间距不应大于 600mm；

（2）剪力墙相邻面板的接缝应支承在骨架构件上，面板可水平或竖向铺设，面板之间应留有不小于 3mm 的间隙；

（3）木基结构板材的尺寸不应小于 1200mm×2400mm，在剪力墙边界或开孔处，允许使用宽度不小于 300mm 的窄板，但不得多于 2 块；当结构板的宽度小于 300mm 时，应加设填块固定；

（4）经常处于潮湿环境中的钉子应有防护涂层；

（5）钉子距离板边缘的距离不应小于 10mm，且在面板内部的钉间距为 300mm。钉应牢固的打入骨架构件，钉面应与板面齐平；

（6）当墙体两侧均有面板，且每侧面板边缘钉间距小于 150mm 时，墙体两侧面板的接缝应相互错开，避免在同一根骨架构件上。当骨架构件的跨度大于 65mm 时，墙体两侧面板的拼缝可在同一根构件上，当钉应交错布置。

问 20：轻型木桁架如何设计？

（1）桁架静力计算模型应满足下列条件：

1）弦杆应为多跨连续杆件；

2）弦杆在屋脊节点、变坡节点和对接节点处应为铰接节点；

3）弦杆对接节点处用于抗弯时应为刚接节点；

4）腹杆两端节点应为铰节点；

5）桁架两端与下部结构连接一端应为固定铰支，另一端应为活动铰支。

（2）桁架设计模型中对各类相应节点的计算假定应符合国家现行标准《轻型木桁架技术规范》JGJ/T 265—2012 的相关规定。

（3）桁架构件设计时，各杆件的轴力与弯矩值的取值应满足下列规定：

1）杆件的轴力应取杆件两端轴力的平均值；

2）弦杆节间弯矩应取该节间所受的最大弯矩；

3）对拉弯或压弯杆件，轴力应取杆件两端轴力的平均值，弯矩应取杆件跨中弯矩与两端弯矩中较大者。

（4）验算桁架受压构件的稳定时，其计算长度 l_0 应符合下列规定：

1）平面内，取节点中心间距的 0.8 倍；

2）平面外，屋架上弦取上弦与相邻檩条连接点之间的距离；腹杆取节点中心距离；若下弦受压时，其计算长度取侧向支撑点之间的距离。

（5）当相同桁架数量大于等于 3 榀且桁架之间的间距小于等于 600mm 时，如果所有桁架都与楼面板或屋面板有可靠连接，这时，桁架弦杆的抗弯强度设计值 f_m 可乘以 1.15 的共同作用系数。

（6）金属齿板节点设计时，作用于钢齿板节点上的力，应取与该节点相连杆件的杆端内力。

（7）当木桁架端部采用梁式端节点时（图 4-2），在支座内侧支承点上的下弦杆截面高度不应小于 1/2 原下弦杆截面高度或 100mm 两者中的较大值，并应按下列要求验算该端支座节点的承载力：

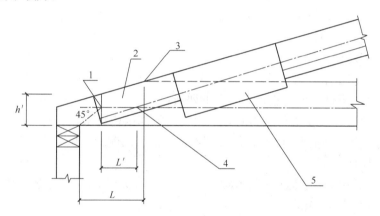

图 4-2　桁架梁式端节点示意图

1—投影交点；2—抗剪齿板；3—上弦杆起始点；4—上下弦杆轴线交点；5—主要齿板

1）端节点抗弯验算时，用于抗弯验算的弯矩为支座反力乘以从支座内侧边缘到上弦杆起始点的水平距离 L（即图 4-2 中 L）。

2）当图中投影交点比上、下弦杆轴线交点更接近桁架端部时，端节点需进行抗剪验算。桁架端部下弦规格材的抗剪承载力应按下式验算：

$$\frac{1.5R}{nbh'} \leqslant f_v \tag{4-30}$$

式中　b——规格材截面宽度（mm）；

　　　f_v——规格材顺纹抗剪强度设计值（N/mm²）；

　　　R——梁端支座总反力（N）；

　　　n——当由多榀相同尺寸的规格材木桁架形成组合桁架时，n 为形成组合桁架的桁架榀数；

　　　h'——下弦杆在投影交点处的截面计算高度（mm）。

3）当桁架端部下弦规格材的抗剪承载力不满足式（4-30）时，梁端应设置抗剪齿板。抗剪齿板的尺寸应覆盖上下弦杆轴线交点与投影交点之间的距离 L'，且强度应满足下列规定：

① 下弦杆轴线上、下方的齿板截面抗剪承载力均应能抵抗梁端节点净剪力 V；

② 沿着下弦杆轴线的齿板截面抗剪承载力应能抵抗梁端节点净剪力 V；

③ 梁端节点净剪力应按下式计算：

$$V = \left(\frac{1.5R}{nh'} - bf_v \right) L' \tag{4-31}$$

式中　L'——上下弦杆轴线交点与投影交点之间的距离（mm）。

（8）对于由多榀桁架组成的组合桁架，作用于组合桁架的荷载应由每榀桁架均匀承担。当多榀桁架之间采用钉连接时，钉的承载力应按下式验算：

$$q \left(\frac{n-1}{n} \right) \left(\frac{s}{n_r} \right) \leqslant N_v \tag{4-32}$$

式中　N_v——钉连接的抗剪承载力设计值（N）；

　　　n——组成组合桁架的桁架榀数；

　　　s——钉连接的间距（mm）；

　　　n_r——钉列数；

　　　q——作用于组合桁架的均布线荷载（N/mm）。

（9）木屋架与下部结构的连接应符合下列规定：

1）当木桁架不承受上拔作用力时，木屋架与下部结构可采用钉连接，钉的数量不应少于 3 枚、钉长度不应小于 80mm。屋盖端部以及洞口两侧的木桁架宜采用金属连接件连接，间距不应大于 2.4m。

2）当木屋架端部承受上拔作用力时，木屋架与下部结构应采用金属抗拔连接件连接，连接件间距不应大于 2.4m。

问 21：如何进行轻型木结构抗震设计？

（1）组合建筑的抗震计算宜采用振型分解反应谱法。当底部结构平均抗侧刚度与上部相邻木结构的平均抗侧刚度之比大于 10，且整体结构的基本自振周期不大于上部木结构的基本自振周期的 1.1 倍时，上部木结构与下部结构可分别采用底部剪力法单独进行抗震计算，并且，设计下部结构时应考虑来自上部木结构底部剪力的作用。

（2）采用轻型木屋盖的多层民用建筑，主体结构的地震作用应符合国家现行标准《建筑抗震设计规范》GB 50011—2010 的有关规定。木屋盖可作为顶层质点作用在屋架支座处，顶层质点的等效重力荷载可取木屋盖重力荷载代表值与 1/2 墙体重力荷载代表值之和。其余质点可取重力荷载代表值的 85%。作用在轻型木屋盖的水平荷载应按下式确定：

$$F_E = \frac{G_r}{G_{eq}} \cdot F_{Ek} \tag{4-33}$$

式中　F_E——轻型木屋盖的水平荷载；

　　　G_r——木屋盖重力荷载代表值；

G_{eq}——顶层质点的等效重力荷载；

F_{Ek}——顶层水平地震作用标准值。

（3）当木屋盖和楼盖作为混凝土或砌体墙体的侧向支承时（图4-3），锚固连接沿墙体方向的抵抗力应不小于3.0kN/m。

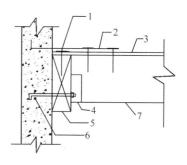

图4-3　木屋盖、木楼盖作为墙体
侧向支承时的连接示意图

1—边界钉连接；2—预埋拉条；3—结构胶合板；4—搁栅挂件；5—封头搁栅；6—预埋钢筋；7—搁栅

（4）轻型木结构与砌体结构、钢筋混凝土结构或钢结构等下部结构的连接应采用锚栓连接。锚栓直径不应小于12mm，间距不应大于2.0m，锚栓埋入深度不得小于300mm，地梁板两端各应设置1根锚栓，端距为100～300mm。

（5）当砌体结构、钢筋混凝土结构或钢结构采用轻型木屋盖时，宜在其结构的顶部设置木梁板，木屋盖与木梁板连接。木梁板与砌体结构、钢筋混凝土结构或钢结构的连接应符合（4）的规定。

问22：构件和基础连接如何设计？

（1）与基础顶面连接的地梁板应采用直径不小于12mm、间距不大于2.0m的锚栓与基础锚固。锚栓埋入基础深度不得小于300mm，每根地梁板两端应各有一根锚栓，端距为100～300mm。

（2）轻型木结构的墙体应支承在混凝土基础或砌体基础顶面的混凝土圈梁上，混凝土基础或圈梁顶面砂浆应平整，倾斜度不应大于2‰。

问23：如何进行木结构防潮设计？

木结构防水一般包括屋面防水、楼地面防水、外墙防水、细节防水。木结构防水防潮设计应采用多重防御原则，防止水分从屋顶、外墙或地下渗入室内，通过控制热量、空气和水分在室内外之间的传递来防止蒸汽冷凝，并且要防止白蚁危害。

（1）木结构建筑应有效地利用周围地势、其他建筑物及树木，应减少围护结构的环境暴露程度。

（2）木结构建筑应有效利用悬挑结构、雨篷等设施对外墙面和门窗进行保护，宜减少在围护结构上的开窗开洞。

（3）木结构建筑应采取有效措施提高整个建筑围护结构的气密性能，应在下列部位的接触面和连接点设置气密层：

1）相邻单元之间；

2）室内空间与车库之间；

3）室内空间与非调温调湿地下室之间；

4）室内空间与架空层之间；

5）室内空间与通风屋顶空间之间。

（4）在年降雨量高于1000mm的地区，或环境暴露程度很高的木结构建筑应采用防雨幕墙。在外墙防护板和外墙防水膜之间应设置排水通风空气层，其净厚度宜在10mm以上，有效空隙不应低于排水通风空气层总空隙的70%；空隙开口处必须设置连续的防虫网。

（5）在混凝土地基周围、地下室和架空层内，应采取防止水分和潮气由地面入侵的排水、防水及防潮等有效措施。在木构件和混凝土构件之间应铺设防潮膜。建筑物室内外地坪高差不得小于 300mm。

（6）木结构建筑屋顶宜采用坡屋顶。屋顶空间宜安装通风孔。采用自然通风时，通风孔总面积应不小于保温顶棚面积的 1/300。通风孔应均匀设置，并应防止昆虫或雨水进入。

（7）外墙和非通风屋顶的设计应减少蒸汽内部冷凝，并有效促进潮气散发。在严寒和寒冷地区，外墙和非通风屋顶内侧应具有较低蒸汽渗透率；在夏热冬暖和炎热地区，外侧应具有较低的蒸汽渗透率。

（8）在门窗洞口、屋面、外墙开洞处、屋顶露台和阳台等部位均应设置防水、防潮和排水的构造措施，应有效地利用泛水材料促进局部排水。坡度设计时应考虑木构件的收缩影响，泛水板向外倾斜的最终坡度不应低于 5%。屋顶露台和阳台的地面最终排水坡度不应小于 2%。

（9）木结构的下列部位应采取防潮和通风措施：

1）在桁架和大梁的支座下应设置防潮层；

2）在木柱下应设置柱墩或垫板，严禁将木柱直接埋入土中或浇筑在混凝土中；

3）桁架、大梁的支座节点或其他承重木构件不得封闭在墙、保温层或通风不良的环境中（图 4-4 和图 4-5）；

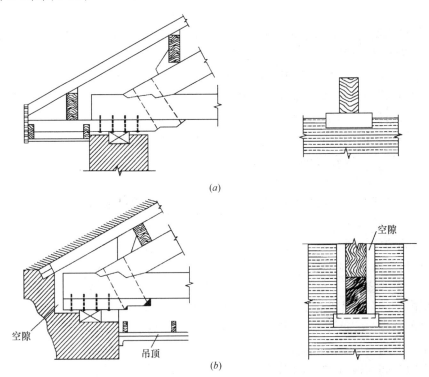

(a)

(b)

图 4-4 外排水屋盖支座节点通风构造示意图

4）处于房屋隐蔽部分的木结构，应设置通风孔洞；

5）露天结构在构造上应避免任何部分有积水的可能，并应在构件之间留有空隙（连

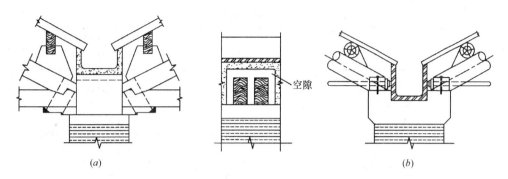

图 4-5　内排水屋盖支座节点通风构造示意图

接部位除外）；

　　6）无地下室的底层木楼板必须架空，并应有通风防潮措施。

4.3　装配式木结构构件制作

问 24：构件制作如何进行选材？

（1）方木、原木结构应按表 4-1 的规定选择原木、方木和板材的目测材质等级。木材含水率应符合《木结构工程施工规范》GB/T 50772—2012 第 4.1.5 条的规定，因条件限制使用湿材时，应经设计单位同意。

　　配料时尚应符合下列规定：

　　1）受拉构件螺栓连接区段木材及连接板应符合表 4-19～表 4-21 中 I$_a$ 等材关于连接部位的规定。

原木材质等级标准　　　　　　　　　　　　　　　　表 4-19

项次	缺 陷 名 称		木材等级		
			I$_a$	II$_a$	III$_a$
1	腐朽		不允许	不允许	不允许
2	木节	在构件任何 150mm 长度上沿周长所有木节尺寸的总和，与所测部位原木周长的比值	≤1/4	≤1/3	≤2/5
		每个木节的最大尺寸与所测部位原木周长的比值	≤1/10（连接部位为≤1/12）	≤1/6	≤1/6
3	扭纹	斜率（%）	≤8	≤12	≤15
4	裂缝	在连接部位的受剪面上	不允许	不允许	不允许
		在连接部位的受剪面附近，其裂缝深度（有对面裂缝时，两者之和）与原木直径的比值	≤1/4	≤1/3	不限
5	髓心		应避开受剪面	不限	不限

注：1. I$_a$、II$_a$ 等材不允许有死节，III$_a$ 等材允许有死节（不包括发展中的腐朽节），直径不应大于原木直径的 1/5，且每 2m 内不得多于 1 个。

　　　2. I$_a$ 等材不允许有虫眼，II$_a$、III$_a$ 等材允许有表层的虫眼。

　　　3. 木节尺寸按垂直于构件长度方向测量。直径小于 10mm 的木节不计。

方木材质等级标准 表 4-20

项次	缺陷名称		木材等级		
			I_a	II_a	III_a
1	腐朽		不允许	不允许	不允许
2	木节	在构件任一面任何 150mm 长度上所有木节尺寸的总和与所在面宽的比值	≤1/3（普通部位）；≤1/4（连接部位）	≤2/5	≤1/2
3	斜纹	斜率（%）	≤5	≤8	≤12
4	裂缝	在连接的受剪面上	不允许	不允许	不允许
		在连接部位的受剪面附近，其裂缝深度（有对面裂缝时，用两者之和）不得大于材宽的	≤1/4	≤1/3	不限
5	髓心		应避开受剪面	不限	不限

注：1. I_a 等材不允许有死节，II_a、III_a 等材允许有死节（不包括发展中的腐朽节），对于 II_a 等材直径不应大于 20mm，且每延米中不得多于 1 个，对于 III_a 等材直径不应大于 50mm，每延米中不得多于 2 个。

2. I_a 等材不允许有虫眼，II_a、III_a 等材允许有表层的虫眼。

3. 木节尺寸按垂直于构件长度方向测量。木节表现为条状时，在条状的一面不量；直径小于 10mm 的木节不计。

板材材质等级标准 表 4-21

项次	缺陷名称		木材等级		
			I_a	II_a	III_a
1	腐朽		不允许	不允许	不允许
2	木节	在构件任一面任何 150mm 长度上所有木节尺寸的总和与所在面宽的比值	≤1/4（普通部位）；≤1/5（连接部位）	≤1/3	≤2/5
3	斜纹	斜率（%）	≤5	≤8	≤12
4	裂缝	连接部位的受剪面及其附近	不允许	不允许	不允许
5	髓心		不允许	不允许	不允许

注：I_a 等材不允许有死节，II_a、III_a 等材允许有死节（不包括发展中的腐朽节），对于 II_a 等材直径不应大于 20mm，且每延米中不得多于 1 个，对于 III_a 等材直径不应大于 50mm，每延米中不得多于 2 个。

2）受弯或压弯构件中木材的节子、虫孔、斜纹等天然缺陷应处于受压或压应力较大一侧；其初始弯曲应处于构件受载变形的反方向。

3）木构件连接区段内的木材不应有腐朽、开裂和斜纹等较严重缺陷。齿连接处木材的髓心不应处于齿连接受剪面的一侧（图 4-6）。

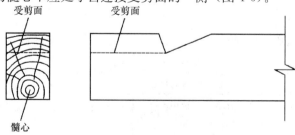

图 4-6 齿连接中木材髓心的位置

4）采用东北落叶松、云南松等易开裂树种的木材制作桁架下弦，应采用"破心下料"或"按侧边破心下料"的木材，按侧边破心下料后对拼的木材宜选自同一根木料。

（2）层板胶合木构件所用层板胶合木的类别、强度等级、截面尺寸及使用环境，应按设计文件的规定选用；不得用相同强度等级的异等非对称组坯胶合木替代同等或异等对称组坯胶合木。凡截面作过剖解的层板胶合木，不应用作承重构件。异等非对称组坯胶合木受拉层板的位置应符合设计文件的规定。

（3）防腐处理的木材（含层板胶合木）应按设计文件规定的木结构使用环境选用。

问 25：胶合木构架应符合哪些产品标识？

胶合木构件应符合以下规定的产品标识：

（1）产品标准名称、构件编号和规格尺寸；

（2）木材树种，胶粘剂类型；

（3）强度等级和外观等级；

（4）经过防护处理的构件应有防护处理的标记；

（5）经过质量认证机构认可的质量认证标记；

（6）生产厂家名称和生产日期。

采用进口胶合木构件时，胶合木构件应符合合同技术条款的规定，应附有产品标识和设计标准等相关资料以及相应的认证标识，所有资料均应有中文标识。

问 26：如何进行胶合木构件组坯？

1. 普通层板胶合木构件组坯

普通层板胶合木构件制作时，采用的层板等级标准和树种分类应符合表 4-22 及表 4-23 的规定。构件截面应根据构件的主要用途以及层板材质等级按表 4-24 的规定进行组坯。

普通胶合木层板材质等级标准 表 4-22

项次	缺 陷 名 称		木材等级		
			I b	II b	III b
1	腐朽		不允许	不允许	不允许
2	木节	在构件任一面任何 200mm 长度上所有木节尺寸的总和，不得大于所在面宽的	1/3	2/5	1/2
		在木板指接及其两端各 100mm 范围内	不允许	不允许	不允许
3	斜纹 任何 1m 材长上平均倾斜高度，不得大于		50mm	80mm	150mm
4	髓心		不允许	不允许	不允许
5	裂缝	在木板窄面上的裂缝，其深度（有对面裂缝用两者之和）不得大于板宽的	1/4	1/3	1/2
		在木板宽面上的裂缝，其深度（有对面裂缝用两者之和）不得大于板厚的	不限	不限	对侧立腹板工字梁的腹板：1/3，其他板材不限
6	虫蛀		允许有表面虫沟，不得有虫眼		
7	涡纹 在木板指接及其两端各 100mm 范围内		不允许	不允许	不允许

注：1. 选材配料时，尚应注意避免在制成的胶合构件的连接受剪面上有裂缝。

2. 对于有过大缺陷的木材，可截去缺陷部分，经重新接长后按所定级别使用。

普通层板胶合木适用树种分级表 表 4-23

强度等级	组别	适 用 树 种
TC17	A	柏木、长叶松、湿地松、粗皮落叶松
	B	东北落叶松、欧洲赤松、欧洲落叶松
TC15	A	铁杉、油杉、太平洋海岸黄柏、花旗松—落叶松、西部铁杉、南方松
	B	鱼鳞云杉、西南云杉、南亚松
TC13	A	油松、新疆落叶松、云南松、马尾松、扭叶松、北美落叶松、海岸松
	B	红皮云杉、丽江云杉、樟子松、红松、西加云杉、俄罗斯红松、欧洲云杉、北美山地云杉、北美短叶松
TC11	A	西北云杉、新疆云杉、北美黄松、云杉—松—冷杉、铁—冷杉、东部铁杉、杉木
	B	冷杉、速生杉木、速生马尾松、新西兰辐射松

胶合木结构构件的普通胶合木层板材质等级 表 4-24

项次	主 要 用 途	材质等级	木材等级配置图
1	受拉或拉弯构件	Ⅰ_b	
2	受压构件（不包括桁架上弦和拱）	Ⅲ_b	
3	桁架上弦或拱，高度不大于 500mm 的胶合梁 （1）构件上、下边缘各 0.1h 区域，且不少于两层板 （2）其余部分	Ⅱ_b Ⅲ_b	
4	高度大于 500mm 的胶合梁 （1）梁的受拉边缘 0.1h 区域，且不少于两层板 （2）受拉边缘 0.1h～0.2h 区域 （3）受压边缘 0.1h 区域，且不少于两层板 （4）其余部分	Ⅰ_b Ⅱ_b Ⅱ_b Ⅲ_b	
5	侧立腹板工字梁 （1）受拉翼缘板 （2）受压翼缘板 （3）腹板	Ⅰ_b Ⅱ_b Ⅲ_b	

2. 目测分级和机械分级胶合木构件组坯

（1）目测分级和机械分级胶合木构件采用的层板等级标准和树种分类应符合《胶合木结构技术规范》GB/T 50708—2012 第 3.1.3 条及第 4.2.2 条的规定。异等组合胶合木的层板分为表面层板、外侧层板、内侧层板和中间层板（图 4-7）。异等组合胶合木组坯应符合表 4-25 的。

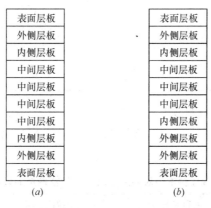

图 4-7　胶合木不同部位层板的名称

（a）对称布置；（b）非对称布置

异等组合胶合木组坯   表 4-25

层板总层数	层板组坯名称	层板组坯数量
4	表面抗压层板	1
	中间层板	2
	表面抗拉层板	1
5～8	表面抗压层板	1
	内侧抗压层板	1
	中间层板	1～4
	内侧抗拉层板	1
	表面抗拉层板	1
9～12	表面抗压层板	1
	外侧抗压层板	1
	内侧抗压层板	1
	中间层板	3～6
	内侧抗拉层板	1
	外侧抗拉层板	1
	表面抗拉层板	1
13～16	表面抗压层板	1
	外侧抗压层板	1
	内侧抗压层板	2
	中间层板	5～8
	内侧抗拉层板	2
	外侧抗拉层板	1
	表面抗拉层板	1

层板总层数	层板组坯名称	层板组坯数量
17～18	表面抗压层板	2
	外侧抗压层板	1
	内侧抗压层板	2
	中间层板	7～8
	内侧抗拉层板	2
	外侧抗拉层板	1
	表面抗拉层板	2

（2）采用异等组合时，构件受拉一侧的表面层板宜采用机械分级层板。当采用机械分级时，其弹性模量的等级不得小于表 4-26 中各强度等级相对应的等级要求，并按（3）和（4）进行组坯。

异等组合胶合木中表面层板所需的弹性模量的最低要求 表 4-26

对称布置	非对称布置	受拉侧表面层板弹性模量等级的最低要求
$TC_{YD}30$	$TC_{YF}28$	M_E18
$TC_{YD}27$	$TC_{YF}25$	M_E16
$TC_{YD}24$	$TC_{YF}23$	M_E14
$TC_{YD}21$	$TC_{YF}20$	M_E12
$TC_{YD}18$	$TC_{YF}17$	M_E9

（3）异等组合胶合木的组坯级别分为 4 级。组坯级别应根据表面层板的级别和树种级别，按表 4-27、表 4-28 的规定确定。

对称异等组合胶合木的组坯级别 表 4-27

表面层板的级别	树 种 级 别			
	SZ1	SZ2	SZ3	SZ4
M_E18	A_{YD}级	—	—	—
M_E16	B_{YD}级	A_{YD}级	—	—
M_E14	C_{YD}级	B_{YD}级	A_{YD}级	—
M_E12	D_{YD}级	C_{YD}级	B_{YD}级	A_{YD}级
M_E11	—	D_{YD}级	C_{YD}级	B_{YD}级
M_E10	—	—	D_{YD}级	C_{YD}级
M_E9	—	—	—	D_{YD}级

非对称异等组合胶合木的组坯级别 表 4-28

表面层板的级别	树 种 级 别			
	SZ1	SZ2	SZ3	SZ4
M_E18	A_{YF}级	—	—	—
M_E16	B_{YF}级	A_{YF}级	—	—

表面层板的级别	树　种　级　别			
	SZ1	SZ2	SZ3	SZ4
M_E14	C_{YF}级	B_{YF}级	A_{YF}级	—
M_E12	D_{YF}级	C_{YF}级	B_{YF}级	A_{YF}级
M_E11	—	D_{YF}级	C_{YF}级	B_{YF}级
M_E10	—	—	D_{YF}级	C_{YF}级
M_E9	—	—	—	D_{YF}级

（4）异等组合胶合木的组坯应按表 4-29 和表 4-30 的要求进行配置。

对称异等组合胶合木的组坯级别配置标准　　　　表 4-29

组坯级别	层板材料要求	表面层板	外侧层板	内侧层板	中间层板
A_{YD}级	目测分级层板等级	不可使用	不可使用	不可使用	≥Ⅲ_d
	机械分级层板等级	M_E	≥$M_E-\Delta 1 M_E$	≥$M_E-\Delta 2 M_E$	≥$M_E-\Delta 4 M_E$
	宽面材边节子比率	1/6	1/6	1/4	1/3
B_{YD}级	目测分级层板等级	不可使用	不可使用	≥Ⅲ_d	≥Ⅳ_d
	机械分级层板等级	M_E	≥$M_E-\Delta 1 M_E$	≥$M_E-\Delta 2 M_E$	≥$M_E-\Delta 4 M_E$
	宽面材边节子比率	1/6	1/4	1/3	1/2
C_{YD}级	目测分级层板等级	不可使用	≥Ⅱ_d	≥Ⅲ_d	≥Ⅳ_d
	机械分级层板等级	M_E	≥$M_E-\Delta 1 M_E$	≥$M_E-\Delta 2 M_E$	≥$M_E-\Delta 4 M_E$
	宽面材边节子比率	1/6	1/4	1/3	1/2
D_{YD}级	目测分级层板等级	不可使用	≥Ⅲ_d	≥Ⅲ_d	≥Ⅳ_d
	机械分级层板等级	M_E	≥$M_E-\Delta 1 M_E$	≥$M_E-\Delta 2 M_E$	≥$M_E-\Delta 4 M_E$
	宽面材边节子比率	1/4	1/3	1/3	1/2

注：1. M_E 为表面层板的弹性模量级别，最低要求按表 4-26 确定。$M_E-\Delta 1 M_E$，$M_E-\Delta 2 M_E$ 和 $M_E-\Delta 4 M_E$ 分别表示该层板的弹性模量级别比 M_E 小 1、2、4 级差。

　　2. 如果构件的强度可通过足尺试验或计算机模拟计算并组合试验得到证实，即使层板的组合配置不满足表中的规定，也可认为构件满足标准要求。

非对称异等组合胶合木的组坯级别配置标准　　　　表 4-30

组坯级别	内容	受　压　侧				受　拉　侧			
		表面层板	外侧层板	内侧层板	中间层板	表面层板	外侧层板	内侧层板	中间层板
A_{YF}级	目测分级层板等级	≥Ⅱ_d	≥Ⅱ_d	≥Ⅲ_d	≥Ⅲ_d	≥Ⅱ_d	不可使用	不可使用	不可使用
	机械分级层板等级	≥$M_E-\Delta 2 M_E$	≥$M_E-\Delta 2 M_E$	≥$M_E-\Delta 3 M_E$	≥$M_E-\Delta 4 M_E$	≥$M_E-\Delta 4 M_E$	≥$M_E-\Delta 2 M_E$	≥$M_E-\Delta 1 M_E$	M_E
	宽面材边节子比率	1/4	1/4	1/3	1/3	1/3	1/4	1/6	1/6

续表

组坯级别	内容	受压侧				受拉侧			
		表面层板	外侧层板	内侧层板	中间层板	表面层板	外侧层板	内侧层板	中间层板
B_{YF}级	目测分级层板等级	$\geq Ⅲ_d$	$\geq Ⅲ_d$	$\geq Ⅳ_d$	$\geq Ⅳ_d$	$\geq Ⅳ_d$	$\geq Ⅲ_d$	不可使用	不可使用
	机械分级层板等级	$\geq M_E-\Delta 2M_E$	$\geq M_E-\Delta 2M_E$	$\geq M_E-\Delta 3M_E$	$\geq M_E-\Delta 4M_E$	$\geq M_E-\Delta 4M_E$	$\geq M_E-\Delta 2M_E$	$\geq M_E-\Delta 1M_E$	M_E
	宽面材边节子比率	1/3	1/3	1/2	1/2	1/2	1/3	1/4	1/6
C_{YF}级	目测分级层板等级	$\geq Ⅲ_d$	$\geq Ⅲ_d$	$\geq Ⅳ_d$	$\geq Ⅳ_d$	$\geq Ⅳ_d$	$\geq Ⅲ_d$	$\geq Ⅱ_d$	不可使用
	机械分级层板等级	$\geq M_E-\Delta 2M_E$	$\geq M_E-\Delta 2M_E$	$\geq M_E-\Delta 3M_E$	$\geq M_E-\Delta 4M_E$	$\geq M_E-\Delta 4M_E$	$\geq M_E-\Delta 2M_E$	$\geq M_E-\Delta 1M_E$	M_E
	宽面材边节子比率	1/3	1/3	1/2	1/2	1/2	1/3	1/4	1/6
D_{YF}级	目测分级层板等级	$\geq Ⅲ_d$	$\geq Ⅲ_d$	$\geq Ⅳ_d$	$\geq Ⅳ_d$	$\geq Ⅳ_d$	$\geq Ⅲ_d$	$\geq Ⅲ_d$	不可使用
	机械分级层板等级	$\geq M_E-\Delta 2M_E$	$\geq M_E-\Delta 2M_E$	$\geq M_E-\Delta 3M_E$	$\geq M_E-\Delta 4M_E$	$\geq M_E-\Delta 4M_E$	$\geq M_E-\Delta 2M_E$	$\geq M_E-\Delta 1M_E$	M_E
	宽面材边节子比率	1/3	1/3	1/2	1/2	1/2	1/3	1/3	1/4

注：1. M_E 为受拉侧表面层板的弹性模量级别，最低要求按表 4-26 确定。$M_E-\Delta 1M_E$，$M_E-\Delta 2M_E$ 和 $M_E-\Delta 4M_E$ 分别表示该层板的弹性模量级别比 M_E 小 1、2、4 级差。

2. 如果构件的强度可通过足尺试验或计算机模拟计算并组合试验得到证实，即使层板的组合配置不满足表中的规定，也可认为构件满足标准要求。

（5）同等组合胶合木的层板可采用目测分级层板、机械分级层板。目测分级或机械分级等级应符合表 4-31 和表 4-32 的规定。

同等组合胶合木采用目测分级层板的材质要求　　　　　　表 4-31

同等级组合胶合木强度等级	目测分级层板的材质等级			
	树种级别			
	SZ1	SZ2	SZ3	SZ4
$TM_T 30$	$Ⅰ_d$	—	—	—
$TC_T 27$	$Ⅱ_d$	$Ⅰ_d$	—	—
$TC_T 24$	$Ⅲ_d$	$Ⅱ_d$	$Ⅰ_d$	—
$TC_T 21$	—	$Ⅲ_d$	$Ⅱ_d$	$Ⅰ_d$
$TC_T 18$	—	—	$Ⅲ_d$	$Ⅱ_d$

同等组合胶合木采用机械弹性槽分级层板的材质要求　　表 4-32

强度等级	机械分级层板的弹性模量等级
TC_T30	M_E14
TC_T27	M_E12
TC_T24	M_E11
TC_T21	M_E10
TC_T18	M_E9

（6）同等组合胶合木的组坯级别分为 3 级，组坯级别应根据选定层板的目测分级或机械分级等级和树种级别，按表 4-33 和表 4-34 的规定确定。

同等组合胶合木采用目测分级层板的组坯级别　　表 4-33

目测分级层板等级	树 种 级 别			
	SZ1	SZ2	SZ3	SZ4
I_d	A_D 级	A_D 级	A_D 级	A_D 级
II_d	B_D 级	B_D 级	B_D 级	B_D 级
III_d	C_D 级	C_D 级	C_D 级	—

同等组合胶合木采用机械弹性模量分级层板的组坯级别　　表 4-34

机械分级层板等级	树 种 级 别			
	SZ1	SZ2	SZ3	SZ4
M_E16	A_D 级	A_D 级	—	—
M_E14	A_D 级	A_D 级	A_D 级	—
M_E12	B_D 级	A_D 级	A_D 级	A_D 级
M_E11	C_D 级	B_D 级	A_D 级	A_D 级
M_E10	—	C_D 级	B_D 级	A_D 级
M_E9	—	—	C_D 级	B_D 级

（7）同等组合胶合木的组坯应按表 4-35 的要求进行配置。

同等组合胶合木的组坯级别配置标准　　4-35

组 坯 级 别	层板组合标准	
A_D 级	目测分级层板	$\geqslant I_d$
	机械分级层板	M_E
	宽面材边节子比率	1/6
B_D 级	目测分级层板	$\geqslant II_d$
	机械分级层板	M_E
	宽面材边节子比率	1/4
C_D 级	目测分级层板	$\geqslant III_d$
	机械分级层板	M_E
	宽面材边节子比率	1/3

问 27：胶合木构件制作应符合哪些要求？

（1）用于制作胶合木构件的层板厚度在沿板宽方向上的厚度偏差不超过 $\pm 0.2\text{mm}$，在沿板长方向上的厚度偏差不超过 $\pm 0.3\text{mm}$。

（2）制作胶合木构件的生产区的室温应大于 15℃，空气相对湿度宜在 $40\%\sim80\%$ 之间。在构件固化过程中，生产区的室温和空气相对湿度应符合胶粘剂的要求。

（3）层板指接接头在切割后应保持指形切面的清洁，并应在 24h 内进行粘合。指接接头涂胶时，所有指形表面应全部涂抹。固化加压时端压力应根据采用树种和指长，控制在 $2\sim10\text{N/mm}^2$ 的范围内，加压时间不得低于 2s。指接层板应在接头胶粘剂完全固化后，再开展下一步的加工制作。

（4）层板胶合前表面应光滑，无灰尘，无杂质，无污染物和其他渗出物质。各层木板木纹应平行于构件长度方向。层板涂胶后应在所用胶粘剂规定的时间要求内进行加压胶合，胶合前不得污染胶合面。

（5）胶合木的胶缝应均匀，胶缝厚度应为 $0.1\sim0.3\text{mm}$。厚度超过 0.3mm 的胶缝的连续长度不应大于 300mm，且胶缝厚度不得超过 1mm。在承受平行于胶缝平面的剪力时，构件受剪部位漏胶长度不应大于 75mm，其他部位不大于 150mm。在室外使用环境条件下，层板宽度方向的平接头和层板板底开槽的槽内均应填满胶。

（6）层板胶合时应确保夹具在胶层上均匀加压，所施加的压力应符合胶粘剂使用说明书的规定。对于厚度不大于 35mm 的层板，胶合时施加压力应不小于 0.6N/mm^2；对于弯曲的构件和厚度大于 35mm 的层板，胶合时应施加更大的压力。

（7）胶合木构件加工及堆放现场应有防止构件损坏，以及防雨、防日晒和防止胶合木含水率发生变化的措施。

（8）经防腐处理的胶合木构件应保证在运输和存放过程中防护层不被损坏。经防腐处理的胶合木或构件需重新开口或钻孔时，需用喷涂法修补防护层。

（9）在桁架制作 $l/200$ 的起拱时，应将桁架上弦脊节点上提 $l/200$，其他上弦节点中心落在脊节点和端节点的连线上且节间水平投影保持不变；在保持桁架高度不变的条件下，确定桁架下弦的各节点位置。当梁起拱后，上下边缘应呈弧形。

注：l 为桁架跨度。

（10）当设计对胶合木构件有外观要求时，构件的外观质量应满足现行国家标准《木结构工程施工质量验收规范》GB 50206—2012 的有关规定。

（11）胶合木构件制作的尺寸偏差不应大于表 4-36 的规定。

胶合木桁架、梁和柱制作的允许偏差　　　　　　　　　　　　　表 4-36

项次	项 目		允许偏差（mm）	检验方法
1	构件截面尺寸	截面宽度	± 2	钢尺量
		截面高度 $h \leqslant 400$	$+4$ 或 -2	
		截面高度 $h > 400$	$+0.01h$ 或 $-0.005h$	
2	构件长度	$l \leqslant 2\text{m}$	± 2	钢尺量桁架支座节点中心间距，梁、柱全长（高）
		$2\text{m} < l \leqslant 20\text{m}$	$\pm 0.01l$	
		$l > 20\text{m}$	± 20	

项次	项 目		允许偏差（mm）	检验方法
3	桁架高度	跨度不大于 15m	±10	钢尺量脊节点中心与下弦中心距离
		跨度大 15m	±15	
4	受压或压弯构件纵向弯曲（除顶起拱尺寸外）		$l/500$	拉线钢尺寸
5	弦杆节点间距		±5	
6	齿连接刻槽深度		2	
7	支座节点受剪面	长度	−10	
		宽度	−3	
8	螺栓中心间距	进孔处	±0.2d	钢尺量
		出孔处 垂直木纹方向	±0.5d 并且≤4b/100	
		出孔处 顺木纹方向	±1d	
9	钉进孔处的中心间距		±1d	
10	桁架起拱尺寸	长度	±20	以两支座节点下弦中心线为准，拉一水平线，用钢尺量
		高度	−10	跨中下弦中心线与拉线之间距离，用钢尺量

注：d 为螺栓或钉的直径；l 为构件长度（弧形构件为弓长）；b 为板束总厚度；h 为截面高度。

（12）当胶合木桁架构件需制作足尺大样时，足尺大样的尺寸应用经计量认证合格的量具度量，大样尺寸与设计尺寸的允许偏差不应超过表 4-37 的规定。

桁架大样尺寸允许偏差　　　　　　　　　　　　　　表 4-37

桁架跨度（m）	跨度偏差（mm）	结构高度偏差（mm）	节点间距偏差（mm）
≤15	±5	±2	±2
>15	±7	±3	±2

问 28：如何进行样板制作？

（1）木桁架等组合构件制作前应放样。放样应在平整的工作台面上进行，应以 1∶1 的足尺比例将构件按设计图标注尺寸绘制在台面上，对称构件可仅绘制其一半。工作台应设置在避雨、遮阳的场所内。

（2）除方木、胶合木桁架下弦杆以净截面几何中心线外，其余杆件及原木桁架下弦等各杆均应以毛截面几何中心线与设计图标注中心线一致（图 4-8a、b）；当桁架上弦杆需要作偏心处理时，上弦杆毛截面几何中心线与设计图标注中心线的距离应为设计偏心距（图 4-8c），偏心距 e_1 不宜大于上弦截面高度的 1/6。

（3）除设计文件规定外，桁架应作 $l/200$ 的起拱（l 为跨度），应将上弦脊节点上提 $l/200$，其他上弦节点中心应落在脊节点和端节点的连线上，且节间水平投影应保持不变；应在保持桁架高度不变的条件下，决定桁架下弦的各节点位置，下弦有中央节点并设接头时应与上弦同样处理，下弦应呈二折线状（图 4-9a）；当下弦杆无中央节点或接头位于中央节点

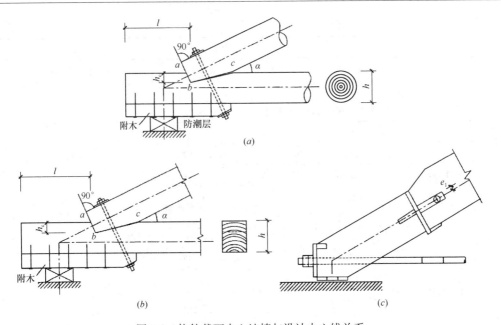

图 4-8　构件截面中心纯情与设计中心线关系

（a）原木桁架；（b）方木、胶合木桁架；（c）上弦设偏心情况

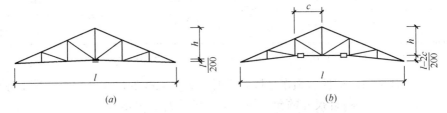

图 4-9　桁架放样起拱示意

（a）下弦中央节点设接头情况；（b）下弦中央节点两侧设接头情况

的两侧节点上时，两侧节点的上提量应按比例确定，下弦应呈三折线状（图 4-9b）。胶合木梁应在工厂制作时起拱，起拱后应使上下边缘呈弧形，起拱量应符合设计文件的规定。

（4）胶合木弧形构件、刚架、拱及需起拱的胶合木梁等构件放样时，其各部位的曲率或起拱量应按设计文件的规定确定，但胶合木生产时模具各部位的曲率可由胶合木加工企业自行确定。

（5）放样时除应绘出节点处各杆的槽齿等细部外，尚应绘出构件接头位置与细节，并均应符合《木结构工程施工规范》GB/T 50772—2012 第 6 章的有关规定。除设计文件规定外，原木、方木桁架上弦杆一侧接头不应多于 1 个。三角形豪式桁架，上弦接头不宜设在脊节点两侧或端节点，应设在其他中间节点的节点附近（图 4-10a）；梯形豪式桁架，

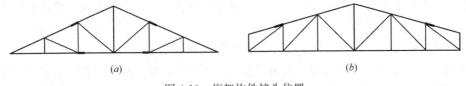

图 4-10　桁架构件接头位置

（a）三角形豪式桁架；（b）梯形豪式桁架

上弦接头宜设在第一节间的第二节点处（图 4-10b）。方木、原木结构桁架下弦受拉接头不宜多于 2 个，并应位于下弦节点处。胶合木结构桁架上、下弦不宜设接头。原木三角形豪式桁架的上弦杆，除设计图个别标注外，梢径端应朝向中央节点。

（6）桁架足尺大样的尺寸应用经计量认证合格的量具度量，大样尺寸与设计尺寸间的偏差不应超过表 4-38 的规定。

大样尺寸允许偏差　　　　　　　　　　　表 4-38

桁架跨度（m）	跨度偏差（mm）	高度偏差（mm）	节点间距偏差（mm）
≤15	±5	±2	±2
>15	±7	±3	±2

（7）构件样板应用木纹平直不易变形，且含水率不大于 10％的板材或胶合板制作。样板与大样尺寸间的偏差不得大于±1mm，使用过程中应防止受潮和破损。

（8）放样和样板应在交接检验合格后再在构件加工时使用。

问 29：轻型木结构基础与地梁板有哪些要求？

（1）轻型木结构的墙体应支承在混凝土基础或砌体基础顶面的混凝土圈梁上，混凝土基础或圈梁顶面应原浆抹平，倾斜度不应大于 2‰。基础圈梁顶面标高应高于室外地面标高 0.2m 以上，在虫害区应高于 0.45m 以上，并应保证室内外高差不小于 0.3m。无地下室时，首层楼盖也应架空，楼盖底与楼盖下的地面间应留有净空高度不小于 150mm 的空间。在架空空间高度内的内外墙基础上应设通风洞口，通风口总面积不宜小于楼盖面积的 1/150，且不宜设在同一基础墙上，通风口外侧应设百叶窗。

（2）地梁板应采用经加压防腐处理的规格材，其截面尺寸应与墙骨相同。地梁板与混凝土基础或圈梁应采用预埋螺栓、化学锚栓或植筋锚固，螺栓直径不应小于 12mm，间距不应大于 2.0m，埋深不应小于 300mm，螺母下应设直径不小于 50mm 的垫圈。在每根地梁板两端和每片剪力墙端部，均应有螺栓锚固，端距不应大于 300mm，钻孔孔径可大于螺杆直径 1～2mm。地梁板与基础顶的接触面间应设防潮层，防潮层可选用厚度不小于 0.2mm 的聚乙烯薄膜，存在的缝隙应用密封材料填满。

问 30：墙体制作有何要求？

（1）承重墙（剪力墙）所用规格材、覆面板的品种、强度等级及规格，应符合设计文件的规定。墙体木构架的墙骨、底梁板和顶梁板等规格材的宽度应一致。承重墙墙骨规格材的材质等级不应低于 Vc 级。墙骨规格材可采用指接，但不应采用连接板接长。

（2）除设计文件规定外，墙骨间距不应大于 610mm，且其整数倍应与所用墙面板标准规格的长、宽尺寸一致，并应使墙面板的接缝位于墙骨厚度的中线位置。承重墙转角和外墙与内承重墙相交处的墙骨不应少于 2 根规格材（图 4-11）；楼盖梁支座处墙骨规格材的数量应符合设计文件的规定；门窗洞口宽度大于墙骨间距时，洞口两边墙骨应至少用 2 根规格材，靠洞边的 1 根可用作门窗过梁的支座（图 4-12）。

（3）底梁板可用 1 根规格材，长度方向可用平接头对接，其接头不应位于墙骨底端。承重墙顶梁板应用 2 根规格材平叠，每根规格材长度方向可用平接头对接，下层接头应位于墙骨中心，上、下层规格材接头应错开至少一个墙骨间距。顶梁板在外墙转角和内外墙

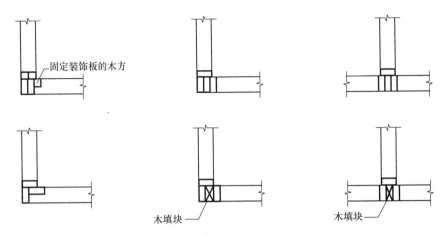

图 4-11　承重墙转角和相交处墙骨布置

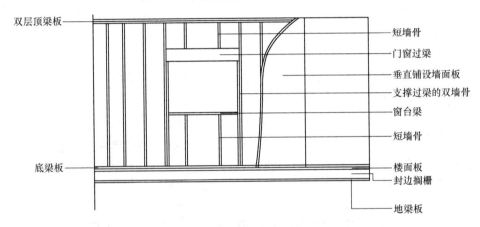

图 4-12　首层承重墙木构架示意

交接处应彼此交叉搭接，并应用钉钉牢。当承重墙顶梁板需采用 1 根规格材时，对接接头处应用镀锌薄钢片和彼此相连。承重墙门窗洞口过梁（门楣）的材质等级、品种及截面尺寸，应符合设计文件的规定。当过梁标高较高，需切断顶梁板时，过梁两端与顶梁板相接处应用厚度不小于 3mm 的镀锌钢板用钉连接彼此相连。非承重墙顶梁板，可采用 1 根规格材，其长度方向的接头也应位于墙骨顶端中心上。

（4）墙体门窗洞口的实际净尺寸应根据设计文件规定的门窗规格确定。窗洞口的净尺寸宜大于窗框外缘尺寸每边 20～25mm；门洞口的净尺寸，其宽度和高度宜分别大于门框外缘尺寸 76mm 和 80mm。

（5）墙体木构架宜分段水平制作或工厂预制，顶梁板应用 2 枚长度为 80mm 的钉子垂直地将其钉牢在每根墙骨的顶端，两层顶梁板间应用长度为 80mm 的钉子按不大于 600mm 的间距彼此钉牢，应用 2 枚长度为 80mm 的钉子从底梁板底垂直钉牢在每根墙骨底端。木构架采用原位垂直制作时，应先将底梁板用长度为 80mm、间距不大于 400mm 的圆钉，通过楼面板钉牢在该层楼盖搁栅或封边（头）搁栅上，应用 4 枚长度为 60mm 的钉子，从墙骨两侧对称斜向与底梁板钉牢，斜钉要求应符合《木结构工程施工规范》GB/T 50772—2012 第 6.4.3 条的规定。洞口边缘处由数根规格材构成墙骨时，规格材间应用长度为 80mm 的钉子按不大于 750mm 的间距相互钉牢。

问 31：木构件应具备哪些防腐措施？

木结构防腐的构造措施应按设计文件的规定进行施工，并应符合下列规定：

（1）首层木楼盖应设架空层，支承于基础或墙体上，方木、原木结构楼盖底面距室内地面不应小于 400mm，轻型木结构不应小于 150mm。楼盖的架空空间应设通风口，通风口总面积不应小于楼盖面积的 1/150。

（2）木屋盖下设吊顶顶棚形成闷顶时，屋盖系统应设老虎窗或山墙百叶窗，也可设檐口疏钉板条（图 4-13）。

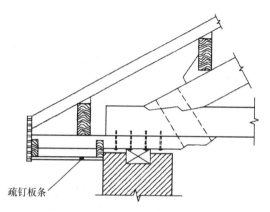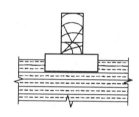

图 4-13　木屋盖的通风防潮

（3）木梁、桁架等支承在混凝土或砌体等构件上时，构件的支承部位不应被封闭，在混凝土或构件周围及端面应至少留宽度为 30mm 的缝隙，并应与大气相通。支座处宜设防垫木，应至少有防潮层。

（4）木柱应支承在柱墩上，柱墩顶面距室内外地面的高度分别不应小于 300mm，且在接触面间应有卷材防潮层。当柱脚采用金属连接件连接并有雨水侵蚀时，金属连接件不应存水。

（5）屋盖系统的内排水天沟应避开桁架端节点设置［图 4-14（a）］或架空设置［图 4-14（b）］，并应避免天沟渗漏雨水而浸泡桁架端节点。

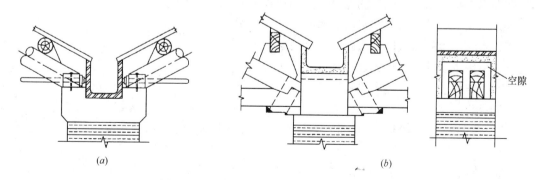

图 4-14　内排水屋盖俯架支座节点构造示意

（a）天沟与桁架支座节点构造（一）；（b）天沟与桁架支座节点构造（二）

问 32：木结构构件运输应注意哪些事项？

构件水平运输时，应将构件整齐地堆放在车厢内。工字形、箱形截面梁可分层分隔堆放，但上、下分隔层垫块竖向应对齐，悬臂长度不宜超过构件长度的 1/4。

桁架整体水平运输时，宜竖向放置，支承点应设在桁架两端节点支座处，下弦杆的其他位置不得有支承物；应根据桁架的跨度大小设置若干对斜撑，但至少在上弦中央节点处的两侧应设置斜撑，并应与车厢牢固连接。数榀桁架并排竖向放置运输时，还应在上弦节点处用绳索将各桁架彼此系牢。当需采用悬挂式运输时，悬挂点应设在上弦节点处，并应按《木结构工程施工规范》GB/T 50772—2012 第 7.1.3 条的规定，验算桁架各杆件和节点的安全性。

问 33：木结构构件存储应注意哪些事项？

木构件应存放在通风良好的仓库或避雨、通风良好的有顶场所内，应分层分隔堆放，各层垫条厚度应相同，上、下各层垫条应在同一垂线上。

桁架宜竖向站立放置，临时支承点应设在下弦端节点处，并应在上弦节点处设斜支撑防止侧倾。

问 34：装配式木结构检查应注意哪些事项？

（1）装配式木结构建筑工程竣工使用 1 年时，应进行全面检查，此后宜按当地气候特点、建筑使用功能等，每隔 3～5 年进行检查。

（2）装配式木结构建筑应进行下列检查：

1）使用环境检查：检查装配式木结构建筑的室外标高变化、排水沟、管道、虫蚁洞穴等情况；

2）外观检查：检查装配式木结构建筑装饰面层老化破损、外墙渗漏、天沟、檐沟、雨水管道、防水防虫设施等情况；

3）系统检查：检查装配式木结构组件、组件内和组件间连接、屋面防水系统、给水排水系统、电气系统、暖通系统、空调系统的安全和使用状况。

（3）装配式木结构建筑的检查应包括下列项目：

1）预制木结构组件内和组件间连接松动、破损或缺失情况；

2）木结构屋面防水、损坏和受潮等情况；

3）木结构墙面和天花板的变形、开裂、损坏和受潮等情况；

4）木结构组件之间的密封胶或密封条损坏情况；

5）木结构墙体面板固定螺钉松动和脱落情况；

6）室内卫生间、厨房的防水和受潮等情况；

7）消防设备的有效性和可操控性情况；

8）虫害、腐蚀等生物危害情况。

（4）装配式木结构建筑的检查可采用目测观察或手动检查。当发现隐患时宜选用其他无损或微损检查方法进行深入检测。

（5）当有需要时，装配式木结构可进行门窗组件气密性、墙体和楼面隔声性能、楼面振动性能、建筑围护结构传热系数、建筑物动力特性等专项测试。

（6）对大跨和高层装配式木结构建筑，宜进行长期监测，长期监测内容可包括：

1）环境相对湿度、环境温度和木材含水率监测；

2）结构和关键构件水平位移、竖向位移和长期蠕变监测；

3）结构和关键构件应变和应力监测；

4）能耗监测。

（7）当连续监测结果与设计差异较大时，应评估装配式木结构的安全性，并应采取保证其正常使用的措施。

4.4 装配式木结构施工

问 35：木结构施工机具有什么要求？

（1）木结构工程施工机具应选用国家定型产品，并应具有安全和合格证书。使用过程中可能涉及人身安全的施工机具，均应经当地安全生产行政主管部门的审批后再使用。

（2）固定式电锯、电刨、起重机械等应有安全防护装置和操作规程，并应经专门培训合格，且持有上岗证的人员操作。

问 36：如何进行屋盖安装？

（1）桁架安装前应先按设计文件规定的位置标出支座中心线。桁架支承在砖墙或混凝土构件上时应设经防护处理的垫木，并应按《木结构工程施工规范》GB 50772—2012 第7.4.4 条的规定设防潮层和通风构造措施。在抗震设防区还应用直径不小于 20mm 的螺栓与砖墙或混凝土构件锚固。桁架支承在木柱上时，柱顶应设暗榫嵌入桁架下弦，应用 U 形扁钢锚固并设斜撑与桁架上弦第二节点牵牢（图 4-15）。

（2）第一榀桁架就位后应在桁架上弦各节点处两侧设临时斜撑，当山墙有足够的平面外刚度时，也可用檩条与山墙可靠地拉结。后续安装的桁架应至少在脊节点及其两侧各一节点处架设檩条或设置临时剪刀撑与已安装的桁架连接，应能保证桁架的侧向稳定性。

（3）屋盖的桁架上弦横向水平支撑、垂直支撑与桁架的水平系杆，以及柱间支撑，应按设计文件规定的布置方案安装。除梯形桁架端部的垂直支撑外，其他桁架的横向支撑和垂直支撑均应固定在桁架上、下弦节点处，并应用螺栓固定，固定点距桁架节点中心距离不宜大于 400mm。剪刀撑在两杆相交处的间隙应用等厚度的木垫块填充并用螺栓一并固定。设防烈度 8 度和 8 度以上地区，所用螺栓直径不得小于 14mm。

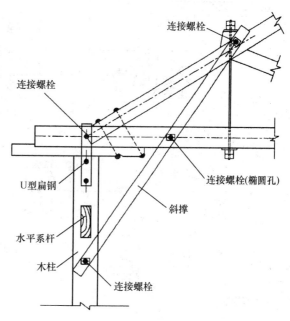

图 4-15 桁架支承在木柱上

（4）檩条的布置和固定方法应符合设计文件的规定，安装时宜先安装桁架节点处的檩条，弓曲的檩条应弓背朝向屋脊放置。檩条在山墙支座处的通风、防潮处理，应按《木结构工程施工规范》GB 50772—2012 第 7.4.4 条的规定施工。在原木桁架上，原木檩条应设檩托，并应用直径不小于 12mm 的螺栓固定（图 4-16a）；方木檩条竖放在方木或胶合

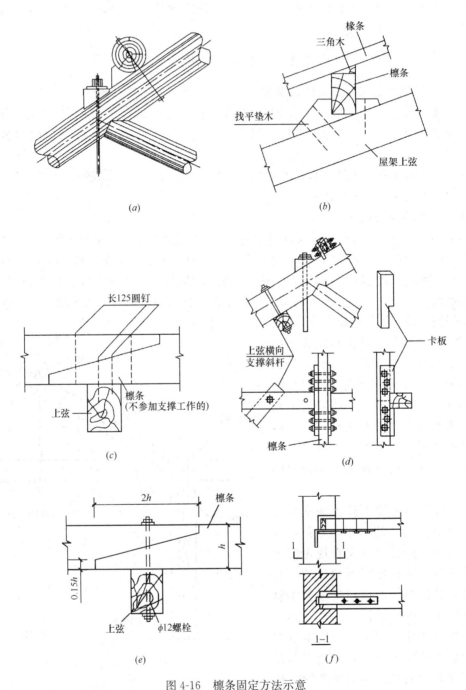

图 4-16　檩条固定方法示意

（a）原木桁架与檩条；（b）竖放檩条；（c）斜放檩条搭接；（d）斜放檩条卡板连接；

（e）斜放檩条螺栓连接；（f）檩条在山墙处锚固；

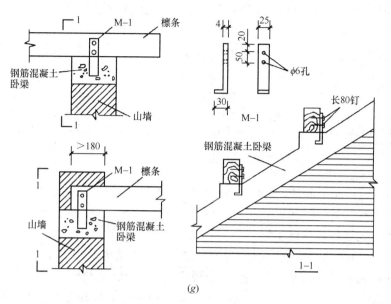

图 4-16　檩条固定方法示意（二）

（g）檩条固定在卧梁上

木桁架上时，应设找平垫块（图 4-16b）。斜放檩条时，可用斜搭接头（图 4-16c）或用卡板（图 4-16d），采用钉连接时，钉长不应小于被固定构件的厚度（高度）的 2 倍。轻型屋面中的檩条或檩条兼作屋盖支撑系统杆件时，檩条在桁架上均应用直径不小于 12mm 螺栓固定（图 4-16e）；在山墙及内横墙处檩条应由埋件固定（图 4-16f）或用直径不小于 10mm 的螺栓固定；在设防烈度 8 度及以上地区，檩条应斜放，节点处檩条应固定在山墙及内横墙的卧梁埋件上（图 4-16g），支承长度不应小于 120mm，双脊檩应相互拉结。

（5）通过桁架就位、节点处檩条和各种支撑安装的调整，使桁架的安装偏差不应超过下列规定：

1）支座两中心线距离与桁架跨度的允许偏差为 ±10mm（跨度≤15m）和 ±15mm（跨度＞15m）。

2）垂直度允许偏差为桁架高度的 1/200。

3）间距允许偏差为 ±6mm。

4）支座标高允许偏差为 ±10mm。

（6）天窗架的安装应在桁架稳定性有充分保证的前提下进行。其与桁架上弦节点的连接方法和支撑布置应按设计文件的规定施工。天窗架柱下端的两侧木夹板应在桁架上弦杆底设木垫块后，用螺栓彼此相连，而不应与桁架上弦杆直接连接。天窗架和下部桁架应位于同一平面内，其垂直度偏差也不应超过天窗架高度的 1/200。

（7）屋盖橼条的安装应按设计文件的规定施工，除屋脊处和需外挑檐口的橼条应用螺栓固定外，其余橼条均可用钉连接固定。当檩条竖放时，橼条支承处应设三角形垫块（图 4-16b）。橼条接头应设在檩条处，相邻橼条接头应至少错开一个檩条间距。

（8）木望板的铺设方案应符合设计文件的规定，抗震烈度 8 度和以上地区木望板应密铺。密铺时板间可用平接、斜接或高低缝拼接。望板宽度不宜小于 150mm，长向接头应位于椽条或檩条上，相邻望板接头应错开。望板应在屋脊两侧对称铺钉，钉长不应小于望板厚度的 2 倍，可分段铺钉，并应逐段封闭。封檐极应平直光洁，板间应采用燕尾榫或龙凤榫（图 4-17）。

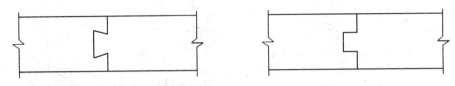

图 4-17　燕尾榫与龙凤榫示意

（9）当需铺钉挂瓦条时，其间距应与瓦的规格匹配。在椽条上直接铺钉挂瓦条时，挂瓦条截面尺寸不应小于 20mm×30mm，接头应设在椽条上，相邻挂瓦条接头宜错开。

问 37：如何进行构件连接施工？

（1）螺栓连接施工时，被连接构件上的钻孔孔径应略大于螺栓直径，但不应大于螺栓直径 1.0mm。螺栓中心位置的偏差应符合现行国家标准《木结构工程施工质量验收规范》GB 50206—2012 的有关规定。预留多个螺栓钻孔时宜将被连接构件临时固定后，一次贯通施钻。安装螺栓时应拧紧，确保各被连接构件紧密接触，但拧紧时不得将金属垫板嵌入胶合木构件中。承受拉力的螺栓应采用双螺帽拧紧。

（2）六角头木螺钉连接施工时，需根据胶合木树种的全干相对密度制作引孔，无螺纹部分的引孔直径同螺栓杆径，引孔深度等于无螺纹长度；有螺纹部分的引孔直径应符合表 4-39 的规定，引孔深度不小于螺钉有螺纹部分的长度。对于直径大的六角头木螺钉，引孔直径可取上限。对于主要承受拔出力的六角头木螺钉，当边、端间距足够大时，在树种全干相对密度小于 0.5 时可不作引孔处理。六角头木螺钉应用扳手拧入，不得用锤击入，允许用润滑剂减少拧入时的阻力。

六角头木螺钉连接时螺纹部分引孔直径要求　　　　　　　　表 4-39

树种的全干相对密度	$G>0.6$	$0.5<G\leqslant0.6$	$G\leqslant0.5$
引孔直径	$0.65d\sim0.85d$	$0.60d\sim0.75d$	$0.70d$

注：d 为六角头木螺钉直径。

（3）剪板连接的剪盘和螺栓或六角头木螺钉应配套，连接施工时应采用与剪板规格品种相应的专用钻具一次成型（包括安放的剪板的窝眼）。当采用六角头木螺钉替代螺栓时，六角头木螺钉有螺纹部分的孔应作引孔，孔径为螺杆直径的 70%。采用金属侧板时，螺帽下可以不设金属垫圈，并应选择合适的螺杆长度，防止螺纹与金属侧板间直径承压。当胶合木构件含水率尚未达到当地平衡含水率时，应及时复拧螺帽或六角头木螺钉，确保被连接构件间紧密接触。

问 38：如何进行构件安装？

（1）胶合木构件在吊装就位过程中，当与该结构构件设计受力条件不一致时，应根据结构构件自重及所受施工荷载进行安全验算。构件在吊装时，应力不应超过 1.2 倍胶合木强度设计值。

（2）构件为平面结构时，吊装就位过程中应有保证其平面外稳定的措施，就位后应设必要的临时支撑，防止发生失稳或倾覆。

（3）构件与构件间的连接位置、连接方法应符合设计规定。

（4）构件运输和存放时，应将构件整齐地堆放。对于工字形、箱形截面梁宜分隔堆放，上下分隔层垫块竖向应对齐，悬臂长度不宜超过构件长度的1/4。桁架宜竖向放置，支承点应在桁架两端节点支座处，下弦杆的其他位置不得有支承物。数榀桁架并排竖向放置时，应在上弦节点处采取措施将各桁架固定在一起。

（5）雨期安装胶合木结构时应具有防雨措施。

（6）桁架安装时应先按设计要求的位置，在桁架上标出支座中心线。支承在木柱上的桁架，柱顶应设暗榫嵌入桁架下弦，用U形扁钢锚固并设斜撑与桁架上弦第二节点牵牢（图4-18）。

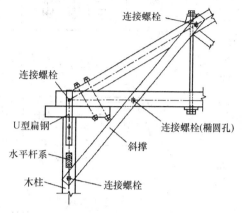

图 4-18　桁架支承在木柱上

问 39：构件拼装允许偏差的限值有哪些？

桁架、组合截面柱等构件拼装后的几何尺寸偏差不应超过表4-40的规定。

桁架、组合截面柱等构件拼装后的几何尺寸偏差　　　　　　表 4-40

构件名称	项目		允许偏差（mm）	检查方法
组合截面柱	截面高度		−3	量具测量
	截面宽度		−2	
	长度	≤15m	±10	
		>15m	±15	
桁架	矢高	跨度≤15m	±10	
		跨度>15m	±15	
	节间距离	—	±5	
	起拱	正误差	+20	
		负误差	−10	
	跨度	≤15m	±10	
		>15m	±15	

问 40：如何进行螺栓连接？

螺栓的材质、规格及在构件上的布置应符合设计文件的规定，并应符合下列要求：

（1）当螺栓承受的剪力方向与木纹方向一致时，其最小边距、端距与间距（图4-19）不应小于表4-41的规定。构件端部呈斜角时，端距应按图4-20中的 C 量取；当螺栓承受剪力的方向垂直于木纹方向时，螺栓的横纹最小边距在受力边不应小于螺栓直径的4.5倍，非受力边不应小于螺栓直径的2.5倍（图4-21）；采用钢板作连接板时，钢板上的端距不应小于螺栓直径的2倍，边距不应小于螺栓直径的1.5倍。螺栓孔附近木材不应有干裂、斜纹、松节等缺陷。

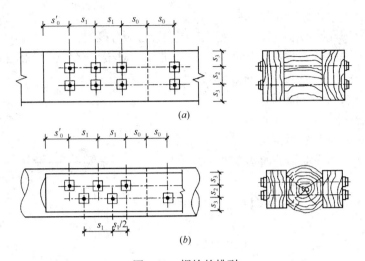

图 4-19　螺栓的排列

（a）两纵行齐列；（b）两纵行错列

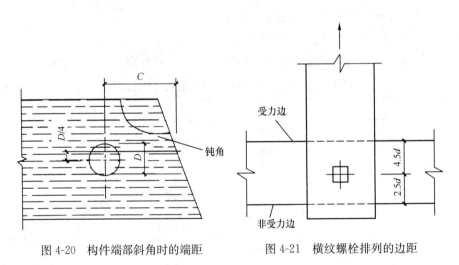

图 4-20　构件端部斜角时的端距　　　　图 4-21　横纹螺栓排列的边距

螺栓排列的最小边距、端距与间距　　　　　　　　表 4-41

构造特点	顺　纹			横　纹	
	端距		中距	边距	中距
	s_0	s_0'	s_1	s_3	s_2
两纵行齐列	7d		7d	3d	3.5d
两纵行错列			10d		2.5d

注：1. d 为螺栓直径。

　　2. 湿材 s_0 应增加 30mm。

（2）采用单排螺栓连接时，各螺栓中心应与构件的轴线一致；当连接上设两排和两排以上螺栓时，其合力作用点应位于构件的轴线上；采用钢板作连接板时，钢板应分条设置（图 4-22）。

（3）施工现场制作时应将连接件与被连接件一起定位并临时固定，并应根据放样的螺

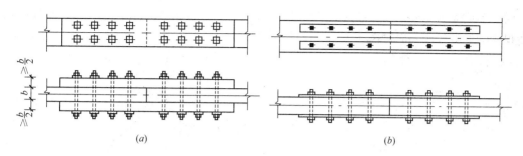

图 4-22 螺栓的布置

(a) 木夹板；(b) 钢夹板

栓孔位置用电钻一次钻通；采用钢连接板时，应用钢钻头一次成孔。除特殊要求外，钻孔时钻杆应垂直于构件表面，螺栓孔孔径可大于螺杆直径，但不应超过 1mm。

（4）除设计文件规定外，螺栓垫板的厚度不应小于螺栓直径的 0.3 倍，方形垫板边长或圆垫板直径不应小于螺栓直径的 3.5 倍，拧紧螺帽后螺杆外露长度不应小于螺栓直径的 0.8 倍，螺纹保留在木夹板内的长度不应大于螺栓直径的 1.0 倍。

（5）螺栓中心位置在进孔处的偏差不应大于螺栓直径的 0.2 倍，出孔处顺木纹方向不应大于螺栓直径的 1.0 倍，垂直木纹方向不应大于螺栓直径的 0.5 倍，且不应大于连接板宽度的 1/25。螺帽拧紧后各构件应紧密结合，局部缝隙不应大于 1mm。

问 41：如何进行剪板连接？

（1）剪板连接所用剪板的规格应符合设计文件的规定，剪板与所用的螺栓、六角头或方头螺钉及垫圈等紧固件应配套。螺栓或螺钉杆的直径与剪板螺栓孔之差不应大于 1.5mm。

（2）钻具应与剪板的规格配套，并应在被连接木构件上一次完成剪板凹槽和螺栓孔或六角头、方头螺钉引孔的加工。六角头、方头螺钉引孔的直径在有螺纹段可取杆径的 70%。

（3）剪板的间距、边距和端距应符合设计文件的规定。剪板安装的位置偏差应符合《木结构工程施工规范》GB 50772—2012 第 6.2.1 条第 5 款的规定。

（4）剪板连接的紧固件（螺栓、六角头或方头螺钉）应定期复拧紧，并应直至木材达到建设地区平衡含水率为止。拧紧的程度应以不致木材局部开裂为限。

问 42：如何进行金属连接件连接？

（1）非标准金属节点及连接件应按设计文件规定的材质、规格和经放样后的几何尺寸加工制作，并应符合下列规定：

1）需机械加工的金属节点及连接件或其中的零部件，应委托有资质的机械加工企业制作。铆焊件可现场制作，但不应使用毛料，几何尺寸与样板尺寸的偏差不应超过 ±1.0mm。

2）金属节点连接件上的各种焊缝长度和焊脚尺寸及焊缝等级应符合设计文件的规定，并应符合下列规定：

① 钢板间直角焊缝的焊脚尺寸（h_f）不应小于 $1.5\sqrt{t}$（较厚板厚度），并不应大于较薄板厚度的 1.2 倍；板边缘角焊缝的焊脚尺寸不应大于板厚减 1～2mm；板厚为 6mm 以

下时，不应大于 6mm。直角角焊缝的施焊长度不应小于 $8h_f+10mm$，也不应小于 50mm；角焊缝的焊脚尺寸 h_f 应按图 4-23 的最小尺寸检查。

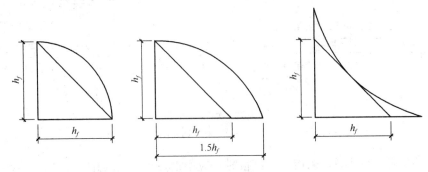

图 4-23　直角角焊缝的焊脚尺寸规定

② 圆钢与钢板间焊缝的焊脚尺寸 h_f 不应小于钢筋直径的 0.29 倍或 3mm，也不应大于钢板厚度的 1.2 倍；施焊长度不应小于 30mm，焊缝截面应符合图 4-24 的规定。

③ 圆钢与绑条间的搭接焊缝宜饱满（与两圆钢公切线平齐），焊缝表面距公切线的距离 a 不应大于较小圆钢直径的 0.1 倍（图 4-25）。焊缝长度不应小于 30mm。

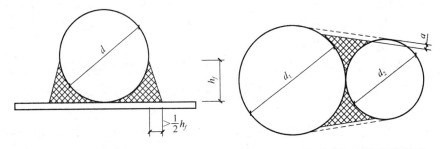

图 4-24　圆钢与钢板间的焊缝截面　　　图 4-25　圆钢与圆钢间的焊缝截面

3）金属节点和连接件表面应有防锈涂层，用钢板厚度不足 3mm 制成的连接件表面应作镀铸处理，镀锌层厚度不应小于 $275g/m^2$。

（2）金属节点与构件的连接类型和方法应符合设计文件的规定，受压抵承面间应严密，局部间隙不应大于 1.0mm。除设计文件规定外，各构件轴线应相交汇于金属节点的合力作用点（图 4-26）。

（3）选择金属连接件在构件上的固定位置和方法时，应防止连接件限制木构件因湿胀干缩和受力变形引起木材横纹受拉而被撕裂。主次木梁采用梁托等连接件时，应正确连接（图 4-27）。

问 43：如何进行木结构吊装？

（1）除木柱因需站立，吊装时可仅设一个吊点外，其余构件吊装吊点均不宜少于 2 个，吊索与水平线夹角不宜小于 60°，捆绑吊点处应设垫板。

（2）构件、节点、接头及吊具自身的安全性，应根据吊点位置、吊索夹角和被吊构件的自重等进行验算，木构件的工作应力不应超过木材设计强度的 1.2 倍。安全性不足时均应做临时加固。

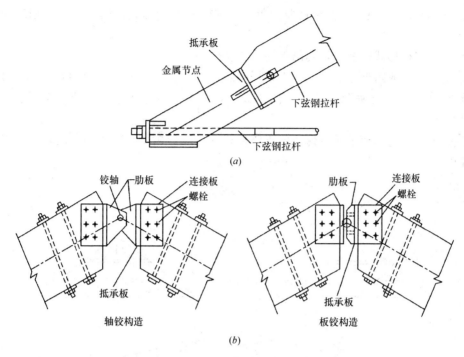

图 4-26 金属节点与构件轴线关系

（a）支座节点；（b）三铰拱中央节点

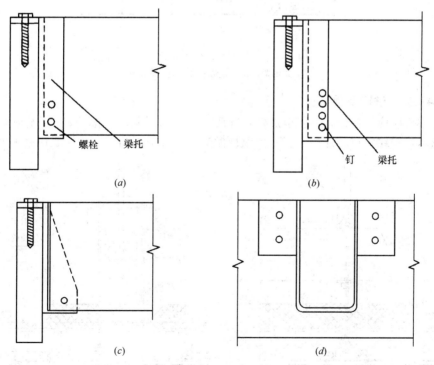

图 4-27 主次木梁采用连接件的正确连接方法

（a）梁托与螺栓；（b）梁托与圆钉；（c）半暗藏连接；（d）连接板连接

桁架吊装时，除应进行安全性验算外，尚应针对不同形式的桁架作下列相应的临时加固：

1）不论何种形式的桁架，两吊点间均应设横杆（图 4-28）。

2）钢木桁架或跨度超过 15m、下弦杆截面宽度小于 150mm 或下弦杆接头超过 2 个的全木桁架，应在靠近下弦处设横杆（图 4-28a），且对于芬克式钢木桁架，横杆应连续布置（图 4-28b）。

3）梯形、平行弦或下弦杆低于两支座连线的折线形桁架，两点吊装时，应加设反向的临时斜杆（图 4-28c）。

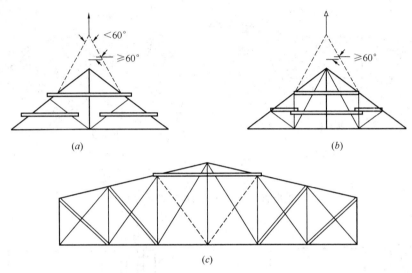

图 4-28　吊装时桁架临时加固示意

(a) 豪式桁架；(b) 芬克桁架；(c) 梯形桁架

问 44：如何进行顶棚安装？

顶棚梁支座应设在桁架下弦节点处，并应采用上吊式安装（图 4-29），不应采用可能导致下弦木材横纹受拉的连接方式。保温顶棚的吊杆宜采用圆钢，非保温顶棚中可采用不

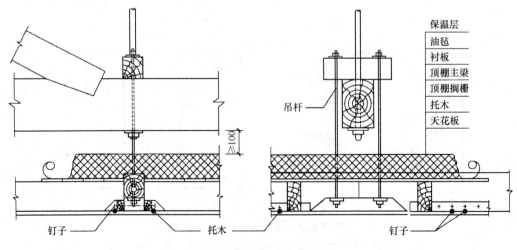

图 4-29　保温顶棚构造示意

易劈裂且含水率不大于15％的木杆。顶棚搁栅应支承在顶棚梁两侧的托木上，托木的截面尺寸不应小于50mm×50mm。托木与顶棚梁之间，以及顶棚搁栅与托木之间，可用钉连接固定。保温顶棚可在搁栅顶部铺设衬板，保温层顶面距桁架下弦底面的净距不应小于100mm。搁栅间距应与吊顶类型相匹配，其底面标高在房间四周应一致，偏差不应超过±5mm，房间中部应起拱，中央起拱高度不应小于房间短边长度的1/200，且不宜大于1/100。

问 45：如何进行隔墙安装？

木隔墙的顶梁、地梁和两端龙骨应用钉连接或通过预埋件牢固地与主体结构构件相连。龙骨间距不宜大于500mm，截面不宜小于40mm×65mm。龙骨间应设同截面尺寸的横撑，横撑间距不应大于1.5m。龙骨与顶梁、地梁和横撑均应在一个平面内，并应用圆钉钉合，木隔墙骨架的垂直度偏差不应超过隔墙高度的1/200。

问 46：木结构施工防火应符合哪些要求？

（1）木结构防火工程应按设计文件规定的木构件燃烧性能、耐火极限指标和防火构造要求施工，且应符合现行国家标准《建筑设计防火规范》GB 50016—2014 和《木结构设计规范》GB 50005—20××（送审稿）的有关规定。防火处理所用的防火材料或阻燃剂不应危及人畜安全，并不应污染环境。

（2）防火材料或阻燃剂应按说明书验收，包装、运输应符合药剂说明书规定，应储存在封闭的仓库内，并应与其他材料隔离。

（3）木构件采用加浸渍阻燃处理时，应由专业加工企业施工，进场时应有经阻燃处理的相应的标识。验收时应检查构件燃烧性能是否满足设计文件规定的证明文件。

（4）木构件防火涂层施工，可在木结构工程安装完成后进行。防火涂层应符合设计文件的规定，木材含水率不应大于15％，构件表面应清洁，应无油性物质污染，木构件表面喷涂层应均匀，不应有遗漏，其干厚度应符合设计文件的规定。

（5）防火墙设置和构造应按设计文件的规定施工，砖砌防火墙厚度和烟道、烟囱壁厚度不应小于240mm，金属烟囱应外包厚度不小于70mm的矿棉保护层或耐火极限不低于1.00h的防火板覆盖。烟囱与木构件间的净距不应小于120mm，且应有良好的通风条件。烟囱出楼屋面时，其间隙应用不燃材料封闭。砌体砌筑时砂浆应饱满，清水墙应仔细勾缝。

（6）墙体、楼、屋盖空腔内填充的保湿、隔热、吸声等材料的防火性能，不应低于难燃性 B_1 级。

（7）墙体和顶棚采用石膏板（防火或普通石膏板）作覆面板并兼作防火材料时，紧固件（钉子或木螺栓）贯入木构件的深度不应小于表 4-42 的规定。

兼做防火材料石膏板紧固件贯入木构件的深度（mm） 表 4-42

耐火极限	墙　体		顶　棚	
	钉	木螺丝	钉	木螺丝
0.75h	20	20	30	30
1.00h	20	20	45	45
1.50h	20	20	60	60

(8) 楼盖、楼梯、顶棚以及墙体内最小边长超过 25mm 的空腔，其贯通的竖向高度超过 3m，或贯通的水平长度超过 20m 时，均应设置防火隔断。天花板、屋顶空间，以及未占用的阁楼空间所形成的隐蔽空间面积超过 300m²，或长边长度超过 20m 时，均应设置防火隔断，并应分隔成面积不超过 300m² 且长边长度不越过 20m 的隐蔽空间。

(9) 隐蔽空间内相关部位的防火隔断应采用下列材料：

1) 厚度不小于 40mm 的规格材。

2) 厚度不小于 20mm 且由钉交错钉合的双层木板。

3) 厚度不小于 12mm 的石膏板、结构胶合板或定向木片板。

4) 厚度不小于 0.4mm 的薄钢板。

5) 厚度不小于 6mm 的无机增强水泥板。

(10) 电源线敷设的施工应符合下列规定：

1) 敷设在墙体或楼盖中的电源线应用穿金属管线或检验合格的阻燃型塑料管。

2) 电源线明敷时，可用金属线槽或穿金属管线。

3) 矿物绝缘电缆可采用支架或沿墙明敷。

(11) 埋设或穿越木构件的各类管道敷设的施工应符合下列规定：

1) 管道外壁温度达到 120℃ 及以上时，管道和管道的包覆材料及施工时的胶粘剂等，均应采用检验合格的不燃材料。

2) 管道外壁温度在 120℃ 以下时，管道和管道的包覆材料等应采用检验合格的难燃性不低于 B_1 的材料。

(12) 隔墙、隔板、楼板上的孔洞缝隙及管道、电缆穿越处需封堵时，应根据其所在位置构件的面积按要求选择相应的防火封堵材料，并应填塞密实。

(13) 木结构房屋室内装饰、电器设备的安装等工程，应符合现行国家标准《建筑内部装修设计防火规范》GB 50222—1995 的有关规定。

问 47：木结构施工现场应具备哪些安全措施？

(1) 木结构施工现场应按现行国家标准《建设工程施工现场消防安全技术规范》GB 50720—2011 的有关规定配置灭火器和消防器材，并应设专人负责现场消防安全。

(2) 施工现场堆放木材、木构件及其他木制品应远离火源，存放地点应在火源的上风向。可燃、易燃和有害药剂的运输、存储和使用应制定安全操作规程，并应按安全操作规程规定的程序操作。

(3) 木结构工程施工现场严禁明火操作，当必须现场施焊等操作时，应做好相应的保护并由专人负责，施焊完毕后 30min 内现场应有人员看管。

(4) 木结构施工现场的供配电、吊装、高空作业等涉及生产安全的环节，均应制定安全操作规程，并应按安全操作规程规定的程序操作。

参 考 文 献

[1] 国家标准.建筑结构荷载规范 GB 50009—2012[S].北京：中国建筑工业出版社，2012.

[2] 国家标准.混凝土结构设计规范（2015 年版）GB 50010—2010[S].北京：中国建筑工业出版社，2011.

[3] 国家标准.建筑抗震设计规范 GB 50011—2010[S].北京：中国建筑工业出版社，2010.

[4] 国家标准.建筑设计防火规范 GB 50016—2014[S].北京：中国计划出版社，2015.

[5] 国家标准.钢结构设计规范 GB 50017—2003[S].北京：中国建筑工业出版社，2003.

[6] 国家标准.混凝土结构工程施工质量验收规范 GB 50204—2015[S].北京：中国建筑工业出版社，2015.

[7] 国家标准.钢结构焊接规范 GB 50661—2011[S].北京：中国建筑工业出版社，2012.

[8] 国家标准.混凝土结构工程施工规范 GB 50666—2011[S].北京：中国建筑工业出版社，2011.

[9] 国家标准.胶合木结构技术规范 GB/T 50708—2012[S].北京：中国建筑工业出版社，2012.

[10] 国家标准.钢结构工程施工规范 GB 50755—2012 [S].北京：中国建筑工业出版社，2012.

[11] 国家标准.木结构工程施工规范 GB/T 50772—2012[S].北京：中国建筑工业出版社，2012.

[12] 国家标准.装配式钢结构建筑技术标准 GB/T 51232—2016[S].北京：中国建筑工业出版社，2017.

[13] 国家标准.装配式木结构建筑技术标准 GB/T 51233—2016[S].北京：中国建筑工业出版社，2017.

[14] 行业标准.装配式混凝土结构技术规程 JGJ 1—2014[S].北京：中国建筑工业出版社，2014.

[15] 行业标准.高层建筑混凝土结构技术规程 JGJ 3—2010[S].北京：中国建筑工业出版社，2010.

[16] 行业标准.高层民用建筑钢结构技术规程 JGJ 99—2015[S].北京：中国建筑工业出版社，2016.

[17] 行业标准.钢筋机械连接技术规程 JGJ 107—2016[S].北京：中国建筑工业出版社，2016.

[18] 行业标准.轻型钢结构住宅技术规程 JGJ 209—2010[S].北京：中国建筑工业出版社，2010.

[19] 行业标准.预制预应力混凝土装配整体式框架结构技术规程 JGJ 224—2010[S].北京：中国建筑工业出版社，2011.

[20] 行业标准.轻型木桁架技术规范 JGJ/T 265—2012[S].北京：中国建筑工业出版社，2012.

[21] 行业标准.非结构构件抗震设计规范 JGJ 339—2015[S].北京：中国建筑工业出版社，2015.

[22] 王翔.装配式钢结构建筑现场施工细节详解[M].北京：化学工业出版社，2017.

[23] 李纲.装配式建筑施工技能速成[M].北京：中国电力出版社，2017.

[24] 张波.装配式混凝土结构工程[M].北京：北京理工大学出版社，2016.